U0197049

轨迹大数据挖掘与高时空精度道路众包测图

唐炉亮　杨　雪　任　畅　张　霞　李清泉　著

科学出版社

北　京

内 容 简 介

轨迹大数据具有采集成本低、更新快、蕴含信息丰富等特点,是人们探索人类活动规律、挖掘空间物理结构的一种新手段。本书以轨迹大数据挖掘为背景,以城市各级道路网信息获取与更新为目标,全面系统地介绍基于轨迹数据的高时空精度道路众包测图理论与方法,包括时空轨迹数据获取、轨迹数据高精度滤选、城市各级道路交叉口识别与几何连通信息获取、路网变化检测理论与方法、各级路网自动更新策略。全书遵从数据获取、数据降噪、知识发现的逻辑主线,每一章叙述从具体问题入手,由浅入深,阐明思路,便于读者掌握轨迹大数据挖掘方法的实质,学习面向高时空精度路网信息的轨迹提取方案。

本书是时空轨迹大数据挖掘及高时空精度道路众包测图领域的专业参考书,适用于高等院校轨迹数据挖掘、城市交通信息获取、泛在测绘等相关专业的大学生、研究生参考,也可作为从事城市及行业信息化建设相关技术人员的参考资料。

图书在版编目(CIP)数据

轨迹大数据挖掘与高时空精度道路众包测图/唐炉亮等著. —北京:科学出版社,2019.11

ISBN 978-7-03-062400-0

I. ①轨… II. ①唐… III. ①全球定位系统–测量技术–研究 IV. ①P228.4

中国版本图书馆 CIP 数据核字(2019)第 210842 号

责任编辑:杨光华 李建峰/责任校对:刘 畅
责任印制:彭 超/封面设计:苏 波

科 学 出 版 社 出版

北京东黄城根北街 16 号
邮政编码:100717
http://www.sciencep.com

武汉精一佳印刷有限公司印刷
科学出版社发行 各地新华书店经销

*

开本:787×1092 1/16
2019 年 11 月第 一 版 印张:13 3/4
2019 年 11 月第一次印刷 字数:323 000

定价:168.00 元
(如有印装质量问题,我社负责调换)

序　一

　　群体"集智"是大数据时代人类社会高度文明的最重要标志之一，这种新型群体"集智"模式来源于早期群体协作分工，将任务分配给大量非设定的团体，通过网络技术提供所需的信息或者完成相应的任务，从而解决传统外包或者数据采集方法无法解决的问题。"众包"作为群体"集智"的一种典型模式，成为推动新型智慧城市发展的重要力量。近年来，随着我国互联网技术、北斗卫星定位与通信技术的快速发展，以及智能终端的广泛应用，大众群体参与空间信息采集成为可能。来自大众群体的"众源"轨迹数据是众包测绘模式孕育的一种典型空间数据资源，从空间位置、时间、移动特征等方面记录了人类与城市交通空间交互活动，为人们探索城市空间动静态信息提供了一种新途径。大数据时代下众包测绘将成为城市空间信息天空地专业测绘的重要补充。

　　为满足智能辅助驾驶系统与自动驾驶服务对城市精细路网信息的广泛需求，除专业的高精度移动测量方法外，成本低、更新快、覆盖广的"众源"轨迹大数据高时空精度路网信息获取与更新技术已快速成为一个主要研究领域并获得广泛的关注。以武汉大学唐炉亮教授为首的研究团队，自2005年起从事面向城市智能交通应用的时空轨迹数据挖掘，历经十余年的科研积累和不懈探索，在"众源"轨迹大数据的高时空精度道路信息获取、动态更新领域做出了极大的贡献。

　　《轨迹大数据挖掘与高时空精度道路众包测图》涵盖了唐炉亮教授和李清泉教授领导的科研团队所承担的国家装备预研、国家自然科学基金、教育部联合基金、华为科技合作等项目的最新研究成果，重点介绍了其研究团队在众源轨迹数据获取、轨迹清洗、道路信息提取、变化检测更新等方面的创新性研究工作。相信该书的出版将吸引更多的青年科技工作者投入众源轨迹数据挖掘、高时空精度道路信息获取与更新的研究中来，对测绘与地理信息高端人才培养起到积极推动作用，并提升我国地理空间信息行业的技术水平和国际竞争力。

中国科学院院士
中国工程院院士　李德仁

序　二

　　作为改变世界的十大地理思想方法之一的地图,与音乐、绘画被认为是人类三大通用语言,具有对空间信息进行可视化表达和传输的功能,成为人类认识世界的工具,也成为人类改变世界的成果。道路作为一种重要的交通基础设施,承载着人群、车辆、货物等流动,服务于社会经济的快速发展。日益增长的出行活动对路网系统与出行信息提出了时效性、精细化等迫切需求,高时空精度的道路信息获取长期以来一直具有重要的实用价值和意义,成为测绘学科的研究热点与关键问题。

　　随着传感器与通信技术的快速发展,涌现了海量对地观测时空大数据,推动着大数据时代下测绘科学与技术从数字化向智能化的转型。采用众包方式采集的时空轨迹大数据,蕴含了大量道路时空谱信息,持续记录移动目标位置,相比传统专业道路测绘,更具有覆盖广、开销低、采集易、更新快等优势,但轨迹大数据挖掘与高时空精度道路信息获取技术,亟待相关理论、方法与技术的突破。

　　武汉大学测绘遥感信息工程国家重点实验室唐炉亮教授和深圳大学李清泉教授领导的课题组,长期以来专注于道路众包测绘研究,在国家自然科学基金、国家重点研发计划、装备预研等项目支持下,获得了大数据环境下的高时空精度道路众包获取与动态更新技术的一系列重要成果。在地理信息科学、智能交通等领域国际顶级期刊发表多篇高水平学术论文,荣获 2019 年度教育部科技进步奖一等奖和 2017 年度国家测绘科技进步奖一等奖。《轨迹大数据挖掘与高时空精度道路众包测图》内容涵盖了轨迹大数据采集、轨迹分级清洗、交叉口拓扑关系提取、车道轨迹聚类、道路变化检测等道路数据获取与更新全过程的最新研究成果,对于轨迹数据挖掘和道路信息提取等研究人员具有借鉴意义,也可供智慧城市、智能交通等相关领域读者参考。希望该书的出版能够推动高时空精度道路测图技术发展,促进众包测绘新思想与新方法的应用。

中国工程院院士　王家耀

前　　言

　　道路地图是人类对道路信息认知的一种维度抽象表达，从最早出现于公元前1160年用于描述古埃及底比斯东部矿区线路的都灵莎草纸地图（Turin Papyrus Map），到公元350年用于描述罗马道路网络的杜拉–欧普洛斯线路图（Dura-Europos Route Map），到1904年纽约市及其邻近区域的新公路地图（the New Automobile Road Map of New York City & Vicinity），发展至21世纪的道路导航电子地图、三维实景道路地图及高时空精度道路地图。这些记录道路几何、拓扑、兴趣点等信息的道路地图，详细反映了人类对道路信息的认知和表达，而道路地图所包含道路要素的细节度、准确性、实时性等方面的发展也反映了人类从古至今对出行信息需求的快速变化。近年来，随着智能辅助驾驶系统与自动驾驶应用的快速发展，人们对细节丰富、准确度高、实时性强的道路信息需求迫在眉睫。传统基础地理信息和导航电子地图的采集模式和制作工艺因成本高、周期长、专业性强等问题已经无法满足新的应用需求。

　　得益于"互联网+"和传感器技术的快速发展，人们不仅成为城市位置服务的应用主体，同时成为记录城市空间信息的传感体。"人人都是传感器"促进了"泛在测绘"理念的发展，也为人们获取城市空间信息提供了一种新方法。大众出行GNSS轨迹数据是"人人都是传感器"的一种直观数据体现，记录了出行者空间位置与时间信息，具有采集成本低、实时性强、信息丰富等特点，是人们探索城市空间动态信息的数据源之一。近些年来，随着北斗导航系统的不断发展和CORS基站的广泛布设，GNSS数据的定位精度逐渐从15 m提高至1 m甚至更高，使得GNSS轨迹大数据位置准确性得到了相应程度的保障，为获取城市高时空精度道路信息提供了可能。针对海量GNSS轨迹数据质量参差不齐及各级道路信息快速、低成本获取难题，本书创新性提出了"基于GNSS轨迹大数据的高时空道路信息众包测图"理论研究框架体系。GNSS轨迹大数据指采集于大众群体的一种时空数据，通过清洗、补全与筛选，实现从道路中心线级、行车道级到车道级道路信息的获取与更新，将道路信息获取更新深度从行车道级推进至车道级，加强了GNSS轨迹数据在道路信息获取领域应用的广度和深度，具有十分重要的理论和应用价值。本书主要针对这些前沿的问题展开论述，力求给读者介绍一个相对全面的GNSS轨迹大数据众包测图理论和方法。

　　本书对课题组成员10多年来的研究成果进行了系统的归纳和总结，力求系统地展示研究团队的最新研究成果。同时，在撰写本书时作者阅读了大量的国内外参考文献，力求做到内容新颖、通俗易懂。本书内容共6章，比较全面地阐明了GNSS轨迹大数据获取、处理与应用的理论方法。各章内容相对独立、完整，同时力图用统一的理论框架来论述所有方法，使得全书整体具有系统性，具体结构如下：第1章为时空轨迹大数据获取，重点介绍当前GNSS轨迹大数据获取平台与技术；第2章为轨迹数据预处理，从GNSS轨迹大数据误差来源开始,详细介绍现有轨迹数据清洗方法及高精度轨迹数据筛选技术,并对提出的轨迹数据清洗、筛选与缺失补全方法进行实验验证和讨论;第 3 章以道路信息组成部分:路段与交叉口,着重介绍基于 GNSS 轨迹大数据的各级道路映射下道路交叉口识别与信息获取方法;第 4 章详细探讨基于 GNSS 轨迹大数据的多级道路几何连通性信息获取,依次介绍道路中心线级、行车道级及车道级道路路段几何连通性信息获取方法;第 5 章提出异源异构道路数据变化检测理论,构建基于道路几何图形与属性语义相似性度量方法的道路变化检测理论与技术;第 6 章以道路几何连通性信息为主详细论述不同细节度路网变化检测方法,实现高现势性道路信息更新。

全书由唐炉亮负责统稿工作,写作分工具体如下:

第 1 章由武汉大学任畅撰写;

第 2 章由武汉大学唐炉亮、阚子涵、陈洋、任畅、戴领、高婕、裴晨旭共同撰写;

第 3 章由中国地质大学(武汉)杨雪撰写;

第 4 章由中国地质大学(武汉)杨雪,武汉大学刘章、任畅、牛乐、于智伟、常亚凤、何欣、杨骁文共同撰写;

第 5 章由武汉大学唐炉亮撰写;

第 6 章由中国地质大学(武汉)杨雪,武汉大学张霞、黄方贞、靳晨、邓拓、初旭、程露翎、刘宇,深圳大学李清泉共同撰写。

本书相关科研工作的完成得益于国家自然科学基金面上项目"基于时空大数据的城市多尺度众包感知方法"(编号:41971405)、"基于众源轨迹大数据的行为模式挖掘与定量空间优化"(编号:41671442)、"基于时空 GPS 轨迹的精细道路数据快速获取与变化检测"(编号:41571430)和国家自然科学基金青年项目"基于轨迹大数据的立体交叉口精细道路信息获取"(编号:41901394),装备预研项目(编号:305090408),教育部联合基金项目"基于众包时空大数据的全球高精度道路测图技术"(编号:6141A02022341),"十三五"预研项目"测绘与侦查用位置姿态测量(POS)技术"(编号:170441417063)等相关项目的资助,谨在此一并致谢。

由于作者学识有限和经验不足,书中难免会有认识不足之处,恳请各位专家、学者及读者同仁不吝指正,作者在此表示感谢。

唐炉亮 杨 雪

2019 年 5 月

目　　录

第1章 时空轨迹大数据获取

空天地对地观测技术的不断发展与传感器的普及造就了一个"人人都是传感器"的大数据时代,而快速发展的互联网技术和通信技术为大数据时代的"众包"模式提供了技术支持。"众包"广义上是指将任务分配给大量非固定的团体,通过网络技术提供所需的信息或者完成相应的任务,从而实现传统外包等数据采集方法无法解决的问题(Howe et al.,2008)。众包测绘的概念产生于众包模式在地理空间信息领域的应用,指用户通过在线协作的方式,以个人空间认知和地理知识为基础参考,创建、编辑、管理、维护地理信息,并共享个人普通手持 GPS 终端等设备获取的图像信息、位置信息。与传统测绘相比,众包测绘的出现使得测绘产品的生产由专业人员参与扩展至大众协作完成,而"互联网+"政策背景和大量志愿者采集的空间数据(volunteered geographic information,VGI)为众包测绘的兴起提供了良好的环境基础和数据基础(Goodchild,2007)。

众源地理数据的采集主要依赖于传感器及互联网、通信技术的发展。根据城市空间数据感知机制,将众源地理数据采集模式分为机会型(opportunistic)和参与型(participatory);或分为被动数据采集(passive data collection)和主动数据采集(active data collection)两种数据采集方式(Harris et al.,2016;Lane et al.,2008)。被动数据采集(或机会型数据采集)指利用移动终端的内置传感器,实时记录用户活动的时间和位置;主动数据采集(或参与型数据采集)指用户主动、偶发的输入个人的位置时间数据。一般来讲,被动方法利用内置技术不断采集和传输有关用户的位置、速度、方向等数据,其他内置传感器数据包括加速度同样可以被采集。这种方法通常需要用户认可第三方介入进行数据采集,其回馈方式主要包括用户可以获取本地的众源信息或其他信息,从而帮助他们更好地理解空间,例如:改善路径,获取地图应用及改善大众运输服务等。主动方法需要用户自愿上传个人活动位置相关数据。与被动方式相比,主动方式需要用户主动参与作为基础,且存在附属数据有效性问题。现有的众源应用并不局限于单一"被动"或者"主动"的数据采集结果,而是将两者很好地结合起来实现特定服务的展开。

数据采集方式的差异往往会造成数据在定位精度、数据完整度、实时性等方面存在差异性。众源时空轨迹数据作为众源地理数据中的一种数据类型,同样具有被动和主动两种采集方式。例如:出于安全考虑,由城市公共交通系统或 Uber 平台记录的车辆运行轨迹数据就是一种典型的被动数据采集;而 OSM(OpenStreetMap)平台提供的大量志愿者GPS 轨迹数据则是一种典型的主动数据采集模式。不同采集方式获取的众源轨迹数据在定位精度、数据完整度、实时性、安全问题及用户需求方面的特点,如表 1.1 所示。"被动"方式采集的众源轨迹数据在定位精度、数据完整度、实时性、安全问题等方面更具有优势;"主动"模式采集的轨迹数据在各个方面的表现主要依赖于用户参与度。

表 1.1　　"被动"与"主动"方式采集的众源数据差异性分析

采集类型	数据采集	定位精度	数据完整度	实时性	安全问题	用户要求
"被动"模式	通过内置传感器技术持续采集	通过自动的质量算法检测数据质量,标准的数据采集方式确保了一定程度上的高质量数据	高	高	后台数据采集不需要当前用户输入	同意使用条款
"主动"模式	主动的由用户偶发输入	数据质量变化取决于采集技术;数据有效性需要质量控制算法	取决于用户参与度	取决于用户参与度	数据采集需要用户输入,或许会干扰用户	要求主动输入和参与,有或者无激励

目前,众源时空轨迹数据的来源既包括由"被动模式"采集的车载轨迹,也包含由"主动模式"获取的志愿者轨迹数据。浮动车系统已广泛部署于城市出租车和两客一危车辆,能够采集定位信息形成轨迹数据,作为大数据时代人类与交通空间交互活动的众包产物,具有覆盖面广、成本低、实时性强、蕴含信息丰富等特点,逐渐成为道路信息获取的一种重要数据源。以 OpenStreetMap、Maps.me、Wikimaps 等为代表的众包测绘产品,其良好的用户交互模式和开放的数据平台提高了大众的参与度,使得众包电子地图逐渐走进大众视野。鉴于此,本章将介绍浮动车数据采集系统和志愿者共享平台两大类可供车道级高精度道路众包测图的数据获取方式。

1.1　高时空精度道路测图技术

高时空精度道路地图是新一代无人驾驶应用的核心,是无人驾驶车辆安全、稳定行驶的基本保障。现有基础地理信息成果库和导航电子地图数据库,道路地图数据通常以道路中心线或行车道为基本单元抽象表达道路信息,难以满足更加精细的导航需求(Yeh et al.,2015;Zhu et al.,2008)。因此,车道级高精度道路地图生产成为目前道路测图领域的热点。相比于以往道路地图数据,面向新一代无人驾驶应用的高精度道路地图,其道路信息描述粒度精细至车道级,并具备动态、准实时更新特征(Tang et al.,2016;Kent,2015;Hillel et al.,2014;Chen et al.,2009)。高精度道路地图数据获取方法主要包括:基于车载激光点云数据的道路地图数据获取方法、基于高分辨率图像视频数据的道路地图数据获取方法和基于 GPS 轨迹数据的道路地图数据获取方法(Yang et al.,2018;Guan et al.,2016;Ahmed et al.,2015)。根据道路信息获取数据源的采集方式,又可以将道路信息获取分为:依托专业测绘手段的道路信息获取和基于众包测绘手段的道路信息获取。

1.1.1　高精度道路专业测图技术

1. 基于地面测绘车的高精度道路信息获取

地面专业测绘车是目前高精度道路地图数据获取的主要工具,通过采用激光雷达移动测量技术,大量密集地采集地物三维场景,并结合卫星定位系统和惯性测量系统数据融合获得采集后地物三维场景的空间坐标（Guan et al., 2016）。采用激光雷达移动测量技术获取的道路场景数据可以被用于提取道路路坎、道路面、路面标线、交通标牌等道路信息（方丽娜 等, 2013）。道路形状的提取主要有直接提取和边线提取两种基本思路,其中直接提取通过 Hough 变换、随机采样一致性算法、加权最小二乘拟合等方式对路面形状进行建模（Smadja et al., 2010; Ogawa et al., 2006）;边线提取则依据点云的高程、坡度等几何特征和密度变化等属性信息识别并提取路缘石（Yang et al., 2013; Goulette et al., 2006）。路面标线的提取则主要分为根据反射强度的检测和结合先验知识的标线分类两个阶段。前一阶段基于点云生成平面特征图像采用阈值分割、形态学方法等成熟图像处理方法（Yang et al., 2012）,而后一阶段则可结合采集车行驶路径、道路边缘等信息,利用主成分分析等方式区分边线、停止线、符号等（Yu et al., 2015）。交通标牌的提取主要基于杆状目标识别,常用的特征主要有反射强度、形状、空间上下文等（Teo et al., 2016）。

2. 基于航空、航天高分辨率影像的高精度道路信息获取

高分辨率相机和低空飞行器的发展使得摄影测量技术具备了车道级道路信息获取的能力,而行车记录仪等智能设备的普及则提供了近景视角的车道信息数据源。在遥感影像或行车视频中,车道信息主要表现为路面车道标线和转向符号（Yeh et al., 2015）。从航空影像中提取线状特征的传统方式是数学形态学、Gabor 算子、阈值分割等（Huang et al., 2014; Jin et al., 2012; Kim et al., 2006）,在此基础上还有将虚线作为整体进行自顶向下的提取方法（Tournaire et al., 2009）。利用车载影像数据提取道路车道线信息主要源自安全辅助驾驶系统需求,其信息提取的主要思路是利用反透视变换方法将近景图像变换成俯视视角后,再通过曲线拟合的方式进行车道线信息提取（Aly, 2008）。近年来,深度学习算法的广泛应用使得基于卷积神经网络的图像分割技术逐渐被用于航空影像和近景影像的车道信息提取（Gurghian et al., 2016）。

1.1.2　高精度道路众包测图技术

群体"集智"是大数据时代人类社会高度文明的重要标志之一。近年来,随着我国互联网技术、北斗卫星定位与通信技术的快速发展,以及智能终端的广泛普及和应用,产生了海量可用于道路测图的时空轨迹数据（Ahmed et al., 2015）。这种新型群体"集智"模式,将专业道路数据采集任务分配给大量非专业测绘的个人或团体,通过网络技术实现传统外包或者数据采集方法无法解决的数据采集问题。"众包"作为群体"集智"的一种典型模式,大众群体参与道路空间信息采集为高精度道路数据的大范围获取提供了可能。来自大众群体的"众源"轨迹数据是众包测绘模式孕育的一种典型空间数据资源,从空间位置、时间、移动特征等方面记录了人类与城市交通空间交互活动,为人们探索城市空间动静态信息提供了一种新途径。利用众包轨迹数据的道路信息提取通常主要包括两个重要步骤:数据清洗和信息提取。由于众包模式的非专业性和测量终端的多样性,众包轨

迹数据的空间测量误差广泛存在。因此，在数据清洗过程中通过利用轨迹数据在道路截面上的概率分布模式，采用点密度或运动一致性等方式进行分级清洗。在道路信息提取过程中则可利用高斯混合模型对轨迹数据随道路截面的分布规律进行建模，从而实现道路车道中心线几何信息的获取（Tang et al.，2016）。此外，轨迹数据相邻点之间的拓扑与时间关系还可反映车道的限速、转向等属性信息，因此可以利用轨迹跟踪、模糊回归等方法提取道路连通性、渠化及行车限速等信息（Yang et al.，2018；Tang et al.，2016）。

1.1.3 高精度道路专业测图与众包测图技术的优缺点

高精度道路专业数据采集需要高分辨率传感器和专业级的搭载平台，因此需要专门的人员和机构进行作业。这种专业道路测图模式的优点在于在高精度道路测图应用中，车载点云和遥感影像的采集装置精度高，因此采集的数据准确可靠，从而可以保障道路信息的高空间精度。例如，有关激光雷达在高精度道路测图中的误差分析表明，其几何精度可以达到厘米级（方丽娜 等，2013）。然而，专业测绘所需的硬件设备与软件产品价格较高，技术人员的数量需求较大。这种专业测图模式由此带来了一些缺点，采用专业道路测图装备购买和研发需要较高成本投入，高精度道路数据采集需要耗费大量人力、物力、财力和时间。专业测图模式采集的海量激光点云、影像、视频、位置姿态数据给高精度道路数据处理和信息提取带来巨大的工作量，部分复杂道路甚至需要大量专业技术人员手工处理数据，导致高精度道路地图的更新周期更长，难以同时开展大范围的高精度道路数据采集作业，更难以获取高时间动态的实时道路交通流信息。近年来，各国军队现代化建设呈现出战场全球化、战争无人化、军队信息化等特征。同时，随着国力的日益增强，对外开放的不断深化，我国公民的足迹遍布全球。境外发生的自然灾害和各类事故，频频影响到我国的海外利益和境外公民的生命财产安全。"要切实维护我国海外利益，不断提高保障能力和水平，加强保护力度"成为我国外事工作的当务之急。作为军队现代化、全球海外应急救援、"一带一路"倡议的核心敏感信息和关键核心技术，高精度道路地图长期面临欧美以国家安全为由的"卡脖子"封锁，成为国家的重大需求。由于专业道路测图需要将测图装备搬运到相应道路区域进行长时间作业，这种模式难以开展全球性的大范围的高精度道路数据获取与应用，约束了我国海外应急救援、"一带一路"建设的推进和实施。

与专业道路测图模式相比，归属于众包测图模式的行车视频和时空轨迹是通过公众消费级的传感器进行采集，采集装备不需要太大投入，充分利用了公众现有的装备，弥补了专业道路测图装备投入大的缺点；道路众包测绘通过通信网络实时接入，以众包的形式分配给普通用户，弥补了道路专业测图需要大量专业技术人员的缺点；众包模式可以用较低的成本持续不断地获取大范围数据，这意味着由此制作的高精度地图产品可以得到及时的更新，并且可以借助海量数据结合统计学规律在一定程度上降低对单次观测条件的要求，弥补专业道路测图更新慢的缺点。另外，以时空轨迹为代表的众包数据本质上是众多移动目标运动过程组成的时间—空间序列，因此可以实现从每个序列中获取移动目标的运动速度、运动方向等信息,弥补了专业道路测图无法获取实时交通流信息的缺点。道路众包模式可以形成一个跨国界、跨区域、跨时区、跨行业的全球性道路数据采集作业,弥补专业道路测图无法开展全球性道路数据采集的缺点。众包测绘模式的公众参与虽然极大提高了数据的时效性,但随之而来的问题是引入了一些低质量的数据,全球性大范围道路数据易得但不可用、不好用,亟需相关大数据的理论、方法和技术取得突破。

目前地面测绘车、低空无人机、航空摄影测量、航天卫星遥感的天空地、多层次、一体化道路专业测绘模式,经过数代测绘人共同努力,已经形成了比较成熟的理论、方法和技术体系,参考文献较多。道路众包测绘模式刚刚兴起,本书以下内容将集中阐述大数据时代下的高时空精度道路众包测绘与动态更新技术,希望形成一种采集易、成本低、更新快、覆盖广的高时空精度道路众包测绘新理论、新方法和新技术体系,成为空天地专业道路测绘的重要补充!

1.2　浮动车数据采集系统

1.2.1　系统原理

浮动车 (floating car),也被称作"探测车",是近年来国际智能交通系统 (intelligent traffic system,ITS) 领域所采用的获取道路交通信息的先进动态交通信息采集技术手段之一 (汪庭举 等,2010)。其基本原理是:根据装有车载卫星定位系统的浮动车在其行驶过程中定期记录车辆的位置、速度和方向信息,应用地图匹配、路径推测等相关的计算模型和算法进行处理,使浮动车位置数据和城市道路在时间和空间上关联起来,最终得到浮动车所经过道路的车辆行驶速度及道路或路口的通行时间等交通信息。如果在城市中部署足够数量的浮动车,并将这些浮动车的位置数据通过无线通信系统定期、实时地传输到一个信息处理中心,由信息中心综合处理,就可以获得整个城市动态、实时的交通信息。

作为一种移动型交通检测器的应用技术,浮动车数据采集技术是现代无线通信技术、地理定位技术 (卫星定位系统 GNSS) 和计算机与数据库系统技术的组合。通过分析处理浮动车行驶过程中获取的数据,可以得到车辆行驶位置经纬度坐标、车辆行驶速度和行程时间等交通流参数,具有很好地延伸性和经济性。

1.2.2　系统构成

浮动车系统通常由三个部分组成:①一种车辆定位技术 (如 GPS、RFID 电子标签、移动基站等);②实现车辆和交通信息中心之间数据传输的通信系统;③车辆。见图 1.1。

(1) GPS 卫星定位系统:卫星不间断发送导航电文,由 GPS 接收机进行解码处理,进而输出定位数据,如经纬度、速度、高度等。

(2) 无线通信网络:车载移动终端和监控中心通过无线网络通信。无线通信部分负责保证车载系统和基地之间的信息传递,它在浮动车系统中占有非常重要的地位。

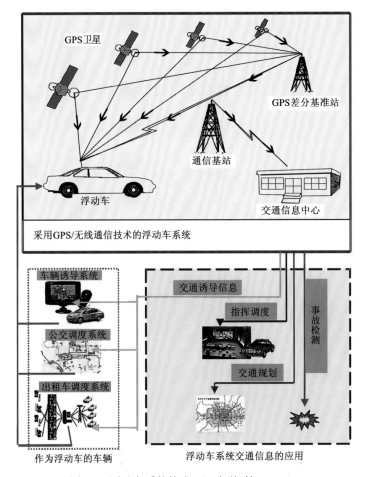

图 1.1　浮动车系统构成（汪庭举 等，2010）

（3）车辆移动终端：车辆移动终端由 GPS 接收模块、实时时钟模块、CPU 控制核心模块、OLED 显示模块及一些外围设备组成。监控中心与监控终端之间的通信一般通过 GPRS/CDMA 在线模式，但是无网络情况下会采用 SMS 模式。终端能够正确接收 GPS 卫星的信号，解码处理后向中心监控端发送车辆的定位信息、时间信息和车辆状态等数据，在终端显示当前时间、经纬度、各个模块工作状态等，并能接收监控中心的控制指令。

　　总体来说，只要安装了定位设备、在道路上行驶的车辆都可以作为浮动车采集交通信息。但是不同类型的车辆在城市交通中承担的功能及出行时间、出行空间都不尽相同。机动车辆主要有出租、公共汽车、私家车、公务车及各种特种车辆（张存保，2006），目前比较普遍的是采用出租车作为浮动车，许多学者也都是基于出租车采集的交通信息开展研究。传统的出租车信息采集一般有两种方式：人工调查和基于计价器 IC 卡数据的方法。人工调查方法很难达到理想效果，而且需要耗费大量的人力和物力，无法对城市出租车的长期变化进行跟踪，持续性和系统性都较差；计价器 IC 卡数据采集技术相对较为成熟，但是数据的真实性差、管理的实时性差，信息量也不足。目前使用的浮动车采集技术，硬件和软件成本很低，采集的数据具有实时性，信息量也较为充足。

1.2.3　系统特点

基于上述系统构成，浮动车数据（floating car data，FCD）采集系统有许多突出特点。

（1）覆盖面广。传统的检测器都是静止安装在某个固定点，检测到的是一个断面的交通流信息，而浮动车是"流动的"，几乎可以采集城市道路网每个部分的信息。

（2）投资省。浮动车系统是将 GPS 和移动通信设备安装在如出租车、公交车、警车等现有的设备上，大大节省了配置设备的投资。相比之下，要得到覆盖同样范围内的交通信息，使用浮动车系统投资更省。

（3）采集数据多样、准确。浮动车系统采集的路段平均车速、通行时间等参数对于了解道路运行状况、分析拥堵原因、提供交通诱导服务等都非常关键，这些参数的计算涉及的算法相对于传统检测方法更加智能，结果更精确、可靠。另外浮动车还可以帮助交通管理者更及时地发现交通事故、了解拥堵的形成与消散。

（4）可以全天候、实时的采集交通数据。浮动车系统具有定位精度高、能全天候作业等特点，是一种低成本、高效率的数据采集方式。

浮动车系统有如上优点，但也有其自身的局限性：

（1）由于 GPS 具有实时监控的特点，安装有 GPS 设备的车辆隐私会受到侵犯；

（2）遇到高楼、隧道、地下停车场等场景，GPS 信号会中断，出现 GPS 定位盲区；

（3）不同驾驶员驾驶习惯不同，在浮动车之间很难形成一致性。

1.2.4　数据特征

浮动车数据包含车辆 ID 号、速度、采样时间、经纬度坐标、航向、上下客状态等信息，如表 1.2 所示。目前有关浮动车数据的研究主要集中在浮动车数据地图匹配算法研究、基于浮动车数据估计交叉口通行时间、基于浮动车数据的道路重大事故检测及基于浮动车数据更新路网等。例如：浮动车数据地图匹配是根据采样点的坐标和已知交通路网数据，采用一定的匹配算法将采样点匹配到已知的路网中；基于浮动车数据估计交叉口通行时间则是基于匹配好的浮动车数据对交叉口延误时间进行计算和分析，从而推论出交叉口通行时间，为交叉口设置信号灯提供科学依据；基于浮动车数据的道路重大事故检测则是根据事故发生后，事故点前后车流量速度会出现异常对交通事故进行自动探测，在最短时间内实现救援和一定的交通管制。除这些应用之外，浮动车数据其实还包含了城市其他方面的信息，例如：以出租车为采集工具获取的浮动车数据包含了车辆载客状态信息，目前很多学者针对不同城市的浮动车数据探究城市热点分布及城市活跃度等。

表 1.2　FCD 数据示例

轨迹点序号	顺序排列序号	车辆序号	日期	采样时间	经度	纬度	行驶方向	秒数	载客状态信息
3448074	0	11201	2009-09-16	0:01:40	114.299962	30.514763	0.00	100	1
3444045	1	11201	2009-09-16	0:06:44	114.317917	30.537120	0.00	404	1
⋮	⋮	⋮	⋮	⋮	⋮	⋮	⋮	⋮	⋮

　　国内目前的浮动车数据主要来自相应城市安装有 GPS 系统和无线电通信系统的出租车,全天 24 h 不断以 10～40 s 的采样间隔采集。由于安装在出租车上的 GPS 定位系统精度有限,采集的浮动车数据精度在 10～15 m。出租车行驶过程中采集的车辆位置点以经纬度坐标的形式记录,因为每辆车从开始采样的时刻起就一直处在不停地采样过程中,所以获取的信息非常丰富而且数据量也很大。

　　分析浮动车数据的空间分布特征可以发现,一定周期内的车辆行驶采样点在视觉上呈现路网的形态(图 1.2)。因为安装有 GPS 定位系统的出租车在行驶过程中会以固定间隔全天不断采集,外加它是一种以接客、送客为主要运营项目的机动车辆,所以会在城市道路上的各个车道穿梭行驶。以出租车为采集工具得到的浮动车数据在一定周期内是可以完全布满道路的各个车道。从浮动车数据库中选取单向路段上分布的一定周期内的浮动车数据,将其叠加到遥感影像上,从图 1.2 中可以看到,该双向路段上的一段单向道路被周期内所有的浮动车数据所覆盖,并且每个车道都分布有浮动车数据点。

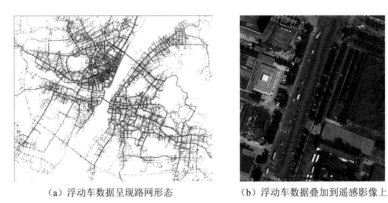

（a）浮动车数据呈现路网形态　　　　　（b）浮动车数据叠加到遥感影像上

图 1.2　浮动车数据空间分布

　　采集车辆在行驶过程中会不断以固定的采集间隔进行采样,通常情况下一辆车在一定周期内所留下的采样点,按采样时间为排序标准可以将这些点顺序连接起来,形成车辆行驶过程中的轨迹路线(图 1.3)。

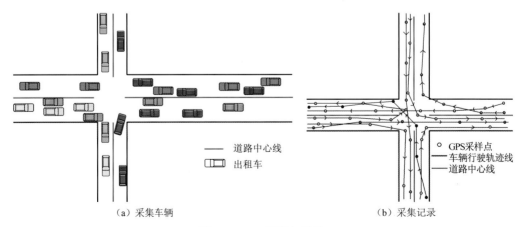

（a）采集车辆　　　　　　　　　　　　（b）采集记录

图 1.3　FCD 采集与记录

图 1.3 (a) 为车辆实际行驶过程中的轨迹图,图 1.3 (b) 为安装 GPS 定位系统在车辆行驶过程中所采集的 GPS 点及其行驶轨迹。一般情况下,海量的浮动车数据可以布满城市道路的各个车道,并且依车道不同而集中在车道中心线周围。早期针对 GPS 轨迹获取车道信息的研究者所采用的精度为 1~4 m、采样间隔约 1 s 的高精度高频 GPS 轨迹数据。他们之所以可以按照高斯混合模型分析这些高质量的数据中所包含的车道信息,是因为轨迹线条的规则性和轨迹点的高频采集,而浮动车数据并不具有与之类似的高精度和采集频率。10~15 m 的低精度和 10~40 s 的低频率,决定了采用分析道路横截面上轨迹分布密度特征获取车道信息的方法是不合适的。

如图 1.4 所示,目标路段的横截面上分布的浮动车数据呈不规则的波动状态,波谷和波峰分别代表了车辆途经最少的区域和途经最多的区域。按照一般的思维模式,道路面上车辆会按照交通规则行驶在规定车道上,理想状态下车辆的轨迹分布状态是与车道数量相对应的。也就是说轨迹分布中波峰的数量是与车道数量相同的。但是对于浮动车数据而言,低频低精度及驾驶员行驶过程中变车道行为的影响,会导致道路横截面上车辆行驶的数据无法呈现理想状态中的情况。从图 1.4 中可以更加确定地表明只利用轨迹特性获取道路的车道数量及车道转向信息是困难的。

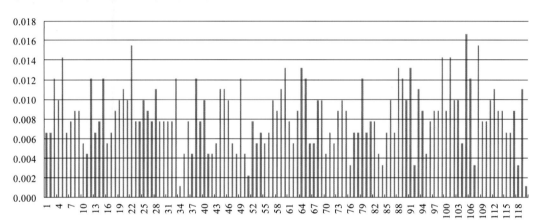

图 1.4 道路横截面上浮动车数据分布状况
横轴表示目标路段横剖面被等量细化分割后各子分割剖面相对位置,无单位;
纵轴表示目标路段横剖面各子分割剖面分布轨迹数据概率值,无单位

1.3 志愿者数据共享平台

1.3.1 平台模式

志愿者地理信息是由大量非专业志愿者利用移动终端通过互联网开放给公众或相关机构的一种共享地理空间数据(李德仁,2016;Zhou et al.,2015;Warf,2014;单杰 等,2014;Heipke,2010;Lane et al.,2008)。典型的志愿地理信息有 GPS 轨迹数据(如 OpenStreetMap、Geolife、Openspace 等),用户协作标注编辑的地图数据(如 Wikimaps、

Maps.me、Mapillary),各类社交媒体数据(如 Twitter、Facebook、Foursquare、微博、大众点评等)等。与传统的地理空间数据采集和更新方法相比,由非专业群体提供的众源地理数据具有成本低、现势性强、信息丰富、分布不均匀、质量差异大、冗余而不完整等特点,近年来成为揭示人类活动规律、探索人类活动空间的重要数据源。

对于开放数据获取的志愿地理信息平台,以 OSM 为代表,其数据贡献渠道主要有个人编辑、自动编辑和团队编辑。个人编辑指单独的志愿者通过直接或间接的方式向数据平台上传地图要素、轨迹数据或批注留言。其中直接方式是指用户直接通过 OSM 平台提供的工具和账号完成数据贡献,他们一般接触过平台官方提供的引导教程,了解自身行为和操作对整个平台数据带来的影响,目的明确,常以贡献为乐趣持续贡献多次数据;间接方式是指通过诸如 Mapbox、Go Map 等第三方应用平台上传内容到志愿地理信息平台,这部分用户编辑的动机主要来自对第三方应用使用过程中的反馈,可能对自己的编辑并不知情或对数据贡献功能有误解,也仅能偶然贡献少量数据。自动编辑指通过计算机程序向数据平台上传新数据或修改已有数据,主要针对地图数据本身。其中上传新数据的来源通常是地方相关部门公开的本地地图数据,通过程序批量导入平台,如美国的 TIGER 数据导入;修改已有数据通常根据事先制定的规则检查并更正明显的错误。团队编辑指多名志愿者出于公益或商业目的、有组织地进行数据贡献,其中公益目的主要是灾害应急场景下多人集中上传受影响地区地图或轨迹数据,以人道主义 OSM 团队 HOT 最为典型;商业目的主要是新兴的互联网企业由于自身对地图相关业务的需求,雇佣人员加入 OSM 等平台贡献数据以期改善自身相关业务,如地图服务商 Mapbox、大型零售商 Amazon 等。除此之外,国内外大型地图服务提供商也都引入了众包数据采集的模式,允许用户向平台上传新增数据、纠正已有地图、共享自身位置,用于丰富自身的静态地图数据和动态路况信息。但是此类数据共享模式受限于商业因素并不提供数据的开放获取,因此不做讨论。

众源地理数据的出现与海量累积深刻影响了现有地理信息科学发展的方向和产业化模式。众源时空轨迹大数据作为众源地理数据中的一种数据类型,是一种带有时间戳的 GPS 位置序列数据。与其他众源地理数据相比,众源时空轨迹大数据同样存在成本低、现势性强、信息丰富、覆盖不均匀、数据质量参差不齐等特点。近年来,研究人员针对众源时空轨迹大数据所具有的特点,从数据获取、数据质量分析、数据预处理及数据应用等方面展开了广泛研究。

1.3.2　平台特点

众源地理数据主要由缺乏专业测绘知识的非专业人员提供,采集环境多为城市区域。因此,数据质量参差不齐,具体应用时需要考虑数据精确性、完整度、冗余度等多方面因素。对众源地理数据的质量进行评价成为数据预处理、数据应用、知识发现的前提。Oort 等(2006)建议分别从数据来源、空间精度、时间精度、属性精度、逻辑连贯性、数据完整性、语义准确率、元数据质量、分辨率、数据使用目的和质量变化等方面对空间数据质量进行评价。Howe 等(2008)则以众源交通数据为对象,从信任模型、数据共享者、空间精度评估、时间信任、语义质量、数据完整度等方面对众源数据的有效性进行评价。Grira

等（2010）指出众源地理数据采集者与应用者在数据上下文中具有认知区别，建议构建针对数据提供者的评价模型。Exel 等（2010）则提出在数据质量控制指标中增加用户指标，例如：用户上传数据的次数、修改次数、反馈意见等，然后构建用户质量评价模型，实现众源地理数据的质量监督。单杰等（2014）在以上研究的基础上着重强调了数据提供者对数据质量的影响，并从三个方面总结了影响众源地理数据质量的因素，分别包括：数据采集或地图绘制由非专业人员提供所造成的人为误差、来自不同数据源的数据可能具有不同等级的精度、采集者使用 GPS 定位仪之间的差异造成的数据精度差异。除此之外，国外研究人员以 OSM 地图数据为例，以英国范围内的 OSM 数据为研究对象，从定位精度和数据完整度两个方面构建了 OSM 数据质量评价模型；并在后来的雅典区域 OSM 数据质量评价过程中，将原有模型从长度完整度、名称完整度、类型精度、名称精度和定位精度几个方面进行了扩充（Mondzech et al., 2011; Exel et al., 2010; Ather, 2009; Zulfiqar, 2008）。众源车载 GPS 轨迹数据是众源地理数据中的一种数据类型，主要服务于实时或延时的动静态交通信息获取、群体或个体驾驶行为分析、城市功能结构及土地利用分析等（牟乃夏 等，2015；唐炉亮 等，2015，2011；刘瑜 等，2011；管亚丽，2010；夏松 等，2007；李清泉 等，2007）。这些应用开展的基础在于众源车载 GPS 轨迹数据质量是否符合具体应用需求。根据现有众源数据质量评价因子及众源轨迹数据的具体应用，本书将空间精度、实时性及完整度作为众源车载轨迹数据质量评价的关键因子（唐炉亮 等，2016；Tang et al., 2015）。

1.3.3　数据构成

志愿地理信息共享平台 OSM 提供的道路相关数据可分为底图和轨迹两部分（图 1.5）。底图数据为基于轨迹的道路信息提取方法研究与验证提供了参照评价的事实依据，轨迹数据为道路信息的提取提供了宝贵的原始数据基础。由于其开放共享和大众参与的特点，其提供数据的组织形式和技术规格也与专业地理信息和轨迹数据存在较大差异。

（a）OSM 路网底图数据　　　　　　　　　　（b）轨迹数据

图 1.5　OSM 路网底图数据和轨迹数据

　　底图数据的路网部分包含道路及附属设施的几何、拓扑和语义信息,以可扩展标记语言(extensible markup language,XML)格式提供,扩展名通常为.osm。几何信息分为节点(node)和路径(way)两种,其中节点对应传统的点状要素(如交叉口、信号灯等)或线要素中仅表示形状而无独立属性的图形点,路径对应传统的线状要素(首尾点不重合)和面状要素(首尾点闭合)。拓扑信息以关系(relation)的形式记录,描述路口的转向规则与限制。语义信息以标签(tag)的形式记录,描述几何对象或关系对象的属性,对应传统属性表的字段。由于每个对象可以有不同数量和内容的标签,这种方式提供了不受关系型数据表结构约束的、灵活多变的属性信息,但也使标签数据向属性表数据转换过程中不可避免地存在数据冗余或损失,以及转换规则的多样和不统一。表1.3列出了上述各类数据元素的示例。

表 1.3　　OSM 地图数据示例

XML 示例	对象类型	含义

`<node id='3382195253' timestamp='2016-12-05T10:19:12Z'`
`uid='2500' user='jamesks' visible='true' version='2'`
`changeset='44179093' lat='30.6328535' lon='114.3037374'`
	节点	点的坐标和元数据

`<way id='103755064' timestamp='2016-11-27T14:29:04Z'`
`uid='2500' user='jamesks' visible='true' version='10'`
`changeset='43983703'>`
`  <nd ref='1197879672' />`
`  <nd ref='1197880731' />`
`  <nd ref='1199771770' />`
`  <nd ref='1199771771' />`
`  <tag k='bridge' v='viaduct' />`
`  <tag k='highway' v='motorway' />`
`  <tag k='lanes' v='3' />`
`  <tag k='layer' v='1' />`
`  <tag k='name' v='二环线' />`
`  <tag k='oneway' v='yes' />`
`</way>`
	路径、标签	线的图形点 ID 串及其属性

`<relation id='4872541' timestamp=`
`'2015-05-07T14:57:10Z' uid='414582' user='GeoSUN'`
`visible='true' version='1' changeset='30875899'>`
`  <member type='node' ref='3503046945' role='via' />`
`  <member type='way' ref='343474556' role='from' />`
`  <member type='way' ref='343474557' role='to' />`
`  <tag k='restriction' v='no_right_turn' />`
`  <tag k='type' v='restriction' />`
`</relation>`
	关系、标签	转向规则

　　轨迹数据包含用户名、轨迹描述文本、经纬度坐标、采样时间、高程、速度、航向等信息,以另一种 XML 格式提供,扩展名为.gpx(GPS eXchange format,GPS 数据交换格式)。该格式不同于常见的逗号分隔值(comma separated values,CSV)格式,其参照航空航海技术中的航迹、航段、航点对轨迹数据以轨迹(track)、轨迹段(track segment)、轨迹点(track point)的层次进行组织。根据 GPX 格式的定义文档(Topografix,2004),每个轨迹点除必须包含经纬度之外,高程、时间、磁偏角、大地水准面差距(geoid undulation)、定位解类型、卫星数、水平/垂直/位置精度因子(HDOP/VDOP/PDOP)、差分站编号等信息均为可选项,而速度、航向等信息则以扩展的形式存储,因此具有较强的灵活性。通常情况下,这些可选项与用户采用的软硬件设备有关,但坐标和时间是较为常见的属性,见图1.6中的示例。

```
<trk>
  <name>Track 1</name>
  <number>1</number>
  <trkseg>
    <trkpt lat="39.9058400" lon="116.1050800">
      <ele>92.00</ele>
      <time>2012-06-07T23:35:44Z</time>
    </trkpt>
    <trkpt lat="39.9056900" lon="116.1050200">
      <ele>92.00</ele>
      <time>2012-06-07T23:35:45Z</time>
    </trkpt>
```

图 1.6　GPX 轨迹数据示例

1.3.4　数据特征

1. 空间精度分析

影响众源车载轨迹数据空间精度的因素主要包括三种：GPS 测量误差、驾驶行为导致的异常数据及由环境因素导致的数据异常和缺失。GPS 位置解算的基本流程是 GPS 终端接收从卫星传来的信号时，计算同一时刻接收设备到多颗卫星之间的伪距离，然后通过空间后方交会法，确定地面点的地理坐标。因此，导航卫星、信号传播过程与接收设备都会导致 GPS 测量产生误差，主要包括：与定位卫星相关的误差、与信号传播过程相关的误差，以及与接收设备相关的误差。为了减少 GPS 测量误差、提高 GPS 定位精度，研究人员分别从硬件和获取技术方面进行优化。例如：通过采用差分算法，提高 GPS 定位精度（王广运 等，1997）；提出精密单点定位技术改善单点定位 GPS 精度过低的问题（张小红，2006；刘经南 等，2002）。虽然这些方法在不同程度上可以有效改善 GPS 轨迹数据的空间精度，但是对众源轨迹数据的空间精度改善问题并没有实际帮助（Yang et al.，2016）。众源轨迹数据是一种采用大众终端获取的定位数据，而目前大部分民用位置数据仍然采用普通的单点定位技术，使得众源轨迹数据的空间精度依然维持在一定精度范围内。除此之外，驾驶行为是影响众源车载轨迹数据空间精度的第二大因素。一般情况下，轨迹数据中存在的很多异常现象都由驾驶员不良驾驶造成，例如：压线行驶、蛇形走位、违规转向、违章停车等。这些异常行为会对不同应用需求带来一定程度的影响，例如：压线行驶行为及蛇形走位会增加利用众源轨迹数据提取车道信息的难度（Tang et al.，2016）。目前，Hodge（2009）和 Aggarwal（2015）分别从异常检测的方法论和各类典型的异常检测算法方面进行了总结和分析；Gupta 等（2014）对时序数据的异常检测进行了详细总结；毛嘉莉等（2017）对目前国内外轨迹异常检测进行了系统的归纳和总结等。复杂城市环境是影响众源轨迹数据空间精度的第三个因素（王浩，2013；郑奎，2012），例如：建筑物、植被遮挡造成 GPS 信号弱，导致移动目标空间位置解算不准确；隧道、地下通道引起 GPS 信号中断，导致 GPS 数据缺失等。

2. 现势性分析

众源轨迹数据的现势性是数据采集时间与具体应用需求之间相对关系的反映。一般来讲，只要数据采集时间超前于具体应用需求时间，即可视为现势性好。由于众源数据的采集者为大众,每天都会有海量空间数据被采集,大部分滞后的位置服务或实时位置应用都可以得到时间维度的满足。相比于传统数据采集模式,也即先有数据需求再开始数据采集或投入高成本获取实时空间数据,众源数据在现势性和投入成本方面更具有竞争力。

3. 数据完整度分析

众源轨迹数据的完整度主要体现在区域内轨迹数据的覆盖度和被记录移动目标空间位置的完整性两个方面。区域内轨迹数据的覆盖度一般与数据采集周期和采集者数量息息相关。例如辛飞飞等（2009）以出租车轨迹数据为研究对象,分析了轨迹数据路网覆盖能力与出租车数量之间的关系。实验结果表明:各等级路网的平均覆盖强度随样本容量线性增长,增长率随道路等级下降而迅速减小。这一结论也同样适用于志愿者数据共享平台的覆盖度。

移动目标的空间位置被记录的完整性是轨迹数据完整度的另一种体现,与轨迹数据采样率、数据缺失程度相关。浮动车系统考虑数据存储空间优化、传输效率等因素,采样频率普遍偏低（一般在 20～60 s,甚至长达 2 min）。相比之下,志愿者数据采集由于存储空间和传输效率方面没有成本约束,采样频率普遍较高,采样时间间隔可达到 1 s。导致轨迹数据缺失的原因可能有两种,一种是采集环境,例如:特殊环境下 GPS 信号丢失;另一种是人为因素,例如出于隐私保护,删除某些片段轨迹。因此,为了提高众源轨迹数据的完整性,通常解决方法有延长数据采集周期、缩小数据采集区域、在隐私安全范围内采用轨迹还原方法追溯丢失轨迹信息等。

参 考 文 献

方莉娜, 杨必胜, 2013. 车载激光扫描数据的结构化道路自动提取方法. 测绘学报, 42(2): 106-113.

管亚丽, 2010. 成都市出租车浮动车数据可靠性分析. 成都: 西南交通大学.

李德仁, 2016. 展望大数据时代的地球空间信息学. 测绘学报, 45(4): 379-384.

李清泉, 郑年波, 徐敬海, 等, 2007. 一种基于道路网络层次拓扑结构的分层路径规划算法. 中国图象图形学报, 12(7): 1280-1285.

刘瑜, 肖昱, 高松, 等, 2011. 基于位置感知设备的人类移动研究综述. 地理与地理信息科学, 27(4): 8-13.

刘经南, 叶世榕, 2002. GPS 非差相位精密单点定位技术探讨. 武汉大学学报(信息科学版), 27(3): 234-240.

毛嘉莉, 金澈清, 章志刚, 等, 2017. 轨迹大数据异常检测: 研究进展及系统框架. 软件学报, 28(1): 17-34.

牟乃夏, 张恒才, 陈洁, 等, 2015. 轨迹数据挖掘城市应用研究综述. 地球信息科学学报, 17(10): 1136-1142.

单杰, 秦昆, 黄长青, 等, 2014. 众源地理数据处理与分析方法探讨. 武汉大学学报 (信息科学版), 39(4): 390-396.

唐炉亮, 常晓猛, 李清泉, 等, 2011. 基于蚁群优化算法与出租车GPS数据的公众出行路径优化. 中国公路学报, 24(2): 89-95.

唐炉亮, 刘章, 杨雪, 等, 2015. 符合认知规律的时空轨迹融合与路网生成方法. 测绘学报, 44(11): 1271-1276.

唐炉亮, 杨雪, 阚子涵, 等, 2016. 一种基于朴素贝叶斯分类的车道数量探测. 中国公路学报, 29(3): 116-123.

王浩, 2013. GPS 信号可用性评价及定位精度改善方法研究. 沈阳: 沈阳航空航天大学.

王广运, 张卫华, 李洪涛, 1997. 准载波相位差分 GPS 测量. 海洋测绘, 4: 59-62.

汪庭举, 邹杰, 2010. 广东省浮动车交通信息系统方案设计. 中国交通信息化(6): 112-115.

夏松, 李德仁, 巫兆聪, 2007. 利用多源空间数据进行地形的三维变化检测. 测绘科学, 32(1): 49-50.

辛飞飞, 陈小鸿, 林航飞, 2009. 基于样本容量的浮动车数据路网覆盖能力研究. 公路交通科技, 26(8): 140-144.

张存保, 2006. 基于浮动车的交通信息采集与处理理论及方法研究.上海:同济大学.

张小红, 2006. 动态精度单点定位(PPP)的精度分析. 全球定位系统, 31(1): 7-11.

郑奎, 2012. 微弱 GPS 信号的跟踪方法研究. 北京: 中国科学院研究生院(国家授时中心).

AGGARWAL C C, 2015. Outlier analysis. New York: Springer: 237-263.

AHMED M, KARAGIORGOU S, PFOSER D, et al., 2015. A comparison and evaluation of map construction algorithms using vehicle tracking data. Geo Informatica, 19(3): 601-632.

ALY M, 2008. Real time detection of lane markers in urban streets. 2008 IEEE Intelligent Vehicles Symposium: 7-12.

ATHER A, 2009. A quality analysis of OpenStreetMap data. London: University College London.

CHEN X, KOHLMEYER B, STROILA M, 2009. Next generation map making: Geo-referenced ground-level LiDAR point clouds for automatic retro-reflective road feature extraction. Proceedings of the 17th ACM SIGSPATIAL International Conference on Advances in Geographic Information Systems. New York, ACM: 488-491.

EXEL M V, DIAS E, FRUIJTIER S, 2010. The impact of crowdsourcing on spatial data quality indicators. Proceedings of the 6th GIScience International Conference on Geographic Infomration Science, 213-217.

GOODCHILD M F, 2007. Citizens as sensors: The world of volunteered geography. Geojournal, 69(4): 211-221.

GOULETTE F, NASHASHIBI F, ABUHADROUS I, et al., 2006. An integrated on-board laser range sensing system for on-the-way city and road modelling. The International Archives of the Photogrammetry, Remote Sensing and Spatial Information Sciences, XXXVI(A): 1-6.

GRIRA J, BEDARD Y, ROCHE S, 2010. Spatial data ncertainty in the vgi world: Going from consumer to producer. Geomatica, 61(1): 61-71.

GUAN H, LI J, CAO S, et al., 2016. Use of mobile LiDAR in road information inventory: a review. International Journal of Image and Data Fusion, 7(3): 219-242.

GUPTA M, GAO J, AGGARWAL C, et al., 2014. Outlier detection for temporal data: A survey. IEEE Transactions on Knowledge & Data Engineering, 26(9): 2250-2267.

GURGHIAN A, KODURI T, BAILUR S V, et al., 2016. Deep lanes: end-to-end lane position estimation using deep neural networksa. Proceedings of the IEEE Conference on Computer Vision and Pattern Recognition Workshops: 38-45.

HARRIS D, SMITH D, O'NEILL C, et al., 2016. The role of real-time crowdsourced information and technology in supporting traveller information and network efficiency. New Zealand Transport Agency: 116-120.

HEIPKE C, 2010. Crowdsourcing geospatial data. ISPRS Journal of Photogrammetry & Remote Sensing, 65(6): 550-557.

HILLEL A B, LERNER R, LEVI D, et al., 2014. Recent progress in road and lane detection: A survey. Machine vision and applications, 25(3): 727-745.

HODGE V J, BANERJEE A, KUMAR V, 2009. Anomaly detection: A survey. ACM Computing Surveys, 41(3): 75-79.

HOWE J, BOOKSX I, 2008. Crowdsourcing: Why the power of the crowd is driving the future of business. New York: Three Rivers Press: 1565-1566.

HUANG J, LIANG H, WANG Z, et al., 2014. Lane marking detection based on adaptive threshold segmentation and road classification. 2014 IEEE International Conference on Robotics and Biomimetics: 291-296.

JIN H, FENG Y, LI M, 2012. Towards an automatic system for road lane marking extraction in large-scale aerial images acquired over rural areas by hierarchical image analysis and Gabor filter. International Journal of Remote Sensing, 33(9): 2747-2769.

KENT L, 2015. Autonomous cars can only understand the real world through a map. https://360.here.com/2015/04/16/autonomous-cars-can-understand-real-world-map/.

KIM J G, HAN D Y, YU K Y, et al., 2006. Efficient extraction of road information for car navigation applications using road pavement markings obtained from aerial images. Canadian Journal of Civil Engineering, 33(10): 1320-1331.

LANE N D, EISENMAN S B, MUSOLESI M, et al., 2008. Urban sensing systems: Opportunistic or participatory. Proceedings of the 9th Workshop on Mobile Computing Systems and Applications, ACM: 11-16.

MONDZECH J, SESTER M, 2011. Quality analysis of openstreetmap data based on application needs. Cartographica the International Journal for Geographic Information & Geovisualization, 46(2): 115-125.

OGAWA T, TAKAGI K, 2006. Lane recognition using on-vehicle LiDAR. 2006 IEEE Intelligent Vehicles Symposium: 540-545.

OORT P A J, 2006. Spatial data quality: From description to application. Dutch: Wageningen Universiteit.

SMADJA L, NINOT J, GAVRILOVIC T, 2010. Road extraction and environment interpretation from LiDAR sensors. The International Archives of the Photogrammetry, Remote Sensing and Spatial Information Sciences, XXXVIII(3A): 281-286.

TANG L, YANG X, KAN Z, et al., 2015. Lane-level road information mining from vehicle GPS trajectories based on Naïve Bayesian Classification. ISPRS International Journal of Geo-Information, 4(4): 2660-2680.

TANG L, YANG X, DONG Z, et al., 2016. CLRIC: Collecting lane-based road information via crowdsourcing. IEEE Transactions on Intelligent Transportation Systems, 17(9): 2552-2562.

TEO T A, CHIU C M, 2015. Pole-like road object detection from mobile LiDAR system using a coarse-to-fine approach. IEEE Journal of Selected Topics in Applied Earth Observations and Remote Sensing, 8(10): 4805-4818.

TOPOGRAFIX, 2004. GPX 1.1 Schema Documentation. https://www.topografix.com/gpx/1/1/.

TOURNAIRE O, PAPARODITIS N, 2009. A geometric stochastic approach based on marked point processes for road mark detection from high resolution aerial images. ISPRS Journal of Photogrammetry and Remote Sensing, 64(6): 621-631.

WARF B, 2014. Crowdsourcing geographic knowledge: Volunteered geographic information (vgi) in theory and practice. New York: Springer: 847-849.

YANG B, DONG Z, 2013. A shape-based segmentation method for mobile laser scanning point clouds. ISPRS Journal of Photogrammetry and Remote Sensing, 81: 19-30.

YANG B, WEI Z, LI Q, et al., 2012. Automated extraction of street-scene objects from mobile lidar point clouds. International Journal of Remote Sensing, 33(18): 5839-5861.

YANG X, TANG L, 2016. Crowdsourcing big trace data filtering: A partition-and-filter model. International Archives of the Photogrammetry, Remote Sensing & Spatial Information Sciences, XL1-B2: 257-262.

YANG X, TANG L, NIU L, et al., 2018. Generating lane-based intersection maps from crowdsourcing big trace data. Transportation Research Part C: Emerging Technologies, 89: 168-187.

YEH A G O, ZHONG T, YUE Y, 2015. Hierarchical polygonization for generating and updating lane-based road network information for navigation from road markings. International Journal of Geographical Information Science, 29(9): 1509-1533.

YU Y, LI J, GUAN H, et al., 2015. Learning hierarchical features for automated extraction of road markings from 3-d mobile LiDAR point clouds. IEEE Journal of Selected Topics in Applied Earth Observations and Remote Sensing, 8(2): 709-726.

ZHOU B, LI Q, MAO Q, et al., 2015. ALIMC: Activity landmark-based indoor mapping via crowdsourcing. IEEE Transactions on Intelligent Transportation Systems, 16(5): 2774-2785.

ZHU Q, LI Y, 2008. Hierarchical lane-oriented 3D road-network model. International Journal of Geographical Information Science, 22(5): 479-505.

ZULFIQAR N, 2008. A study of the quality of OpenStreetMap.org maps: A comparison of OSM data and ordnance survey data. London: University College London.

第 2 章 轨迹数据预处理

浮动车系统和志愿者平台获取的时空轨迹大数据的空间精度和完整度对高时空精度的道路测图具有重要影响。在轨迹数据采集过程中，受 GPS 本身的误差、GPS 信号受遮挡变弱等因素的影响，可能导致采集的数据不准确、数据丢失等情况：如采集者位置保持不变，速度却不为 0；有些速度值异常高或异常低；还有的轨迹点定位坐标存在很大误差，远离路网。为了降低异常数据的影响，需要对众包轨迹数据进行预处理，识别和修复错误或丢失的数据。因此，本章将介绍和讨论轨迹大数据预处理阶段面临的主要问题及采用的关键技术，包括基于 Delaunay 三角网密度的漂移点去除、基于运动一致性模型的高精度滤选、基于历史行为规律的缺失轨迹概率估计。这些技术分别针对批量和单条轨迹数据的定位精度和采样完整度问题进行预处理，得到相对准确和完整的轨迹数据，是高精度道路众包测图的数据支撑。

2.1 轨迹数据误差来源

粗差是指在相同观测条件下的一系列观测中，绝对值超过限差的测量偏差。测量领域解释其出现原因为测量仪器精度达不到要求、技术规格的设计和观测程序不合理，或者观测者自身原因。无论是由安装在出租车上的 GPS 定位系统和无线通信系统联合采集的车辆行驶轨迹数据，还是由志愿者携带的智能手机或手持 GPS 终端采集的不同交通模式的轨迹数据，均受限于采集装备的精度、行驶习惯以及城市建筑物、植被遮挡等因素，存在大量含有粗差的数据点。

2.1.1 GPS 误差

GPS 测量是通过地面接收设备接收卫星传送来的信息，计算同一时刻接收设备到多颗卫星之间的伪距离，然后通过空间后方交会法，来确定地面点的地理坐标。因此，导航卫星、信号传播过程与接收设备都会对 GPS 测量产生误差，也即主要测量误差来源有三类：与定位卫星相关的误差、与信号传播过程相关的误差，以及与接收设备相关的误差。

1. 与卫星相关的误差

由卫星因素引起的误差包括卫星星历误差、卫星钟差和 SA 干扰误差。卫星星历误差是指卫星星历输出的位置与卫星实际位置之间的误差，一般输出的卫星位置是通过地面监控系统根据卫星测轨结果计算得到，所以也称为卫星轨道误差。该误差大小取决于卫星跟踪站的数量、地理空间分布、观测值数量和精度及计算轨道时采用的模型算法和定轨软件的完善程度,它是一种起始数据误差。卫星钟差是指 GPS 卫星时钟与 GPS 标准时间的差别,是一种系统误差。虽然 GPS 卫星均采用高精度的原子钟来保证时钟精度,但它们与 GPS 标准时之间的偏差仍在 0.1～1 ms 以内,所引起的等效误差可以达到 30～300 km。SA 干扰误差是 2000 年之前美国军方为了限制普通使用者利用 GPS 进行高精度定位而实施的一种降低系统精度的政策。它包括了降低广播星历精度的 ε 技术和在卫星基本频率上附加随机抖动的 δ 技术。

2. 与信号传播过程相关的误差

传播过程所引起的误差主要有电离层折射、对流层折射和多路径效应。电离层距离地面 50～100 km,当卫星信号经过地球上空电离层时,其中的气体分子会受到各种来源于天体(如太阳等)的射线辐射形成强烈电离,产生大量自由电子和正离子,致使信号路径和传播速度产生改变,因此导致测量到的距离发生偏差,影响 GPS 定位精度。对流层是距离地面 40 km 以下的大气底层,该层大气密度大、状态复杂。当 GPS 信号经过该层时也会发生折射,从而使测量距离产生偏差。多路径效应是接收设备周围的建筑物产生的反射卫星信号与直接卫星信号形成干涉时延的效应。一般减少多路径误差的方法主要有:远离高层建筑物、提高接收设备质量、通过径板区别极化特性不同的反射信号。多路径效应在城市环境中比较常见,是因为城市道路两侧一般存在建筑物遮挡。

3. 与接收设备相关的误差

与接收设备相关的误差是由于热噪声、软件和各通道之间的偏差引起的观测值误差,主要包括接收机钟差、接收机位置误差、天线相位中心偏差等。接收设备一般采用高精度石英钟,而 GPS 标准时间与接收机钟面时之差称为接收机钟差。由于石英钟的偏差等因素,会影响接收机钟面时的准确度。接收机位置误差是指接收设备天线相位中心相对于测站标石中心位置的误差,包括天线置平、对中误差及量取天线高误差。接收设备的天线相位中心随着信号输入方向、强度不同而产生变化,这种差别叫天线相位中心的位置偏差。这种偏差的影响约有数毫米至厘米,而天线如何设计也会影响相位中心的偏移。

2.1.2　数据缺失

GPS 需要视野内至少 4 颗卫星才能实施定位,出租车或者智能手机中安装的 GPS 定位装置的性能一般弱于专业级的 GPS 仪器。城市道路的复杂性,导致很多车辆行驶在建筑物密集、植被旺盛、下穿隧道或者被高架桥遮挡的道路上时,会因为信号不足导致车辆位置信息缺失和漂移。

随着科技、经济水平的不断发展,城市交通拥堵也越来越严重。为了缓解因为拥堵所带来的各种不良影响,很多城市都在修建更为复杂的城市交通道路,例如:高架桥、下穿隧道、地铁等。虽然这些交通措施有效地缓解了城市交通压力,但是对于行驶在高架桥下方的道路或者行驶在地下通道的车辆位置采集系统而言,会因为信号屏蔽导致采集 GPS 数据的缺失。这种数据缺失会造成道路部分信息的丢失,给交通研究带来一定的阻碍。

林荫道下、高楼林立的城市道路或者信号接收不良，无法达到 4 颗星的条件，均会停止记录。对于个人而言，这种停止记录的时间会非常短，但是对于出租车上安装的 GPS 定位系统而言，10～40 s 的采集间隔导致信息量缺失得非常严重。

浮动车数据的采样间隔一般为 10～40 s。如果按 60 km/h 的车速来计算，在一个采样间隔时间内，浮动车可以行驶 166～666 m，在这段距离内不存在这辆车其他更细节位置信息。因此，浮动车实际行驶轨迹与采样点连线间形成了偏差，这种偏差就是由于数据缺失造成。利用 GPS 轨迹信息获取道路信息或者行人出行信息的研究所采用的数据大部分都是采用高精度的 GPS 定位系统采集得到。Chen 等（2010）利用 GPS 轨迹数据获得城市道路车道信息就是利用具有 4 m 精度并且采样间隔为 1 s 的数据，但国内浮动车数据的采样间隔最大可以达到 40 s，精度也只有 15 m 左右，因此会造成一定程度的数据缺失。

2.2　轨迹漂移点剔除

在浮动车数据实际应用的过程中，由于浮动车可以 24 h 不间断采集，庞大的数据量可以一定程度上弥补其在数据缺失方面的不足，但是 GPS 定位系统所引起的误差就需要进一步处理。本节首先通过分析浮动车数据在 GPS 定位方面产生误差的分布特点，然后结合现有的粗差去除方法，提出一种基于 Delaunay 三角网密度的漂移点剔除。

2.2.1　现有漂移点处理方法

实际研究中所采用的各类原始空间数据会因为各种原因存在很多问题，而常见数据清理的类型包括：不完整数据清理、不准确数据清理、重复记录数据清理及不一致数据清理等。不完整数据类似于浮动车数据中由于各种原因导致的缺失数据，这些缺失数据给轨迹追踪带来了阻碍；不准确数据诸如浮动车数据中含有粗差的数据，也即大量的漂移点；重复记录数据是指车辆停止不前时产生的大量重复记录数据；不一致数据则由数据采集记录过程形成。本节将这些类型的空间问题数据总称为粗差数据。根据目前的粗差探测和处理研究，主要有两种剔除方法：均值漂移模型、方差膨胀模型。均值漂移模型是从 Baarda（1967）的可靠性理论出发，用数据探测法或分布探测法，把粗差归入函数模型，从而发现和消除粗差；方差膨胀模型是将粗差归于随机模型，利用选择权函数法，在逐次迭代平差中赋予粗差观测值很小的权，从而实现粗差的自动剔除。

1. 可靠性研究

可靠性研究主要包含了两个任务，一是从理论上研究平差系统在发现和区分不同模型误差方面的能力，以及那些不可发现和不可区分的模型误差对整个平差结果的影响；二是寻求在平差过程中可以自动发现和区分模型误差及确定模型误差位置的方法。总体来讲可靠性研究是建立在数理统计的假设检验基础之上的。在测量平差领域内，可靠性研究理论是在 1967～1968 年间由荷兰 Baarda 教授提出，该理论从单个一维备选假设出发,研究平差系统发现单个模型误差的能力和不可发现的模型误差对平差结果的影响。其模型误差包括粗差和系统误差,此外还包括以服从正态分布的标准化残差为假设的统计检验量。

2. 数据探测法

从已知单位权方差出发,Baarda(1967)还提出了检验粗差的数据探测法。该方法根据平差结果用观测值的改正数 v_i 构造标准正态统计量 w_i,即

$$w_i = \frac{v_i}{\sigma_{v_i}} = \frac{v_i}{\sigma_0 \sqrt{q_{ii} - B_i (\boldsymbol{B}^{\mathrm{T}} \boldsymbol{P} \boldsymbol{B})^{-1} \boldsymbol{B}_i^{\mathrm{T}}}} \to N(0,1) \tag{2.1}$$

式中:v_i 为第 i 个观测值的改正数,由误差方程式求出;σ_{v_i} 为 v_i 的中误差;σ_0 为单位权中误差;q_{ii} 为观测值权倒数矩阵 $\boldsymbol{P}^{-1}$ 主对角线上的第 i 个元素;B_i 为误差方程式矩阵的第 i 行;$\boldsymbol{B}^{\mathrm{T}} \boldsymbol{P} \boldsymbol{B}$ 为法方程系数矩阵。对于判断粗差的统计量 w_i,较为公认的 Baarda 的显著水平 $\alpha = 0.001$,由正态分布表可查得 $w_i = 3.3$。

将 $N(0,1)$ 作为零假设,若 $|v_i| < 3.3\sigma_{v_i}$,则接受零假设,在该显著水平下不存在粗差;若 $|v_i| \geqslant 3.3\sigma_{v_i}$,则拒绝零假设,在该显著水平下存在粗差。

3. 选权迭代法

选权迭代法基本思想是:因为粗差未知,平差仍从惯常的最小二乘法开始,但在每次平差后,根据其残差和其他参数,按所选择的权函数,计算每个观测值在下步迭代平差中的权,纳入平差计算中。一般情况下如果权函数选择得当,且粗差可定位,那么含粗差观测值的权将越来越小,直到趋近于零。迭代停止时,相应的残差将直接指出粗差的值,而平差的结果也不受粗差的影响。这样就实现了粗差的自动定位和改正。迭代选权法可以用来研究任意平差系统中模型误差的可发现性和可测定性,并导出不可测定的模型误差对平差结果的影响。

迭代选权法从最小条件 $\min \sum_i p_i v_i^2$ 出发,其中权函数 $p_i^{(v+1)} = f(v_i^v, \cdots)$ $(v = 1, 2, 3, \cdots)$。目前存在的一些权函数包括 Lq 迭代法(最小范数迭代法)、丹麦法、带权数据探测法、从 Robust 原理出发的选择权迭代法和从后验方差估计原理导出的选择权迭代法。按照这些权函数的内容可以将其分为残差的函数、标准化残差的函数和方差估值的函数;如果从其形式出发则分为幂函数和指数函数两种类型。

4. 从 Robust 原理出发的选权迭代法

Robust 估计法由于可以保证所估计的参数不受或者少受模型误差和粗差的影响而又被称作稳健法。该方法属于极大似然估计中的一种特殊估计方法,具有抗拒外来粗差能力强的特点。一般的最小二乘估计法虽然也属于极大似然估计,但是由于其配赋误差能力强,采用它估计的参数会受到粗差的影响,从而不能抵制外来粗差的干扰,通常的最小二乘法其实不是 Robust 方法。

稳健估计的误差方程式可简单地描述如下:

$$V = B\hat{X}_R - L = \begin{Bmatrix} b_1 \\ b_2 \\ \vdots \\ b_n \end{Bmatrix} \hat{X}_R - \begin{Bmatrix} L_1 \\ L_2 \\ \vdots \\ L_n \end{Bmatrix} \tag{2.2}$$

式中：b_i 为设计矩阵 B 的第 i 行；$\hat{X}_R$ 表示未知参数 X 的稳健估计；L 为独立观测样本。设第 i 个观测值的权为 p_i，$\rho(v_i)$ 为 M 估计的函数，则按 M 估计原理，未知参数 X 的稳健估计就是求解下列优化问题：

$$\sum_{i=1}^{n} p_i \rho(v_i) = \sum_{i=1}^{n} p_i \rho(b_i \hat{X}_R - L_i) = \min \tag{2.3}$$

式中：对 $\hat{X}_R$ 求导数，并令其为零。同时记 $\phi(v_i) = \partial_\rho / \partial_{v_i}$，则有

$$\sum_{i=1}^{n} p_i \phi(v_i) b_i = 0 \tag{2.4}$$

　　　令

$$\phi(v_i)/v_i = W_i, \quad \overline{P}_{ii} = P_i W \tag{2.5}$$

式中：W_i 为权因子；$\overline{P}_{ii}$ 为等价权；W 为稳健权阵。于是式（2.4）可记为

$$B'\overline{P}V = 0 \tag{2.6}$$

将式（2.2）代入式（2.6），得

$$B'\overline{P}B\hat{X}_R - B'\overline{P}L = 0 \tag{2.7}$$

由此得

$$\hat{X}_R = (B'\overline{P}B)^{-1} B'\overline{P}L \tag{2.8}$$

因为等价权 $\overline{P}$ 引入，使得式（2.8）实现了既可以抵抗粗差的污染，又保留了最小二乘估计的形式，被称为抗差最小二乘估计。

2.2.2　浮动车数据分布特点

　　GPS 误差来源极为复杂，由多个不同分布的误差变量组成，很难通过理论得出误差分布规律。目前在该领域的研究专家和学者，结合实际数据做了充分的研究。这些研究基础在 GPS 定位准确度上有两个假设：第一，假定定位误差（在经纬度、海拔的每一维度上、时间上的误差）呈高斯分布；第二，假定在水平误差分布上，如 XY 平面上的分布，等概率密度线为圆形。Brakatsoulas（2005）研究发现 GPS 测量值会遵循正态分布规律，按照统计学经验值一般选取 2 倍 δ 区间值也即 96% 的浮动车数据作为初始研究对象，如图 2.1 所示。

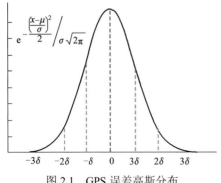

图 2.1　GPS 误差高斯分布

2.2.3　基于 Delaunay 三角网密度的漂移点剔除

基于点密度的轨迹数据预处理方法利用点密度的思想,设置一定范围的邻域,根据该范围计算邻域内点的密度,通过设置密度阈值进行点的删除。在设置邻域时,需要根据具体处理数据的特点设定其范围,如图 2.2 所示。

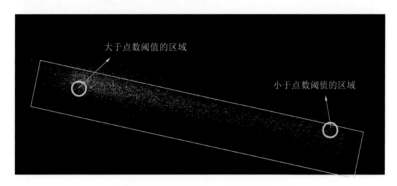

图 2.2　点密度漂移点剔除思想

采用点密度处理粗差方法中,设置点数阈值通常利用范围内平均点密度作为阈值,然后根据具体数据设置邻域范围,依次对范围内所有点进行分析、比较、处理。浮动车数据也是一种点样数据,它是一种呈道路路面特征分布的数据点。一般情况下在道路的交叉口处,因为红绿灯及拥堵现象,会导致浮动车数据密度过大。但是在道路的中间段处,由于车辆行驶相对顺畅,采集的浮动车数据密度会相对较小。如果采用点密度法以相同的阈值对浮动车数据的漂移点进行去除,就会导致在交叉口处和路段中间部分出现不一样的处理结果。也就是说在交叉口处很多漂移点并没有被去除,而在道路中间段中很多明显位于道路面上的非漂移点反倒被去除,从而影响数据的整体质量。

考虑浮动车数据在空间上的分布特征,可以利用 Delaunay 三角网的剖分特性对路面上分布的浮动车数据点进行剖分,从而构成以浮动车数据为关键点的路面 Delaunay 三角网,如图 2.3 所示。

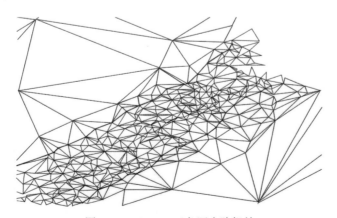

图 2.3　Delaunay 三角网去除粗差

图2.3中黑色边线的三角形是处于路面内的浮动车数据点,而红色边线的三角形则是处于道路边缘线以外的漂移点。实际情况表明,在大量的浮动车数据前提下,大部分GPS采样点是处于道路路面上的,只有少部分点会因为植被、建筑物等因素漂移至道路边缘线以外。

通过分析研究Delaunay三角网的性质和特点,采用Delaunay三角网的方法对所获取的原始浮动车数据进行粗差处理。如图2.4所示:图2.4(a)中原始浮动车数据点显示在矢量地图中会出现很多漂移的散点,图2.4(b)中采用Delaunay三角网方法对原始浮动车数据进行构网,得到该路段上分布浮动车数据的三角网图,从图中可以看到大部分浮动车数据点集中在道路上并形成了密集的三角形区域,少部分点则处于密集区域的两侧形成面积较大的稀疏三角形区域。

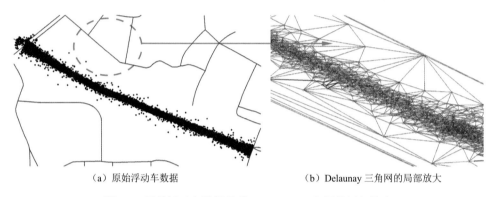

(a)原始浮动车数据　　　　(b)Delaunay三角网的局部放大

图2.4　原始浮动车数据及其Delaunay三角网的局部放大

利用处于道路边缘线以外漂移点数量少、离散度高的特点,可以通过限制Delaunay三角网中三角形的边长和面积进行去除粗差处理。实际应用中,通过动态设置三角形面积和边长的阈值,计算符合阈值范围内的三角形数量与总体三角形数量之间的比率及其相对应的处理效果,确定最终被去除三角形的面积和边长标准。

根据GPS误差分布特点,此处初步设定2倍δ区间值进行实验验证,也即去除4%的漂移点、留下剩余的96%浮动车数据点用于分析研究。如图2.5所示,对路段上分布的原始浮动车数据点构建Delaunay三角网;再根据GPS误差分布特点确定去除标准后,采用Delaunay三角网剔除粗差得到数据分布图。

从图2.5中可以看到大部分漂移点仍然位于路段的两侧,这些漂移点的存在为后期判断车道类别信息带来了很大的影响,例如:大量的漂移点会导致路段测宽值与实际出现比较大的偏差,因此采用96%为阈值处理后的浮动车数据并不能很好反映实际情况。如何设定合理的粗差去除标准不仅会影响漂移点被去除的程度,而且对道路信息的探测方法及结果有着很大的影响。

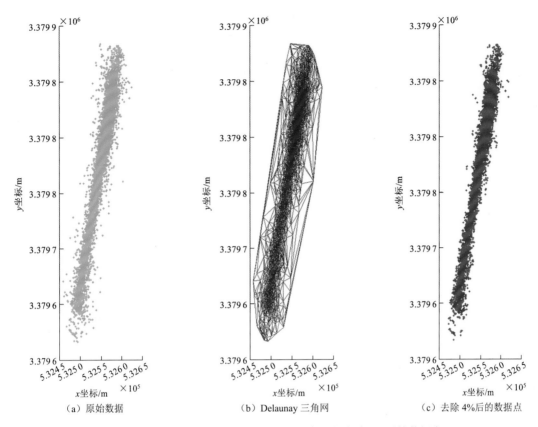

图 2.5 原始浮动车数据及其 Delaunay 三角网与去除 4%后的数据点

2.2.4 实验验证

利用 Delaunay 三角网去除漂移点的原理，对已知路段数据进行了多次实验，漂移点被去除的比例从 96%开始依次按照 0.1%的间隔开始往下浮动，并将实验结果与实际路段相对比。通过大量的实验验证，当去除比例在 90%时被去除的点与实际情况刚好符合，如图 2.6 所示。

为了进一步验证上述所提出的 90%阈值范围，选取已知宽度的路段作为验证数据，采用主成分分析法（Wold et al., 1987）对落在目标路段上的所有 GPS 点数据拟合出中心线，通过计算所有点到中心线的距离并与实际路宽进行对比分析，符合宽度内的点被记录下来并计算其占点总数的比例，最终得到的百分比为 90%±0.1%，如图 2.7 所示。

图 2.7（a）是选取已知路段后，落在该路段上的一定周期内的所有浮动车数据点；图 2.7（b）则是根据路段的方向将所有的数据点旋转至水平方向，然后采用主成分分析得到浮动车数据点的主方向线；图 2.7（c）则是按照已知路宽作为选取标准，计算所有点到主方向线的距离，并将符合范围的点依次记录。从图 2.7（c）中可以发现，被选取的点非常规则地分布于与实际道路面非常吻合的路面矩形区域内。

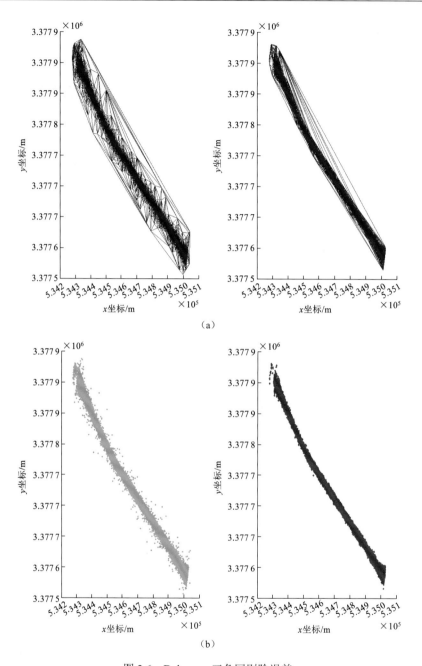

图 2.6　Delaunay 三角网剔除误差

（a）中左图是道路分布的原始浮动车数据点及其 Delaunay 三角网；（a）中右图则是通过采用三角形面积和边长作为限制条件，按照实际数据值进行粗差剔除后形成的三角网

（b）中左图是没有构网的原始浮动车数据点分布，从图中可以看到很多漂移点处于密集区域的两侧；（b）中右图是根据 Delaunay 三角网去除粗差后的数据点

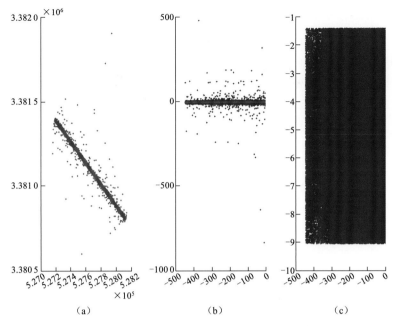

图 2.7　GPS 点到所有点形成的主方向的距离

（a）中横轴表示 GPS 轨迹点平面 x 坐标，单位 m；纵轴表示 GPS 轨迹点平面 y 坐标，单位 m；（b）中横轴表示 GPS 轨迹数据被旋转至水平方向后平面 x 坐标，单位 m；纵轴表示 GPS 轨迹数据被旋转至水平方向后平面 y 坐标，单位 m；（c）中横轴表示 GPS 轨迹数据被旋转至水平方向后平面 x 坐标，单位 m；纵轴表示 GPS 轨迹数据被旋转至水平方向后平面 y 坐标，单位 m

2.3　轨迹高精度滤选

2.3.1　现有轨迹数据清洗方法

目前，国内外有关众源车载轨迹数据清洗的相关研究仍然处于起步阶段，现有研究依然停留在对明显 GPS 噪声或异常值剔除。例如：基于滤波方法剔除 GPS 轨迹数据中明显噪声数据（Lee et al., 2011；Lee et al., 2008；杨元喜, 2003；杨元喜 等, 2001）和利用空间聚类方法去除 GPS 轨迹数据内大量的漂移点（Tang et al., 2016；Wang et al., 2015；Chen et al., 2010）。滤波方法基本原理是根据前一个轨迹点的位置、航向、速度等运动特征计算下一个轨迹点的空间位置，并将其与真实测量值进行对比，实现对异常数据的判别。空间聚类方法则主要利用密度聚类方法剔除轨迹数据中低密度区域的轨迹点，具体内容如下所述。

1. 基于滤波方法的数据清洗

卡尔曼滤波方法是 20 世纪 60 年代发展起来的一种现代滤波技术，其主要作用在于对系统的状态估计。在工程技术应用中，为了得到工程对象每个物理量的数据，必须采用测量方法对其进行观测，然而测量值很可能是系统部分状态或者部分状态的线性组合，同时会存在一定程度的系统误差,所以采用卡尔曼滤波方法可以将只与部分状态相关的测量值进行处理,从而得到某种意义上误差最小的状态估计值。卡尔曼滤波是一种最优化自动回归数据处理算子,该算法通过不断预测、修正递推过程,计算最新的滤波值,以便于实现实时处理观测数据提供最优估计值。目前,卡尔曼滤波法被广泛应用于车载 GPS 定位系统数据处理,主要通过分析车载 GPS 的特点建立合适的滤波器。一般情况下,由于 GPS 信号比较微弱,在定位数据序列中会出现一些突发性漂移点,从而造成滤波结果产生很大的误差,在进行滤波之前需要剔除这些漂移点。在滤波计算过程中,如果滤波的实际误差超出了误差允许的范围,就会导致滤波失效,这种情况被称为滤波发散。产生滤波发散的主要原因是用于推导滤波公式的数学模型和系统的真实模型有很大偏差。采用自适应滤波方法可以使滤波器参数随输入数据而调整,从而使推导滤波公式的数学模型更加贴合系统真实模型。除了卡尔曼滤波方法,大量考虑其他因子的滤波方法被相继提出,Lee 等(2011)对利用几种典型的滤波方法去除 GPS 噪声原理进行了详细阐述,包括:均值滤波、卡尔曼滤波、粒子滤波等。

2. 基于聚类方法的数据清洗

采用聚类方法去除大量轨迹数据中的漂移点是目前数据预处理的另外一种方法。与滤波算法相比,聚类方法弱化了轨迹数据之间的时序关联特征及产生轨迹数据移动目标的运动状态模型,主要利用基于密度或模型的聚类算法实现异常数据检测。点密度处理方法是基于密度聚类算法去除异常值方法中的一种,其原理是通过设置一定范围的邻域,计算邻域内点的密度,然后设置密度阈值进行异常点删除。在设置邻域时需要根据具体处理数据的特点设定其范围,例如:利用范围内平均点密度作为阈值,然后根据具体数据设置邻域范围,依次对范围内所有点进行分析、比较、处理。Chen 等(2010)将道路中心线作为参考基线,计算轨迹数据到所在道路中心线的直线距离,然后对所有距离值进行降序排列,将前 5%的数据作为漂移点去除。Wang 等(2015)则根据轨迹数据在道路面上的高密度聚集与道路两侧低密度聚集的漂移点之间的密度对比,利用核密度聚类算法对漂移在道路两侧的轨迹点进行剔除。Tang 等(2015)在现有研究基础上提出了一种自适应确定密度滤选阈值的数据清洗方法。该方法采用移动窗口策略,利用 Delaunay 三角网方法自适应确定密度计算邻域半径值,然后采用假设检验对低密度数据进行剔除。在后续的研究中,Tang 等(2016)针对密度聚类方法存在的缺陷,提出了一种基于车辆行驶规律的区域生长聚类方法对轨迹数据进行清洗。该方法依然从数据整体出发,通过分析位于同一条道路的同一个行车道上的所有轨迹数据在行驶方向及路面分布方面存在的一致性进行聚类,并根据类簇内数据之间的相似性按照相似度阈值进行滤选,从而实现轨迹数据的自动清洗工作。

3. 现有车载轨迹数据清洗方法的局限性分析

以上方法虽然在一定程度上可以对众源轨迹数据进行清洗,但是这些方法在适应性、数据清洗后质量水平及参数设置方法等方面依然存在问题。首先,采用滤波方法修正 GPS

轨迹数据的明显噪声点存在三个局限性：①依赖于数据采样频率；②只能修正明显噪声；③对运动模型敏感度高。其次，采用空间聚类方法优化轨迹数据主要遵循两个理论基础：①高精度轨迹点一般会聚类于每一条道路中心线；②低密度点等同于异常值，也等同于质量差的轨迹点。采用第二种理论基础展开的数据清洗方法虽然不用考虑轨迹数据的采样间隔，但是无法对夹杂在高密度点中的低质数据进行去除。采用第一种理论基础的数据清洗方法同样不需要考虑数据采样频率，却需要先验知识支持且参数确定过程繁杂。除此之外，采用聚类方法实现数据清洗的模式对数据覆盖度要求较高，对于稀疏数据集数据清洗效果不佳。因此，如何实现从众源轨迹大数据中滤选出定位精度较高的轨迹数据依然是一个亟待解决的科学问题。

2.3.2　高低精度同步轨迹分布特点

GPS 轨迹数据实际上是被用来记录移动目标的运动路线的一种空间数据，而 GPS 定位精度越高，其描述移动目标的运动状态就越真实。城市环境中，由于受路网约束和交通规则制约，车辆通常会沿着车道中心线行驶，除非需要变道或者在交叉口转弯。因此，如果 GPS 定位精度高（同时兼具高采样率），由 GPS 定位点构成的这些车辆产生的行驶轨迹通常都会具有相对较光滑的线性特征。图 2.8 分别展示了由测量车同步采集的 DGPS（differential global positioning system）轨迹数据和 GPS 轨迹数据。高精度 DGPS 轨迹数据和 GPS 轨迹数据的定位精度分别为厘米级和米级，且两类数据具有相同的采样率。通过对比图 2.8 中的两种轨迹数据表明，高精度 DGPS 轨迹数据可以较为真实地反映测量车移动的空间位置序列，而同步 GPS 轨迹数据由于夹杂了大量的低精度轨迹点无法反映车辆行驶的真实位置序列。与此同时，通过对比 GPS 轨迹数据与 DGPS 轨迹数据，GPS 位置点实际上都会围绕在其真值周围，而高精度的轨迹点在空间位置和方向上具有高度一致性。

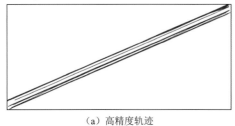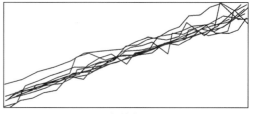

（a）高精度轨迹　　　　　　　　　　　（b）低精度轨迹

图 2.8　同步高低精度的 GPS 轨迹数据

根据道路的线性特征和车辆运动过程的运动惯性，并结合上述有关同步高低精度轨迹数据的空间特征分析可以发现：①车辆往往沿着所在车道的中心线行驶，因此记录车辆运动位置的高精度轨迹点在空间位置上存在高度一致性；②定位精度较高的 GPS 轨迹数据与定位精度较差的轨迹数据相比，线性特征往往比较平滑，其平滑度在一定程度上反映了 GPS 轨迹数据的位置精度水平。因此，从原始轨迹数据中清洗出可以满足信息提取精度需求的轨迹数据,关键在于如何设定平滑度评价方法及参考,然后通过对轨迹数据构成的线性平滑度控制,使得清洗后数据的质量尽可能达到应用需求精度指标。

2.3.3 基于运动一致性模型的车载轨迹大数据清洗方法

通过以上分析,本小节介绍一种基于运动一致性模型的车载轨迹大数据清洗方法。该方法主要包括两个阶段:基于运动惯性约束的轨迹分割和运动一致性模型构建及清洗。利用运动惯性约束将完整轨迹分割为一系列子轨迹段,从而保证每一个轨迹段内 GPS 轨迹点都采集于车辆保持相同运动状态行驶过程中,方便后续每一个轨迹段的运动一致性模型构建。数据清洗方法的第二个阶段是根据高精度轨迹数据在空间上的高度一致性,采用随机抽样一致性(random sample consensus, RANSAC)算法构建子轨迹段的运动一致性模型,并通过计算轨迹段内轨迹点与一致性模型的相似度,进行数据清洗工作。

1. 基于运动惯性约束的轨迹分割

轨迹分割是轨迹数据挖掘分析的前提(Rasetic et al., 2005)。目前大部分轨迹分割方法主要从轨迹位置、采样间隔、速度及其他移动特征出发,制定相应的分割约束因子及约束阈值对完整轨迹进行分割(Soleymani et al., 2017; Das et al., 2016; Dodge et al., 2012; Zhang et al., 2011; Lee et al., 2008)。根据同步高低精度轨迹数据的空间特征,提出利用运动一致性模型实现数据清洗。采用该模型的前提是每一段轨迹的移动模式相同,也即:所有轨迹点是采集于同一种驾驶惯性过程。因此,为了更好为后续数据清洗服务,本小节提出一种基于运动惯性约束的轨迹分割方法,并从轨迹数据的图形复杂度及用户需求角度出发,提出一种轨迹分割阈值自适应方法,具体内容如下所述。

反映车辆运动惯性的移动因子包括行驶方向、行驶位置及行驶速度等。例如:车载轨迹数据体现了移动目标直行、转弯、掉头行驶等行为,通过角度约束可以很好地将这些表现不同驾驶行为的轨迹进行分割,得到保持同一驾驶行为的子轨迹段,而距离约束则可以将车辆在同一行驶方向不同位置行驶时记录的轨迹进行区分。于是,采用 GPS 轨迹向量与整体轨迹行驶方向的夹角及 GPS 轨迹点偏离整体轨迹行驶航线的距离,可以度量车辆运动状态是否发生变化。从反映车辆行驶惯性的运动变量中,选择轨迹点的角度和距离作为分割约束因子,对整体轨迹进行分割,其中行驶方向约束因子和行驶位置约束因子分别被定义为:angdis_k 和 verdis_k。假设轨迹 $T=\{p_1, p_2, \cdots, p_n\}$,$\text{angdis}_k$ 和 verdis_k 分别为分割约束因子,其中 angdis_k 表示轨迹向量 $p_t p_{t+1}$ 和 $p_i p_{i+1}$ 的夹角,verdis_k 表示 p_t 到 $p_i p_{i+1}$ 的垂直距离,$k=1,2,\cdots,n-2$;$j=1,2,\cdots,n-1$,如图 2.9 所示。

设 A 和 D 分别为轨迹点在行驶方向和行驶位置的分割阈值。根据运动惯性约束的轨迹分割算法原理,检查当前轨迹点与其整体轨迹航向的角度和距离差异 angdis_k 和 verdis_k 与分割阈值之间的关系。如果满足分割阈值,那么当前轨迹点就被作为分割点对轨迹进行分割,反之,则继续遍历寻找直到完成整条轨迹分割工作。算法具体步骤如下。

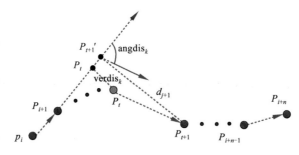

图 2.9 轨迹分割算法

第一步：将轨迹 T 的起点 p_1 作为起点，连接 p_1 的下一个轨迹点 p_2，构建起点向量 p_1p_2；

第二步：从 p_3 开始依次遍历，计算当前点与其下一个轨迹点构成向量与起点向量 p_1p_2 的夹角及当前点到起点向量的垂直距离。如果 p_tp_{t+1} 与 p_1p_2 的夹角或者 p_t 到 p_1p_2 的垂直距离值其中之一大于分割阈值 A 或 D，那么 p_{t-1} 即为分割特征点，并添加至分割点集合 C，$t = 3, 4, \cdots, n$；

第三步：将 p_t 替换第一步的 p_1，并作为新的起点，连接 p_t 的下一个轨迹点 p_{t+1}，重复第二步计算，直到剩余轨迹点与当前点及其向量之间的角度值和距离值都小于分割阈值 A 和 D。

分割阈值 A 和 D 被用来确定当前轨迹点是否偏离了原始车辆行驶路线的中心线。通常情况下，当轨迹点与相邻的两个 GPS 向量之间的距离和角度差异超过了分割阈值，那么意味着该轨迹点是车辆行驶惯性发生变化的转折点，也即：惯性变化点或轨迹分割点。这些检测出的惯性变化点将被作为分割点指导轨迹分割，而分割阈值 A 和 D 的取值决定了轨迹分割粒度的大小和一条轨迹线的分割点数量。目前，很多关于轨迹分割的研究在阈值设定过程中倾向于用户自定义，其缺陷主要体现在两个方面：①增加了用户确定最佳分割阈值的困难；②图形复杂度不一的轨迹数据都采用同一个分割阈值，使得分割结果不理想。总之，轨迹分割阈值设置主要受制于两个因素：①用户分割需求；②轨迹数据自身的图形复杂度。用户分割需求通常是一种比较粗略的心理估算，其阈值的确定主要取决于经验知识。在整体分割过程中用户分割需求其实具有规范整体分割阈值范围的作用。轨迹数据的图形复杂度则具体决定了该条轨迹在用户分割需求的基础上最终的分割阈值，也即：如果轨迹数据图形复杂度高，被分割的粒度就应该大，分割阈值相对较小；如果轨迹数据图形简单，那么被分割的粒度就相对较小，分割阈值也相对较大。根据以上分析，本节从影响轨迹分割阈值的两个因素出发，提出一种顾及用户分割需求及轨迹图形复杂度的轨迹分割阈值自适应确定方法。

假设轨迹 $T = \{p_1, p_2, \cdots, p_n\}$，则 T 的分割阈值 A 和 D 可以定义为

$$A = \left(\lambda_1 + \log_{\frac{1}{e}}^{(\sigma_{ang} \times \rho)} \right)^{\circ} \tag{2.9}$$

$$D = \lambda_2 + \log_{\frac{1}{e}}^{(\sigma_{dis} \times \rho)} \tag{2.10}$$

式中：λ_1 和 λ_2 为常数项，在分割阈值确定过程中体现了用户分割需求约束，具体数值可以

由用户制定；ang 为轨迹点 p_t 到轨迹向量 p_1p_n 的角度集，ang＝$\{a_1,a_2,\cdots,a_{n-2}\}$，$\sigma_{\text{ang}}$ 为集合 ang 的标准差；dis 为轨迹点 p_t 到轨迹向量 p_1p_n 的垂直距离，dis＝$\{d_1,d_2,\cdots,d_{n-1}\}$，$\sigma_{\text{dis}}$ 为集合 dis 的标准差；σ 为轨迹 T 内所有轨迹点连线的长度与 p_1p_n 向量长度的比值，其中 $t=2,3,\cdots,n$，如图 2.10 所示。在具体计算过程中，为了防止环形轨迹造成上述参数值异常，需要对比轨迹起止点 p_1 和 p_n 的空间位置。如果 p_1 和 p_n 的空间位置相同，那么将 p_{n-1} 作为轨迹的终止点，p_n 被作为异常值删除；重复这个步骤直到轨迹起点 p_1 与轨迹终点 p_t 不存在空间重叠，$t=n,n-1,n-2,\cdots,2$。

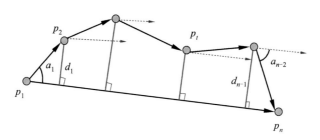

图 2.10　　GPS 轨迹数据图形复杂度

2. 运动一致性模型构建

按照正常的车辆行驶规则，车辆会遵守交通规则，沿着车道中心线的延伸方向安全行驶，除非遇到转弯或者变换车道等情况。因此，反映车辆真实行驶状态的高精度 GPS 轨迹数据的线性连接应该是一条平滑且无明显锯齿状的平滑线条，也即处于同一条子轨迹段内的高精度轨迹点在航向和位置上存在较高的空间一致性。根据这个特点，利用

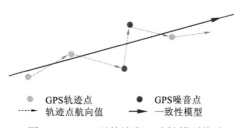

RANSAC 算法原理，以直线方程作为模型，对每一个子轨迹段构建运动一致性模型，如图 2.11 所示。相较于其他线性拟合算法，例如：最小二乘法、模糊加权拟合法，RANSAC 算法抗噪性强，可以不受噪声点的干扰找出轨迹段内高度一致的轨迹点并拟合构成一致性模型。

图 2.11　　GPS 子轨迹段一致性模型构建

对于一条给定的子轨迹段 $\text{STr}_i=(p_i,p_{i+1},\cdots,p_{i+t})$，　$p_k=(x_k,y_k)$，$k=i,i+1,\cdots,i+t$，$\text{STr}_i\in\text{Tr}_i$，其运动一致性模型可以定义为式（2.11）。式中：x_0 和 y_0 为拟合该一致性模型的轨迹点的横、纵坐标；b_0 和 b_1 为一致性模型的系数。式（2.11）所示模型被定义为 M^*，式中：阈值 ι 定义了轨迹点 p_i 与一致性模型 M^* 的一致度。根据 RANSAC 算法原理，计算迭代次数定义为 N，参数 s 用来表示参与拟合模型的数据元素的数量，具体的 RANSAC 算法步骤可见参考文献 Derpanis（2010）。

$$\begin{cases} x=x_0+b_0t \\ y=y_0+b_1t \end{cases} \tag{2.11}$$

轨迹数据清洗过程中，一致性模型被用作控制清洗后轨迹数据整体线性平滑度的标

尺。在一致性模型构建过程中，需要选择合适的模型去模拟轨迹行驶的线性特征。本节采用直线方程作为 RANSAC 算法模型（图 2.11），利用子轨迹段内每一个轨迹点的位置构建一致性模型方程，而子轨迹段所表达车辆行驶的前进方向作为一致性模型的方向特征，即一致性模型的方向与子轨迹段表征车辆的移动方向一致。

3. 基于先验知识指导的数据清洗

在没有任何高精度数据参考的条件下，从原始轨迹数据中挑选定位精度相对较好的轨迹数据困难重重。本节提出利用先验知识指导后续数据清洗，具体内容包括：确定子轨迹段的一致性模型后，先利用向量相似度模型计算子轨迹段内轨迹点与一致性模型的相似度，然后利用先验知识设定数据清洗阈值，按照阈值对子轨迹段内轨迹点进行清洗。

根据目前已有的向量相似度评估模型，对于矢量相似度评价主要将向量的模、夹角、向量间距离等因子作为评价指标。从驾驶行为出发，以驾驶方向和驾驶位置要素为主，构建子轨迹段内 GPS 轨迹点与其一致性模型的相似度。假设子轨迹段为 $\mathrm{STr}_i = \{p_i, p_{i+1}, \cdots, p_t\}$，其一致性模型如图 2.12 所示。那么根据轨迹点 p_k 的航向值及其空间位置构成的向量与一致性模型之间的相似度即可定义为

$$\mathrm{sim}_{(p_k, M^*)} = \omega_1 \mathrm{e}^{-|p_k p_k'|} + \omega_2 \mathrm{e}^{-(1-\cos(\Delta\theta_k))} \tag{2.12}$$

式中：$\mathrm{sim}_{(p_k, M^*)}$ 为轨迹向量 p_k 与一致性模型 M^* 之间的相似度值；$|p_k p_k'|$ 为轨迹向量点 p_k 与其投影在一致性模型上的点 p_k' 的垂直距离；角度 $\Delta\theta_k$ 为轨迹向量 p_k 与表示一致性模型的向量夹角；ω_1 和 ω_2 为距离和角度因子的权重值，$\omega_1+\omega_2=1$。相似度 sim 的取值范围为 [0,1]，当 $\mathrm{sim}=0$ 时表示两者完全不相同，当 $\mathrm{sim}=1$ 表示两者完全相同。相似度值越高，表示轨迹点与一致性模型的相似程度越高，其轨迹点线性平滑度也越高。

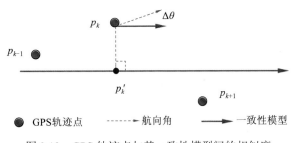

图 2.12　GPS 轨迹点与其一致性模型间的相似度

式（2.12）所提相似度模型被用来度量 GPS 轨迹点与一致性模型之间的相似性，相似度度量因子则包括车辆行驶方向和位置。相似度模型中距离和角度的权重值直接与 GPS 定位精度之间的相关性有关。利用已有的同步高低精度轨迹数据，通过分析低精度轨迹数据与其高精度轨迹数据之间在距离和角度方面的差异，提出利用相关度确定相似度模型中距离和角度的权重值。对于 GPS 轨迹集合 $T = <\mathrm{Trace}_1, \mathrm{Trace}_2, \cdots, \mathrm{Trace}_s>$，其包含 s 条 GPS 轨迹：$\mathrm{Trace}_1, \mathrm{Trace}_2, \cdots, \mathrm{Trace}_s$。轨迹集合 T 的同步高精度 DGPS 轨迹表示为 $\mathrm{DT} = <\mathrm{DT}_1, \mathrm{Dt}_2, \cdots, \mathrm{Dt}_s>$，$\mathrm{DT}_1, \mathrm{Dt}_2, \cdots, \mathrm{Dt}_s$ 是集合 DT 内的轨迹数据。假设 $\mathrm{Trace}_i = <p_1,$

$p_2,\cdots,p_n>$，$p_1,p_2,\cdots,p_n$ 分别表示轨迹 Trace$_i$ 的轨迹点；$Dt_i=<\mathrm{rp}_1,\mathrm{rp}_2,\cdots,\mathrm{rp}_n>$，$\mathrm{rp}_1,\mathrm{rp}_2,\cdots,$
rp_n 则为轨迹 Trace$_i$ 的同步高精度轨迹 Dt_i 的轨迹点；Trace$_i\in T$，$Dt_i\in DT$，$i=1,2,\cdots,s$。由
轨迹 Trace$_i$ 和其同步高精度轨迹 Dt_i 内的轨迹点，构成的轨迹向量表示为：$\boldsymbol{Tv}_i=<\boldsymbol{v}_1,\boldsymbol{v}_2,\cdots,$
$\boldsymbol{v}_{n-1}>$，$\boldsymbol{v}_1,\boldsymbol{v}_2,\cdots,\boldsymbol{v}_{n-1}$ 分别表示为由轨迹 Trace$_i$ 的轨迹点构成的轨迹向量；$\boldsymbol{Dv}_i=<\boldsymbol{rv}_1,\boldsymbol{rv}_2,\cdots,$
$\boldsymbol{rv}_{n-1}>$，$\boldsymbol{rv}_1,\boldsymbol{rv}_2,\cdots,\boldsymbol{rv}_{n-1}$ 分别表示为由轨迹 Trace$_i$ 的同步高精度轨迹 Dt_i 轨迹点构成的轨
迹向量。$\boldsymbol{Tv}_i$ 和 $\boldsymbol{Dv}_i$ 的距离和角度分别表示为：$D_i=<d_1,d_2,\cdots,d_{n-1}>$，$d_1,d_2,\cdots,d_{n-1}$ 表示轨迹
向量集合 $\boldsymbol{Tv}_i$ 和 $\boldsymbol{Dv}_i$ 内相对应的轨迹向量 $\boldsymbol{v}_1,\boldsymbol{v}_2,\cdots,\boldsymbol{v}_{n-1}$ 到 $\boldsymbol{rv}_1,\boldsymbol{rv}_2,\cdots,\boldsymbol{rv}_{n-1}$ 的距离；$A_i=<a_1,$
$a_2,\cdots,a_{n-1}>$，$a_1,a_2,\cdots,a_{n-1}$ 表示轨迹向量集合 $\boldsymbol{Tv}_i$ 和 $\boldsymbol{Dv}_i$ 内相对应的轨迹向量 $\boldsymbol{v}_1,\boldsymbol{v}_2,\cdots,\boldsymbol{v}_{n-1}$
与 $\boldsymbol{rv}_1,\boldsymbol{rv}_2,\cdots,\boldsymbol{rv}_{n-1}$ 的角度差异，$i=1,2,\cdots,s$。轨迹集合 T 内所有的轨迹数据的定位误差可
以表示为 $\varepsilon=<\varepsilon_1,\varepsilon_2,\cdots,\varepsilon_n>$，其中 ε_i 表示轨迹集合 T 内的轨迹 Trace$_i$ 所有轨迹点与其对应
的同步高精度轨迹 Dt_i 的所有轨迹点的空间距离（同步高精度厘米级轨迹作为真值），式
中：$\varepsilon_j=|p_j-\mathrm{rp}_j|$，$p_j$ 为 Trace$_i$ 内任意一个轨迹点，rp_j 为 p_j 相对应的高精度轨迹点，$i=1,2,\cdots,s$，
$j=1,2,\cdots,n$。因此，式（2.5）中距离和角度因子权值 ω_1 和 ω_2 的计算方法如式（2.13）和
式（2.14）所示，式中：$r_{D\varepsilon}$ 为 D_i 和 ε_i 的相关系数；$r_{A\varepsilon}$ 是 A_i 和 ε_i 的相关系数。$r_{D\varepsilon}$ 和 $r_{A\varepsilon}$ 的
值可以采用协方差矩阵计算。

$$\omega_1=\frac{1}{s}\left(\frac{\sum\limits_{i=1}^{s}r_{D\varepsilon}}{\sum\limits_{i=1}^{s}r_{D\varepsilon}+\sum\limits_{i=1}^{s}r_{A\varepsilon}}\right) \tag{2.13}$$

$$\omega_2=1-\omega_1 \tag{2.14}$$

设定相似度阈值是基于运动一致性模型数据清洗方法的关键一步，相似度阈值的大
小决定了挑选出的轨迹数据构成线性特征的光滑度，影响最终数据清洗的整体质量。假
设相似度阈值与 GPS 定位精度存在函数关系

$$\mathrm{Sim}=f(\varepsilon) \tag{2.15}$$

式中：ε 为 GPS 轨迹数据的定位精度。当目标预期清洗后数据的定位精度为 τ 时，即可通
过式（2.16）得到相应的相似度阈值，也即数据清洗阈值。为了进一步理清相似度阈值与
数据定位精度之间的关系，提出利用先验知识指导数据清洗。具体原理包括：通过对不同
采集区域、整体定位精度不同的大量低精度 GPS 轨迹数据及其同步高精度 DGPS 轨迹数
据（精度为厘米级）的相似度进行计算，分析低精度轨迹点的定位误差及其相似度的关
系。在相似度计算过程中采用式（2.12）所示相似度评估模型，权重参数可以根据式（2.13）
和式（2.14）获得，而轨迹点与其真值之间的距离参数 $|p_k p_k'|$ 实际就是该轨迹点的假定位
置误差（高精度 DGPS 轨迹数据作为假定真值）。通过分析大量已有的同步高低精度轨
迹数据相似度与距离和角度之间的关系，结果表明：GPS 轨迹数据的相似度与定位精度
呈现稳定的指数分布

$$\mathrm{Sim}=f(\varepsilon)=a\mathrm{e}^{b\varepsilon}+c \tag{2.16}$$

式中：a、b、c 分别为相似度与定位精度函数关系式的系数，其具体值与相似度评价模型

距离和角度的权重系数息息相关,而与原始 GPS 数据集的整体定位精度相关度低。因此,无论数据来自何种型号的 GPS 接收机,只要采用统一的相似度评价模型,那么其 GPS 数据定位误差与 GPS 数据和其理想值的相似度之间的函数关系是可确定的。GPS 轨迹点与一致性模型之间的相似度实际上与 GPS 轨迹点与其真值之间的相似度存在差异,但是当一致性模型被作为参考基准时,这种衡量 GPS 轨迹点与一致性模型之间的相似度阈值即可采用式(2.16)来确定,也即如果 GPS 轨迹数据清洗后的期望精度为 τ,那么其相似度阈值为 $f(\tau)$。

2.3.4　实验验证

1. 实验条件及数据

以武汉市作为 GPS 轨迹数据采集区域,利用多辆 GPS 测量车分不同周期对武汉市郊区和市区进行数据采集,其中测量车内的 GPS 接收器包括: Trimble R9、洛基山手持 GPS 接收器、多部智能手机(华为、iPhone 5、魅族等)。所获取的 GPS 数据主要包含三类:一类是由 Trimble R9 采集的低精度 GPS 轨迹数据,定位精度为 5~10 m,采样间隔为 1 s;一类是由手持 GPS 接收器采集的低精度 GPS 轨迹数据,定位精度为 5~10 m,采样间隔为 1 s;一类是由手机采集的 GPS 轨迹数据,定位精度为 10~15 m。这三类数据的同步高精度数据由 CORS 基站系统采集,定位精度为 0.05 m,采样间隔为 1 s。实验数据一共包含 900 万个 GPS 轨迹点,采集周期为一个星期,采集区域包含武汉市郊区和市区,如图 2.13 所示。

数据清洗方法旨在从原始数据中挑选出定位精度较高的轨迹数据,其理想的预估精度在米级。因此,在下述实验中低精度 GPS 轨迹数据将被作为待清洗数据,高精度 DGPS 轨迹数据(定位精度为厘米级)将作为参考值,以便对数据清洗结果进行评价和检验。

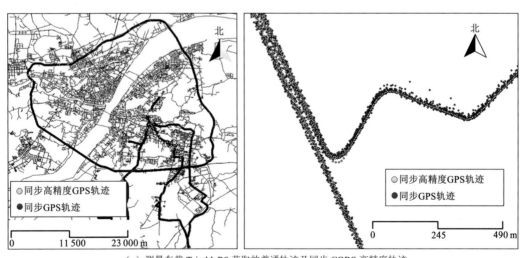

(a) 测量车载 TrimbleR9 获取的普通轨迹及同步 CORS 高精度轨迹

图 2.13　实验数据

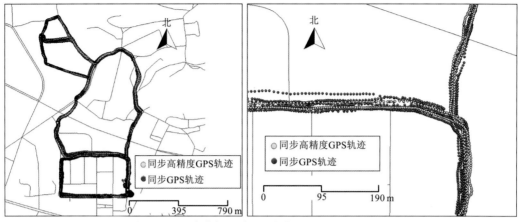

（b）测量车载手持 GPS 接收机及手机获取的普通轨迹及同步 CORS 高精度轨迹

图 2.13　实验数据（续）

2. 参数讨论及先验知识获取

根据以上内容介绍,本方法需要确定的参数主要包括:①分割算法相关参数: λ_1 和 λ_2;②一致性模型构建参数: ι 和计算迭代次数 N;③相似度评价模型相关参数: ω_1 和 ω_2;④数据清洗阈值确定参数: a、b、c。对于轨迹分割算法中分割阈值的确定,需要综合考虑用户需求和待分割轨迹的图形复杂度。其中,常量 λ_1 和 λ_2 代表用户分割需求,根据现有交通规则和道路建设标准,将常量 λ_1 和 λ_2 分别设为 45° 和 30 m。每一条轨迹的最终分割阈值,则通过计算该轨迹的图形复杂度进行自适应确定。对于基于 RANSAC 算法的一致性模型构建,由于本实验所采用的数据定位精度在米级水平,根据精度需求可以将参数 ι 设定为 0.01 m,而迭代次数 N 则根据计算结果收敛即可停止。对于相似度模型,距离和角度评价因子的权重系数确定主要利用先验知识获取。从以上介绍的实验数据中选取一部分数据作为样本数据,利用式（2.13）和式（2.14）计算距离和角度权重值,其计算结果如表 2.1 所示。根据实验结果,相似度评价模型的权重因子分别取 0.87 和 0.13。

表 2.1　相似度评价模型权重因子确定

数据集	GPS 轨迹点数	$r_{D\varepsilon}$	$r_{A\varepsilon}$	ω_1	ω_2
T_1	5 000	0.927 7	0.161 2		
T_2	7 534	0.819 7	0.263 0	0.87	0.13
…	…	…	…		
T_{15}	2 341	0.873 2	0.285 8		

对于数据清洗阈值相关参数确定,从原始数据中选择一部分采集于不同区域、拥有不同误差分布的低精度 GPS 轨迹数据作为实验数据,分析这些 GPS 数据与其参考值的相似度及其测量误差之间的函数关系（由于实验数据采集于城市道路,真值获取相对困难,在计算过程中将定位精度为厘米级的高精度差分数据作为 GPS 数据的参考真值）,确定

相似度阈值和 GPS 定位精度函数模型的相关参数。实验结果表明，不论 GPS 轨迹点集合的定位精度是多少，每一个低精度 GPS 轨迹点的定位精度与其真值的相似度值符合指数函数关系，其中系数 $a=1$，$b=-0.2671$，$c=0$，如图 2.14 所示。

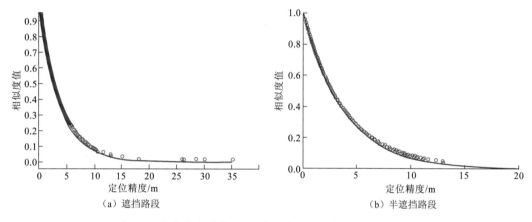

（a）遮挡路段　　　　　　　　　　　　　　（b）半遮挡路段

图 2.14　相似度阈值与 GPS 轨迹点定位精度的函数关系拟合

图 2.14（a）的实验数据采集于城市遮挡路段，图 2.14（b）的实验数据采集于城市半遮挡路段，其 GPS 接收设备为 Trimble R9。通过计算，两类数据集的相似度与定位精度和指数模型的拟合优度为 0.992 及 0.986。根据图 2.14 数据拟合情况，即使 GPS 轨迹数据集合整体误差分布不一样，定位精度也存在差异，但是 GPS 轨迹数据的相似度及定位误差存在稳定的指数函数关系。

3. 实验结果可视化及评估

根据上述内容确定的参数值与清洗阈值，从未被作为样本数据的实验数据集中依次按照轨迹数据分割、一致性模型构建、数据清洗三个步骤，对数据按照清洗阈值进行挑选，其实验结果如图 2.15 所示。

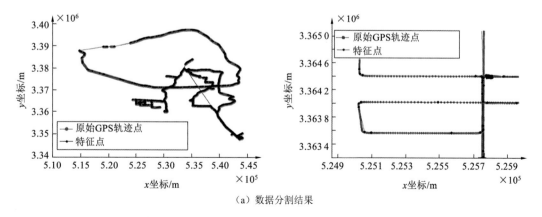

（a）数据分割结果

图 2.15　基于运动一致性模型的数据清洗结果可视化

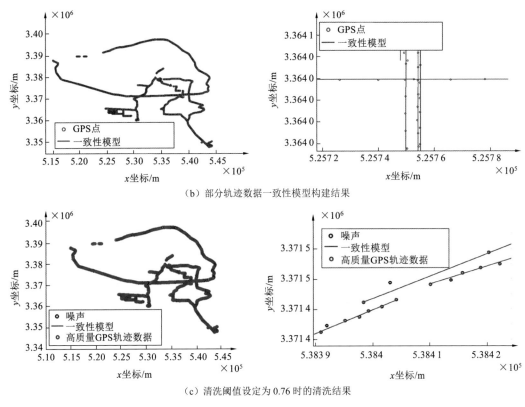

（b）部分轨迹数据一致性模型构建结果

（c）清洗阈值设定为 0.76 时的清洗结果

图 2.15　基于运动一致性模型的数据清洗结果可视化（续）

　　为进一步验证基于运动一致性模型清洗车载轨迹数据方法的有效性，对实验区内的所有低精度 GPS 轨迹数据进行清洗，如图 2.15（c）所示。通过比较清洗后数据与其真值的空间位置差异，计算不同阈值约束下获取的清洗后 GPS 数据测量误差的平均值和标准差。如表 2.2 所示，采用运动一致性模型实现众源车载轨迹数据按需清洗，且经过清洗后原始数据的质量得到不同程度的改善。与此同时，实验结果也表明本方法存在局限性。首先，当期望清洗后数据的精度为 1 m 或者更高时，真实清洗后数据的定位精度无法满足期望，例如：对于三种 GPS 接收器采集的原始数据集，当清洗后数据的期望精度为 1 m 时，清洗后数据的整体精度与期望精度相差甚远。其次，清洗后数据质量与原始数据集内数据的定位精度息息相关，即原始数据集内如果没有包含高精度的轨迹点，那么该方法就会失效。例如：由手机采集的 GPS 轨迹数据，其定位精度较低，清洗后数据的整体精度与期望精度之间存在相对较大的差异。最后，如果子轨迹段内的所有轨迹点定位精度都非常低（可能由系统误差造成），且保持了高度一致性，那么就会导致运动一致性模型构建出现错误，从而使得数据清洗效果欠佳。

　　为进一步讨论基于一致性模型的数据清洗方法的有效性，从数据清洗阈值设定值与对应数据清洗结果的平均定位精度及占原始数据比例与真值进行对比分析。实验结果如图 2.16 所示，绿色实线代表原始 GPS 轨迹数据在不同精度范围内所占的比例；其他实线

表 2.2　众源车载轨迹数据清洗结果评估

GPS 接收器	期望精度 τ/m	清洗后数据占总体数据比例/%	清洗后数据测量误差的平均值/m	清洗后数据测量误差的标准差/m
Trimble R9	1	31.58	2.0	0.92
	2	47.62	2.1	0.95
	3	58.67	2.8	1.02
	4	67.30	3.4	1.73
	5	74.48	3.9	1.79
手持 GPS 接收器	1	25.70	2.0	0.8
	2	37.86	2.0	0.8
	3	42.38	2.4	1.0
	4	45.32	2.9	1.3
	5	49.76	3.7	2.3
智能手机	1	23.52	3.6	2.2
	2	28.23	3.6	2.2
	3	32.67	4.6	2.7
	4	40.23	5.0	3.0
	5	48.11	5.1	3.2

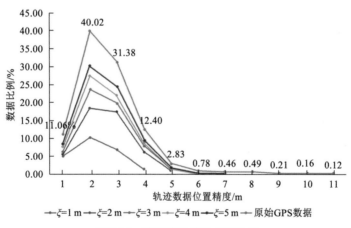

图 2.16　数据清洗结果内部分析

则代表原始轨迹数据用不同清洗阈值进行清洗后数据内处于不同精度范围的数据占总体数据的比例。根据图中所示结果,随着数据清洗阈值的不断提高,所清洗数据占总体数据比例就会随之下降。根据表 2.2 中结果可以确定,数据清洗后其定位精度平均值与标准差基本满足清洗需求。通过对清洗后的数据内部精度分布深入分析发现,虽然一部分高精度 GPS 轨迹数据被挑选出来,但是同样夹杂了一部分低精度 GPS 轨迹数据。例如:当数据清洗阈值定为 1 m 时,被清洗后的数据中有一部分满足 1 m 精度的数据,也存在精度为

2 m、3 m、4 m 的定位数据；并且满足 1 m 精度的数据比例处于 5%左右，而原始数据中满足 1m 精度的 GPS 轨迹数据比例为 11.06%，因此有几乎一半的高精度数据在清洗过程中被当作低精度轨迹而剔除。造成无法准确地识别高精度轨迹数据的原因非常复杂，主要包括：①本方法的前提是 GPS 轨迹数据误差服从一种稳定正态分布，而对于每一条子轨迹段而言，由于样本个数限制其 GPS 轨迹数据的测量误差也许并不服从正态分布，也即有的子轨迹段也许包括了很多高精度轨迹点，而有的子轨迹段可能全部都是低精度轨迹点；②基于 RANSAC 算法的一致性模型构建的基本理论支撑是：高精度轨迹数据在空间上的高度一致性，而对于很多子轨迹段而言，也许并不存在足够数量的高精度轨迹点，因此其一致性模型的构建存在不确定性，从而影响最终清洗结果。

　　为了进一步评估本方法的有效性，从实验数据集中选择一部分待清洗数据作为数据目标，然后分别采用现有数据清洗方法分别对数据进行清洗并将清洗后数据与其对应的高精度轨迹数据进行对比，对比方法的有效性如表 2.3 所示。根据表中结果，本节所提方法可以有效地从原始众源车载轨迹数据中挑选出定位精度相对较高的轨迹数据。现有的采用核密度聚类方法（Wang et al.，2015）进行数据清洗，只能剔除掉轨迹数据中一部分漂移点，而夹杂在高密度区域的低精度轨迹数据无法被剔除。利用卡尔曼滤波方法（Lee et al.，2011）可以实现部分噪声较大轨迹点的位置校正，却无法从原始数据中实现高精度轨迹数据的挑选，同时也无法实现数据冗余度降低。

表 2.3　现有 GPS 数据清洗方法比较

GPS 数据清洗方法	采用 Trimble R9 获取的 GPS 轨迹数据	
	清洗后数据的平均定位精度/m	清洗后数据定位精度标准差/m
运动一致性模型	2.1	1.0
核密度聚类	4.6	3.3
卡尔曼滤波	3.8	7.8

2.4　缺失轨迹重建

　　由于轨迹表达模型的离散性和众源数据采集的非专业性，轨迹数据可能存在数据不完整的缺失问题或记录间隔过大的稀疏问题。导致这类现象的原因不一而足，如采集设备电源中断、误操作、卫星信号差，或者出于数据传输采集成本问题而人为降低采集量等（Siła-Nowicka et al.，2016；Shen et al.，2014；Rahmani et al.，2013）。对于两个相邻轨迹点，推测在该时间间隔内各个时刻采集设备的空间位置，构成了缺失轨迹数据的重建问题。

2.4.1　现有缺失重建方法

　　缺失轨迹重建相关的方法主要可分为三类。

1. 统计插补

在轨迹大数据出现之前，一般的数据缺失问题早已有之，统计学中已经形成了一套处理缺失数据的方法，称为插补（imputation）。统计插补根据含有缺失数据的变量概率分布函数生成的随机值、平均值、中位数或最大似然估计等替换缺失数据（陈青，2009；Schafer et al.，2002）。针对序列数据，诸如隐马尔可夫链等生成方法则试图通过提取时间序列中隐含的规律对缺失值进行估计（Baratchi et al.，2014；Asahara et al.，2011；Yu et al.，2003）。

2. 运动学内插

针对稀疏的轨迹数据，有学者采用代数方法按照一定的运动学模型对两个轨迹点之间的部分进行内插（interpolation）。线性内插假设物体沿直线匀速运动，是最常见的简单的模型。随机游走模型利用随机过程的原理可以实现对动物在平面空间的随机活动插值（Technitis et al.，2015；Wentz et al.，2003）。此外源自计算机图形学领域的曲线插值方法，例如三次样条或贝塞尔曲线等，也能够用于轨迹重建（Tremblay et al.，2006），类似的方法还有 Yu 等（2006，2004）的折线插值。而 Long（2016）在这些位置插值的基础上引入了速度和加速度的插值，构建了更为完备的运动学内插模型。

3. 概率时间地理

上述统计插补和运动学内插方法均只针对少量数据建立统计或函数模型，基于这些模型对缺失数据进行重建。时间地理学的发展使之与概率相结合，展现出与轨迹重建相关的潜力（Miller et al.，2009）。在众源大数据的支持下，该理论具备引入历史轨迹中蕴含的先验知识的可扩展性（Dodge et al.，2016）。

已有的概率时间地理分析模型分析的对象通常是空间中两点之间在一定时间内的访问概率情况。这里两点之间的时间跨度通常比给定速度限制下所需的最短时间稍长，没有考虑数据缺失情景中两点之间的时间跨度远远超过所需时间的情景。在这种情况下，定向随机游走模型和截断布朗桥模型的访问概率计算将与通常考虑的情况下出现较大偏差，不符合模型实际应用的场景和需求。

对于定向随机游走模型（Winter et al.，2010），其用于相邻时刻地点访问概率递推关系计算的前进、后退、停留的权重由剩余时间和剩余距离的组合数定义。通常的分析情景下，到终点的距离所需的时间往往超过给定时限的一半，此时后退的权重会低于前进的权重，访问概率的热点区域会随时间逐步由起点向终点靠拢。当给定时间限制超过所需时间的 2 倍时，后退权重将高于前进权重，访问概率热点区域会先沿起止点连线的反向延长线移动，随着时间的减少和距离的增大再次回到常规情形向目的地前进。这一行为与定向移动的目的性不符，不能恰当地反映和解释个体对各个空间位置的访问概率。

对于截断布朗桥模型（Song et al.，2014），其对于位置均值的校正计算要求在两点连线上按时间均匀移动的预期位置基础上通过二分法解积分方程的方式进行一定的偏移，从而使得该模型对方差的计算方式与布朗桥模型保持兼容。在任意时刻，可以由时空棱柱的约束得到积分的上下界。对方程中均值偏移量的求解相当于通过调整偏移量来改变被积函数的形态，使其满足在给定的上下界之间的积分为零。积分下界由剩余时间与平均速度的乘积确定，上界由已经经过的时间与平均速度的乘积确定。该方程中被积函数与待求解偏移量的关系如图 2.17 所示，随着偏移量的增大，其在 y 轴左侧的峰值绝对值减小，相应的极值点绝对值也减小，向原点靠近；在 y 轴右侧的峰值绝对值增大，位置也逐渐右移。当时间限制较为宽松时，在时限的开始和结束阶段，积分的上下界关于原点极度不对称，要使积分为零则需要一个较大的偏移量使曲线在积分界限绝对值较大的一侧峰值较低、而在积分界限绝对值较小的一侧峰值位置远离积分界。此时的偏移量可能导致中心位置反向远离预期中心位置，导致与定向随机游走模型类似的热点区域反向移动的问题。

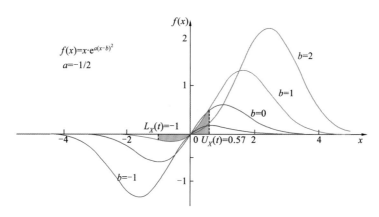

图 2.17　截断布朗桥模型中的积分方程

2.4.2　行为特征提取

个体活动具有的内在规律性（Gonzales et al.，2008）有助于轨迹重建。由于概率时间地理模型目前是理论模型而非行为模型，不能对活动规律进行建模。为解决这一问题，需对个体历史轨迹中反映出的活动规律进行提取并应用到概率估计中。个体活动模式可由地点对频次、相对时间下地点出现频次、地点序列频次、地点停留时长分布等特征表达，已在低频轨迹地图匹配、地点推荐系统、用户行为预测等方面取得应用（Luo et al.，2013；Cho et al.，2011；Lou et al.，2009）。

地点对频次是从一个地点移动至另一个地点的频率（Huang，2017；Su et al.，2013；Luo et al.，2013；Wei et al.，2012）。相对时间下地点出现频次以相对的方式考虑时间，如一年中某个月、一天中某个小时等（Huang et al.，2015；Sadilek et al.，2012），因此可以针对相对时间计算个体在某地出现的频率。地点序列频次将地点对频次推广到更多地点组成的序列，提取个体沿某个特定序列移动的频率（Baratchi et al.，2013；Zheng et al.，2012）。地点停留时长分布是个体在某个特定地点停留时间长度的概率分布（Baumann et al.，2013）。这些特征可以为轨迹重建提供事实依据，作为刻画行为的方式。

根据近期个体活动建模方法中对活动规律的考虑及访问概率模型的实际需要，提取停留时长分布、起讫旅时分布、时空邻接矩阵等个体活动特征。

2.4.3　基于历史行为的缺失轨迹概率建模

已有的概率时间地理模型在实际应用中存在困难,一是对个体行为活动的特点考虑不足,二是在长时间跨度上出现异常反应。因此基于历史行为的概率棱柱模型,既能反映个体的行为特点,又能对较长时间跨度进行分析。

已有利用轨迹经验和先验知识进行轨迹分析、重建或预测的工作主要考虑的因素有历史轨迹中位置的访问频次、位置相邻或成特定序列出现的频次等空间信息,起讫点对之间所需时间的分布、空间位置在相对时间(即特定常用周期内的时间单元,如一年中各个月份,一天中各个时段)上的分布等时空信息。有借助路网构建路径、借助运动学公式刻画时间属性等先验知识的应用,还有一些较为独特的活动半径、单次活动步长、空间位置停留时长、社会关系等时空和先验知识。因此要通过对这些经验知识进行概率表达,并将其应用到顾及时空位置的访问概率估计中去。

1. 路径生成

由于目前的时间地理模型均仅考虑两点之间的定向运动,最多涵盖到定向运动途中的一次停留,而实际上给定的时间区间内可能包含不止一次定向运动,需再增加一层模型对中途点序列进行定义,以便将待求解区间拆分为若干个定向移动区间。

对于给定的带时间戳起讫点对,可以确定所需提取的停留序列的最大长度。在停留序列中,依次提取长度小于最大值的所有子序列,筛选出其中满足起讫点对要求的子序列(称为路线图),即可统计起讫点对之间各种停留序列在历史数据中出现的频率。对于每个路线图,由于其只有空间维度而缺乏时间维度,需要通过组合数的方式从待求解区间中抽出与路线图包含中途点个数相同的时间点,与路线图共同形成时间表。每一个时间表是若干带时间戳的地点序列,可以拆分成定向移动区间进行概率时间地理建模与分析。对于各定向移动区间的分析结果进行拼接得到相应时间表的总体访问概率,再对不同时间表的结果通过平均的方式进行汇总,可以得到路线图的概率时空棱柱。最终将各路线图的结果按历史出现频率加权平均,得到待求解区间内的总体访问概率分布情况。

2. 权重定义

概率时间地理的随机模型中制定了基于空间位置和时间预算的卷积核用于栅格访问概率的时间递推。由于模型的随机性,仅考虑前进、后退、静止三类移动的不同概率并对称地指定给栅格中的 5 个方向。而本节所提方法需要对原模型中邻居定义、移动定向、方向赋权三个环节进行重新定义,从而实现考虑行为规律的概率递推。

由于已有模型针对平面格网空间进行概率估计,而本方法基于地点多边形划分提取行为模式。此外,传统方式假定网格中物体运动速率为 1 个像元,不能满足实际应用需要。因此,需要对传统的四邻域邻居定义方式进行修改。本方法将邻域范围定义为在历史轨迹数据中出现在与当前地点相邻时间单元内的地点。如图 2.18 所示,$abcd$ 表示地点,t_0、t_1 表示时间单元,则出现在 t_1 的地点 b、c 被认为是出现在 t_0 的地点 a、d 的邻居。

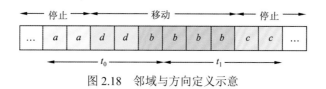

图 2.18　邻域与方向定义示意

在两点之间的定向运动过程中，任意一步中间点之间的移动在传统模型中根据到目的地的距离变化被归为前进、后退和静止三类之一。然而，实际运动过程中可能由于一些约束存在必要的绕行现象，不应将到目的地距离增加视为后退。因此，本方法基于历史轨迹中停留点之间的子序列包含的顺序信息定义移动的相对方向。如图 2.18 所示，在 a、c 两处停留之间的子序列 d、b 可以体现前进的方向，即 a 到 d、a 到 b 均可视为由 a 到 c 定向移动过程中的前进方向。类似地，可以定义定向移动过程中的后退方向。静止方向则定义为由自身到自身的方向。

在邻域和方向定义的基础上，可以进一步定义某一时刻向邻域内各邻居前进或后退的概率大小。已有的定向随机游走模型用组合数的方式计算各邻居的概率权重，即移动到某个邻居且保证按时到达终点的所有可能情况数越大，越有可能进行某个移动。而本方法根据历史轨迹反映的行为特征定义权重。

首先区分静止和移动两类情况。在时刻 t_i 离开或停留在地点 i 的可能性由该地点的历史停留时长分布决定；同时，还应满足及时到达终点的约束，该约束可由历史轨迹中提取的当前地点 i 到终点 d 的通行时长分布决定。因此，静止和移动的权重可计算如下：

$$\text{weight}(\text{stay},i,t_i\,|\,o,t_o,d,t_d)=\sum_{t=t_i-t_o}^{t_d-t_o}\text{SD}(t;i)\cdot\sum_{t=0}^{t_d-t_i}\text{TT}(t;i,d) \qquad (2.17)$$

$$\text{weight}(\text{leave},i,t_i\,|\,o,t_o,d,t_d)=\sum_{t=0}^{t_i-t_o}\text{SD}(t;i)\cdot\sum_{t=0}^{t_d-t_i}\text{TT}(t;i,d) \qquad (2.18)$$

式中：o 和 d 分别为起点和终点；t_o 和 t_d 为对应的时间戳；SD 为地点停留时长分布函数；TT 为地点对之间通行时长的分布函数。

其次考虑移动的情况下不同邻居的权重差异。由于两点之间是定向移动，必然要求离开地点 i 后的方向是前进，后退方向上的邻居权重为 0，前进方向上的邻居权重由历史轨迹中提取的前进次数决定，即

$$\text{weight}(\text{leave},i,a,t)=\begin{cases}\text{weight}(\text{leave},i,t)\cdot\text{AC}(i,a), & \text{如果 } \text{MD}(i,a\,|\,o,d)>0 \\ 0, & \text{其他}\end{cases} \qquad (2.19)$$

式中：MD 为移动相对方向；AC 为邻居关系在历史轨迹中出现的频次。

3. 概率估计

根据权重定义，引入概率之和为 1 的约束，将上述权重归一化即可得到任意时刻从地点向其他地点移动的概率。根据全概率公式，这些概率满足下列关系：

$$P(a,t+1)=P(\text{stay},a,t)\cdot P(a,t)+\sum_i P(\text{leave},i,a,t)\cdot P(i,t) \qquad (2.20)$$

式中：$P(a,t)$ 为在 t 时刻位于地点 a 的概率。此时还需给出一段定向移动的起点及相应的时间戳作为初始条件，即 $t=t_o$ 时的访问概率空间分布，$P(o,t_o)=1$，即可利用式（2.20）和终

点信息 d、t_d 进行概率空间分布的时序递推，得到定向移动过程中任意时刻的访问概率空间分布。沿第一步生成的路线图和时间表，对所有可能的路径上的定向移动进行访问概率计算，即可用于重建起止点之间的缺失轨迹。

2.4.4　实验验证

1. 实验数据

采用深圳市一名职员在 2015 年 12 月至 2016 年 2 月采集的众源车载轨迹对上述方法进行验证。如图 2.19 所示，该数据主要集中在深圳东部地区的工作单位和住宅及其周边区域，能够反映其出行活动规律。重建的区间是一个 6:00~9:40 的长达 220 min 的缺失，该区间的起点是志愿者位于龙岗的住宅，终点是位于平湖的工作单位。同时采用线性内插模型、定向随机游走模型进行相同实验，用于对比。

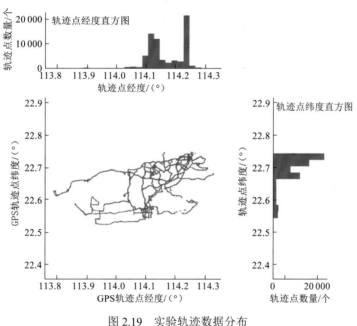

图 2.19　实验轨迹数据分布

2. 定性分析

三个模型对缺失轨迹段上访问概率空间分布随时间的变化如图 2.20 所示，每个时刻从上到下依次为本方法、定向随机游走、线性内插模型的结果。在开始阶段，本模型在住宅地附近存在稳定的高值区域（热点），在起点和终点之间的区域概率值随时间逐渐上升，显示出历史轨迹中频繁通行的路线和时段。此后，位于起点南面的区域也出现一定的访问概率，揭示出历史轨迹中较为少见的异常路线，即该车主曾两次到该区域的一处住宅小区接载他人同行前往工作单位。最后，无论何种路线的热点都平缓地过渡到工作单位周围区域，而起点和两条路线上的访问概率随时间降低或消失，保证满足按时到达终点的约束。

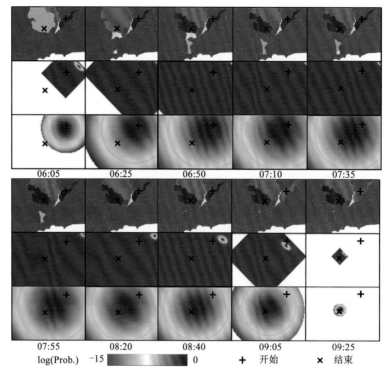

图 2.20　三种模型缺失区间访问概率结果

　　用于对比的定向随机游走模型却发生了热点反向移动、离开起止点之间区域的问题，而线性模型的热点区域在中间阶段扩散过大，难以准确刻画路径，且移动不受路网约束，与实际不符。

3. 定量评价

　　以实际出行日志描述的活动情况作为真实值，对上述概率估计结果定义并计算准确率作为定量评价。在某个时刻 t，访问概率分布的准确率可定义为该时刻真实值实际访问区域的概率估计之和，即

$$\text{Acc}(t) = \sum_{i \in \text{GT}(t)} P(i,t) \qquad (2.21)$$

式中：$\text{GT}(t)$ 为在 t 时刻实际访问区域的集合；$P(i,t)$ 表示在 t 时刻访问地点 i 的概率估计值；$\text{Acc}(t)$ 表示 t 时刻的准确率。对于一段缺失轨迹，其包含了多个时刻，因此对于一个缺失段 g 的准确率定义为缺失时段内各时刻准确率算术平均：

$$\text{Acc}(g) = |g|^{-1} \sum_{t=to}^{td} \text{Acc}(t) \qquad (2.22)$$

式中：$|g|$ 为缺失轨迹段的时间跨度。根据以上定义，在实验区间上本方法的准确率为 68.4%，线性内插方法和定向随机游走方法由于概率分布的空间范围过于分散，准确率不足 10%。因此，本方法利用历史轨迹大数据，对已有模型在缺失轨迹的重建问题上的效果有显著提高。

参 考 文 献

陈青, 2009. 基于 GPS 浮动车的城市道路交通状态判别技术研究. 西安: 长安大学.

杨元喜, 2003. 动态定位自适应滤波解的性质. 测绘学报, 32(3): 189-192.

杨元喜, 何海波, 徐天河, 2001. 论动态自适应滤波. 测绘学报, 30(4): 293-298.

ASAHARA A, MARUYAMA K, SATO A, et al., 2011. Pedestrian-movement prediction based on mixed Markov-chain model//Proceedings of the 19th ACM SIGSPATIAL International Conference on Advances in Geographic Information Systems. New York:ACM: 25-33.

BAARDA W, 1967. Statistical concepts in geodesy. Rijkscommissie Voor Geodesie,2(4): 36-48.

BARATCHI M, MERATNIA N, HAVINGA P J M, 2013. Finding frequently visited paths: dealing with the uncertainty of spatio-temporal mobility data//2013 IEEE Eighth International Conference on Intelligent Sensors, Sensor Networks and Information Processing. IEEE: 479-484.

BARATCHI M, MERATNIA N, HAVINGA P J M, et al., 2014. A hierarchical hidden semi-Markov model for modeling mobility data//Proceedings of the 2014 ACM International Joint Conference on Pervasive and Ubiquitous Computing. New York: ACM: 401-412.

BAUMANN P, KLEIMINGER W, SANTINI S, 2013. How long are you staying? Predicting residence time from human mobility traces//Proceedings of the 19th Annual International Conference on Mobile Computing & Networking. New York: ACM: 231-234.

BRAKATSOULAS S, PFOSER D, SALAS R, et al., 2005. On map-matching vehicle tracking data//Proceedings of the 31st International Conference on Very Large Data Bases. New York: ACM: 853-864.

CHEN Y, KRUMM J, 2010. Probabilistic modeling of traffic lanes from GPS traces.// Proceedings of the 18th SIGSPATIAL International Conference on Advances in Geographic Information System. New York: ACM: 81-88.

CHO E, MYERS S A, LESKOVEC J, 2011. Friendship and mobility:User movement in location-based social networks//Proceedings of the 17th ACM SIGKDD International Conference on Knowledge Discovery and Data Mining. New York: ACM: 1082-1090.

DAS R, WINTER S,2016. Detecting urban transport modes using a hybrid knowledge driven framework from GPS trajectory. ISPRS International Journal of Geo-Information, 5(11): 207.

DERPANIS, K G, 2010. Overview of the RANSAC algorithm. Image Rochester NY, 4(1): 2-3.

DODGE S, LAUBE P, WEIBEL R, 2012. Movement similarity assessment using symbolic representation of trajectories. International Journal of Geographical Information Systems, 26(9): 1563-1588.

DODGE S, WEIBEL R, AHEARN S C, et al., 2016. Analysis of movement data. International Journal of Geographical Information Science, 30(5): 825-834.

GONZALEZ M C, HIDALGO C A, BARABASI A, 2008. Understanding individual human mobility patterns. Nature, 453(7196): 779-782.

HUANG Q,2017. Mining online footprints to predict user's next location. International Journal of Geographical Information Science, 31(3): 523-541.

HUANG Q, WONG D W S, 2015. Modeling and visualizing regular human mobility patterns with uncertainty: An example using twitter data. Annals of the Association of American Geographers, 105(6): 1179-1197.

LEE J, HAN J, LI X, 2008. Trajectory outlier detection: A partition-and-detect framework. Proceedings of the

2008 IEEE 24th International Conference on Data Engineering Workshop, Cancun, Mexico: IEEE, 140-149.

LEE W, KRUMM J, 2011. Trajectory preprocessing. Computing with spatial trajectories. New York: Springer: 3-33.

LONG J A, 2016. Kinematic interpolation of movement data. International Journal of Geographical Information Science, 30(5): 854-868.

LOU Y, ZHANG C, ZHENG Y, et al., 2009. Map-matching for low-sampling-rate GPS trajectories// Proceedings of the 17th ACM SIGSPATIAL International Conference on Advances in Geographic Information Systems. New York: ACM: 352-361.

LUO W, TAN H, CHEN L, et al., 2013. Finding time period-based most frequent path in big trajectory data//Proceedings of the 2013 ACM SIGMOD International Conference on Management of Data. New York:ACM: 713-724.

MILLER H J, BRIDWELL S A, 2009. A field-based theory for time geography. Annals of the Association of American Geographers, 99(1): 49-75.

RAHMANI M, KOUTSOPOULOS H N, 2013. Path inference from sparse floating car data for urban networks. Transportation Research Part C: Emerging Technologies, 30: 41-54.

RASETIC S, SANDER J, ELDING J, et al., 2005. A trajectory splitting model for efficient spatio-temporal indexing. International Conference on Very Large Data Bases, Trondheim, Norway: 934-945.

SADILEK A, KRUMM J, 2012. Far out: Predicting long-term human mobility//Twenty-sixth AAAI Conference on Artificial Intelligence, 814-820.

SCHAFER J L, GRAHAM J W, 2002. Missing data: our view of the state of the art. Psychological Methods, 7(2): 147.

SHEN L, STOPHER P R, 2014. Review of GPS travel survey and GPS data-processing methods. Transport Reviews, 34(3): 316-334.

SIŁA-NOWICKA K, VANDROL J, OSHAN T, et al., 2016. Analysis of human mobility patterns from GPS trajectories and contextual information. International Journal of Geographical Information Science, 30(5): 881-906.

SOLEYMANI A, PENNEKAMP F, DODGE S, et al., 2017. Characterizing change points and continuous transitions in movement behaviours using wavelet decomposition. Methods in Ecology & Evolution, 8(9): 1113-1123.

SONG Y, MILLER H J, 2014. Simulating visit probability distributions within planar space-time prisms. International Journal of Geographical Information Science, 28(1): 104-125.

SU H, ZHENG K, WANG H, et al., 2013. Calibrating trajectory data for similarity-based analysis// Proceedings of the 2013 ACM SIGMOD International Conference on Management of Data. New York:ACM: 833-844.

TANG L, YANG X, KAN Z, et al., 2015. Lane-level road information mining from vehicle GPS trajectories based on Naïve Bayesian classification. ISPRS International Journal of Geo-Information, 4(4): 2660-2680.

TANG L, YANG X, DONG Z, et al., 2016. CLRIC: Collecting lane-based road information via crowdsourcing. IEEE Transactions on Intelligent Transportation Systems, 17(9): 2552-2562.

TECHNITIS G, OTHMAN W, SAFI K, et al., 2015. From A to B, randomly: A point-to-point random trajectory generator for animal movement. International Journal of Geographical Information Science, 29(6): 912-934.

TREMBLAY Y, SHAFFER S A, FOWLER S L, et al., 2006. Interpolation of animal tracking data in a fluid environment. Journal of Experimental Biology, 209(1): 128-140.

WANG J, RUI X, SONG X, et al., 2015. A novel approach for generating routable road maps from vehicle GPS traces. International Journal of Geographical Information Science, 29(1): 69-91.

WEI L Y, ZHENG Y, PENG W C, 2012. Constructing popular routes from uncertain trajectories//Proceedings of the 18th ACM SIGKDD International Conference on Knowledge Discovery and Data Mining. New York: ACM: 195-203.

WENTZ E A, CAMPBELL A F, HOUSTON R, 2003. A comparison of two methods to create tracks of moving objects: Linear weighted distance and constrained random walk. International Journal of Geographical Information Science, 17(7): 623-645.

WINTER S, YIN Z C, 2010. Directed movements in probabilistic time geography. International Journal of Geographical Information Science, 24(9): 1349-1365.

WOLD S, ESBENSEN K, GELADI P, 1987. Principal component analysi. Chemometrics and Intelligent Laboratory Systems, 2(1): 37-52.

YU B, KIM S H, BAILEY T, et al., 2004. Curve-based representation of moving object trajectories// Proceedings. International Database Engineering and Applications Symposium, IEEE: 419-425.

YU B, KIM S H, 2006. Interpolating and using most likely trajectories in moving-objects databases// International Conference on Database and Expert Systems Applications. Berlin: Springer: 718-727.

YU S Z, KOBAYASHI H, 2003. A hidden semi-Markov model with missing data and multiple observation sequences for mobility tracking. Signal Processing, 83(2): 235-250.

ZHANG L, WANG Z, 2011. Trajectory partition method with time-reference and velocity. Journal of Convergence Information Technology, 6(8):134-142.

ZHENG K, ZHENG Y, XIE X, et al., 2012. Reducing uncertainty of low-sampling-rate trajectories//2012 IEEE 28th International Conference on Data Engineering. IEEE: 1144-1155.

第3章　道路交叉口识别与信息获取

　　道路交叉口是构成道路网信息的重要组成部分。为了解决城市交叉口快速自动识别与复杂拓扑关系获取难题，本章提出一种基于车载轨迹数据的城市平面交叉口快速识别与拓扑信息获取方法。该方法首先根据交叉口的交通功能与车辆的行为特征，分析轨迹数据在道路弯道和道路交叉口部分的运动特征差异；然后采用轨迹跟踪方法识别车载轨迹大数据中包含的车辆转向点对，并利用基于距离和角度的生长聚类方法进行转向点对的空间聚类，通过分析各转向点对类簇在交叉口范围内的聚集特征，采用局部点连通性聚类算法识别交叉口，探索各交叉口范围圆；最后基于交叉口范围圆的解析结果，根据轨迹追踪方法识别交叉口在不同细节层次路网数据中的空间表达结构及拓扑关系。通过采用武汉市和北京市出租车采集的车辆行驶轨迹数据验证本章方法的有效性和鲁棒性。

3.1　道路交叉口信息获取综述

　　城市交叉口的空间位置、范围及详细的转向信息是构成城市各级交通路网数据的关键（Hillel，2014）。对于道路中心线级别的城市路网数据模型，交叉口一般被抽象表达为多条道路交汇的交点；对于行车道级别的城市路网数据模型，交叉口的空间描述由于路网细节的增加被表达为分/合流点组合；对于城市车道级路网数据模型，交叉口的拓扑结构得到了更加细化的描述，包括其空间范围、分/合流点、转向特征等。目前大部分研究主要聚焦于从各类传感器数据中自动识别交叉口，包括：基于图像、多传感器组合及 GNSS 轨迹数据的交叉口识别且交叉口空间结构获取的相关研究则主要包括道路中心线级别和行车道级别两种。

3.1.1　基于图像数据的交叉口识别

　　目前，利用图像数据实现交叉口识别的研究成果非常丰富（Hu et al.，2007）。研究者大都以构建完整道路拓扑图为诉求，先从图像数据中提取道路边缘线；然后利用预先定义好的交叉口模型与检测的道路候选线状要素集进行匹配，采用拟合优度评价模型完成基于高分辨率图像数据的交叉口识别。例如：Kushner 等（1987）根据已有地图数据库交叉口信息构建交叉口先验模型，利用边缘检测算法从图像数据中识别构成道路的线状要素；然后利用启发式算法完成线状要素与交叉口模型匹配，根据拟合优度函数完成交叉口识别。Price（2000）构建十字交叉口模型从图像数据中识别交叉口，然后再从构成交叉口的每一个分方向出发，进而构建道路路段线状要素。Widemann 等（2002）提出一种优化的交叉口识别方法，旨在从高分辨率图像数据中自动探测道路交叉口。Barsi 等（2003）

提出一种基于神经网络模型的城市交叉口探测方法,实现从高分辨率图像数据中完成交叉口识别,辅助构建完整道路网数据。Negri 等(2006)提出一种利用高分辨率 SAR 图像数据的两步式交叉口识别方法。该方法根据线状要素探测算法从图像数据中检测候选的道路直线段和曲线要素,然后根据线状要素特征完成道路交叉口检测。Ravanbakhsh 等(2008)利用地理空间数据库中获取道路交叉口先验知识从图像数据中检测交叉口。Cheng 等(2012)提出采用旋转矩形识别道路交叉口形状,但是道路交叉口识别准确率依赖方向估计精度。随后,他们在之前研究的基础上提出了一种利用 valley-finding 算法的道路交叉口识别方法,实现了从高分辨率 SAR 图像数据中自动识别交叉口(Cheng et al.,2013)。Xiao 等(2016)提出基于 Duda 路径策略的交叉口分类方法,实现了从高分辨率 SAR 图像数据中识别道路交叉口,其识别准确率为 70%左右。

3.1.2　基于 3D LiDAR 和多传感器融合的交叉口识别

利用 LiDAR 点云数据识别、构建城市道路平面、立体交叉口空间结构是目前研究的热点。采用 LiDAR 数据识别道路交叉口的重要依据是:城市场景中道路交叉口区域一般不设置路坎。例如:Kodagoda 等(2002)提出利用激光深度测量和扩展卡尔曼滤波方法从点云数据中快速识别道路边缘与路坎,实现 Y 型、X 型、T 型交叉口识别。Elberink 等(2006)提出利用激光点云数据构建多级复杂立体交叉口,并于 2009 年提出采用 2D 拓扑地图数据融合 3D 激光点云数据自动构建高速公路立体交叉口的三维模型。Zhu 等(2012)在 Chen 等(2011)研究的基础上,提出采用优化的光束模型实现城市道路交叉口识别及三维建模。Zhang 等(2015)提出一种利用双层竖线模型方法,完成基于激光点云数据道路交叉口形状、类型及空间特征的实时识别;但是该方法对于异常的交叉口场景识别准确率过低,例如:Y 型交叉口识别与空间结构提取。Wang 等(2017)提出一种基于 3D 数据的交叉口实时定位与方向检测方法,且交叉口最终识别精度与道路状况相关性高,例如:面对崎岖的道路会出现交叉口定位错误。

基于多传感器组合的城市交叉口自动识别主要利用多种传感器(激光测距仪、GPS 定位装置、CCD 相机等),采用基于视觉方法实现车辆当前道路交叉口细节、深度信息探测,为智能辅助驾驶系统及无人驾驶提供数据支持。例如:Wijesoma 等(2003)利用 2D 激光扫描仪协同 CCD 相机实现道路路坎追踪,完成道路交叉口识别与类型区分。Aycard 等(2011)利用多传感器融合(包括:激光扫描仪、激光测距仪、立体视觉测量)实现道路交叉口识别与 3D 建模。贺勇等(2015)利用 GPS 传感器、全景相机实时获取车道级道路信息,包括车道级道路路段和交叉口结构信息及道路标志牌等信息等。

3.1.3　基于轨迹数据的交叉口识别

每天行驶于大街小巷的车辆所采集的车载 GPS 轨迹数据记录了详细的道路动态、静态信息,具有成本低、实时性强的特点,是目前被用于道路信息提取的一种重要数据源。根据目前已有的基于轨迹数据识别道路交叉口方法,按照识别技术流程将其总结为三步:

①数据准备–轨迹数据异常值去除；②交叉口识别–基于交叉口几何形状（十字交叉口、T型交叉口、Y型交叉口、X型交叉口等）或交叉口功能建模识别交叉口；③交叉口拓扑信息获取。目前，交叉口识别算法主要包括：①根据交叉口类型和转向特征，构建交叉口模型分类器，完成交叉口识别（Fathi et al., 2010）；②根据交叉口交通功能，利用聚类方法和空间统计方法识别交叉口（Yang et al., 2018；唐炉亮 等，2017；Wang et al., 2015）。对于第一种交叉口识别方法，典型的实例研究包括：Fathi 等（2010）根据城市交叉口类型和转向特征构建图形描述器模型，从数据中选取一定数量的样本训练图形分类器，实现从专业采集车和辅助大众运输车辆采集的高精度轨迹数据中识别道路交叉口，交叉口识别准确率在75%左右。陈漪（2010）讨论了如何根据 GPS 轨迹数据识别城市立体交叉口及其空间结构。Liu 等（2013）构建了利用测量车获取的高精度 DGPS 轨迹数据完成城市交叉口细节结构建模的技术框架。该方法从交叉口的空间表达方法出发，讨论了交叉口细节结构的组成原理。对于第二种交叉口识别方法，现有的研究包括：Wang 等（2015）提出利用力学模型融合高采样率轨迹数据，然后利用局部 G 统计的方法识别行车道级别路网交叉口与非交叉口。唐炉亮等（2017）根据交叉口交通功能，采用局部连通性聚类算法完成交叉口识别；并进一步利用轨迹追踪算法实现了交叉口详细拓扑信息获取。

3.1.4 小结

基于图像数据识别道路交叉口是构建完整道路地图的关键。本章主要从三个方面对现有交叉口识别方法进行了讨论和分析。①算法方面：目前大量基于图像数据识别交叉口的方法基本流程主要包括：构建交叉口模型，检测图像数据中候选的道路线状要素，将交叉口模型与道路线状要素进行匹配完成交叉口识别三步。交叉口模型的构建可以选择已知的空间数据库，也可以从图像本身出发选择训练样本完成分类器训练。面对复杂的城市场景，交叉口模型的构建是非常繁杂且耗时的过程。交叉口模型构建的完整性及准确性极大地影响了交叉口识别效率和识别准确率（Barsi et al., 2003）。除此之外，道路线状要素的准确识别也是影响交叉口识别准确率非常关键的一步。如果线状要素识别率过低且碎片过多，那么就会影响与交叉口模型的匹配结果，使得交叉口识别率降低（Negri et al., 2006）。②数据特征：图像数据本身的获取原理导致数据会因为光线、天气、场景等因素出现不同程度的遮挡、阴影及过度曝光，从而影响交叉口最终的识别准确性。研究表明：在正常光照条件下，由于城市场景中的阴影及传感器中途停留影响，有的区域路网无法被 SAR 传感器获取（Soergel et al., 2003）。这种数据不完整性也会影响交叉口检测结果。③信息获取细节方面：图像数据的分辨率约束及遮挡问题造成道路交叉口细节信息获取困难。目前大量研究仍聚焦于道路中心线级或行车道级路网交叉口识别，对于更加细节的车道级路网交叉口识别及拓扑信息提取研究不足。

相比图像数据，点云数据因其高精度及三维数据特征，是目前构建道路立体交叉口三维结构的主要数据源。本章从三个方面讨论了基于数据识别道路交叉口方法存在的问题。①成本高：由于扫描仪价格偏高、采集方式专业度高，数据获取综合成本较高，从而无法实现广泛推广。②复杂城市场景带来的识别难题：尽管数据不用过于担心光线问题带来的数据缺陷，然而来往行人、车辆及道路两侧植被、建筑物的遮挡都为后续交叉口识别带来困难。③数据量大且算法复杂度高，为大范围交叉口快速识别带来挑战。基于多传感器组合的城市交叉口识别，其服务对象为单个车辆，识别区域往往局限在一定范围内。对于大区域的城市道路交叉口探测，存在信息获取成本高，周期长的缺陷。另外，多传感器组合的数据内容依然会受行人和车辆的干扰，因此信息提取难度高。

　　基于对现有国内外轨迹数据的交叉口识别方法分析，总结现有方法存在的缺陷，具体内容包括：①交叉口识别算法：基于图形描述器方法的交叉口识别（Fathi et al.，2010），需要采用大量训练数据构建经验模型，算法复杂、效率低且耗时；Liu 等（2013）仅描述了高精度交叉口结构模型且该模型应用前提是交叉口位置已知，并未展开讨论如何从轨迹数据中提取交叉口细节结构；利用轨迹融合算法及局部 G 统计方法识别交叉口较适用于高频采样数据（Wang et al.，2015），而目前大部分轨迹数据因存储成本和计算效率影响都属于稀疏数据集。②交叉口拓扑信息获取完整性：尽管现有方法实现了交叉口识别，但是交叉口拓扑信息获取完整性方面依然停留在道路中心线级和行车道级别，也即交叉口的空间描述为中心点（道路中心线级路网）或分/合流点（道路行车道级路网）。③现有方法交叉口识别准确率：采用交叉口模型分类器识别交叉口准确率过低且过分依赖于样本分类器。例如：Fathi 等（2010）提出基于图形分类器方法识别交叉口的准确率为 75%左右；Wang 等（2015）采用空间统计方法可以提高交叉口识别准确率，但是对数据采样率要求高，不符合现有众源轨迹数据所具有的稀疏特性。因此，未来研究需要从：①算法简单、效率高、鲁棒性强；②交叉口识别准确率有所改善；③交叉口空间结构获取细节更加丰富三个方面着手。从数据成本和获取效率及实时性等方面分析，众源车载轨迹数据比高分辨率图像数据及高精度数据更具有优势，也更适用于大范围城市交通路网数据获取和快速更新。

3.2　道路交叉口功能及车辆转向特征

　　对于城市道路网而言，交叉口和道路路段具有不同的交通功能。道路交叉口是多条道路相交之处，是车辆和行人汇集、转向和疏散的必经之地，其区域一般由负责车辆转弯的多个功能区构成。这些功能区在信号灯和交通规则的约束下减少来往车辆的交通冲突，保证车辆安全抵达目的路段。根据交叉口被赋予的交通功能，车辆会在交叉口区域存在左转、右转、直行或掉头行为，如图 3.1 所示。图 3.1 中分别给出了城市路网中几种常见的平面交叉口类型，而每一种交叉口都存在车辆左转、右转和直行三种行驶模式。

　　相比于道路交叉口区域同时混杂有多种转弯模式，位于道路路段上的车辆行驶方向较为单一，其行驶方向主要取决于路段的线性特征。目前，城市平面道路路段按线性特征主要分为两类：直线路段和弯道，如图 3.2 所示。位于直线路段的车辆一般会沿着道路中心线直线行驶，因此驾驶方向只存在直行一种；而位于弯道的车辆，则根据弯道的设计特

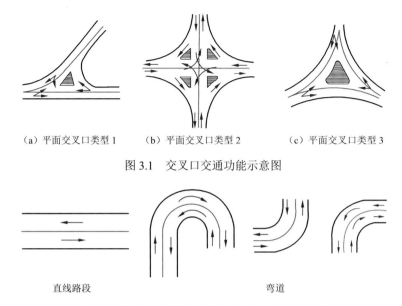

（a）平面交叉口类型 1　　（b）平面交叉口类型 2　　（c）平面交叉口类型 3

图 3.1　交叉口交通功能示意图

直线路段　　　　　　　　　　　　　　弯道

图 3.2　道路路段线性特征及车辆行驶方向示意图

征会出现掉头行驶、或左转弯行驶、或右转弯行驶。与道路交叉口区域相比，道路路段区域内的转弯只会存在（直行、直行），（左转、右转），（掉头、掉头）这三种模式，而交叉口区域会存在（直行、左转、右转），（直行、左转、右转、掉头）或（左转、右转、掉头）等模式。这种转弯类型的多样组合差异可以有效用来识别交叉口区域与普通路段区域。

3.3　道路平面交叉口快速识别

根据道路交叉口功能及车辆转向特征，利用车辆在道路交叉口和路段行驶方向的差异，根据车载轨迹数据反映的转弯特征和车辆通过交叉口时间约束，提取车辆转弯变化点对，然后利用车辆各类转弯在交叉口的聚集模式，采用聚类方法实现道路平面交叉口快速识别。

3.3.1　车辆转弯变化点对提取

车载轨迹数据可以记录车辆位置、时间、速度、航向等信息，其中时间位置序列构成了轨迹的基本线性特征，而速度、航向信息反映了车辆行驶状态。例如：航向信息记录了车辆行驶过程中的运动方向，其值大小则根据车辆行驶方向与真北方向的夹角来定义。一般情况下，按顺时针计算，正北方向为 0°，正东方向为 90°，正南方向为 180°，而正西方向则为 270°，如图 3.3 所示。与车辆定位一样，车载轨迹数据航向值采集也会受车辆行驶速度和周围环境影响而出现误差。例如：根据目前研究，对于城市区域内出租车采集的轨迹数据，其航向值误差一般在 15°左右。因为航向值反映了车辆当前行驶时的方向，所以可以根据航向值变化反推车辆行驶方向的变化。根据以上内容分析可知，车辆在交叉口区域存在多种转弯模式，包括：左转、右转、直行、掉头，如图 3.3 所示。这些转弯模式可以利用航向角度的变化来量化表示，而具体量化刻度则与道路交叉口区域道路转弯设计值和轨迹数据航向角精确度相关。

按照目前国内城市道路建设标准，交叉口转弯角设计最小参考值为 60°。如果附加考虑 15°的航向角误差，可以推测当车辆航向角发生 45°变化时可以完成一次转弯。本章将前后轨迹点航向角差异在 45°以上的轨迹点称为转弯变化点对。另外，因为实际环境中车辆完成转弯整体过程通常是一个连续的动作转变，所以从海量轨迹数据中提取这些转弯变化点对时需要考虑已有轨迹数据的采样率和车辆通过交叉口的行程时间。

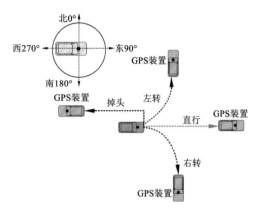

图 3.3　车辆转弯与航向角变化示意图

　　轨迹数据采样率决定了车辆行驶过程中其行驶状态被记录的详细度。采样率越高，那么车辆行驶状态被记录得越详细；反之，则越粗略。目前，大部分车载轨迹数据的采样率在 5~60 s（唐炉亮 等，2015）；有的车载轨迹数据采样率可以达到 1 Hz（Wang et al.，2015）。一般情况下，车辆完成整个转弯过程会花费一段时间，如果轨迹数据采样率高，那么相应会有一串轨迹点留下。如果仅仅判断相邻轨迹点之间的航向变化值会遗漏很多转弯点对，因此需要对参加计算的两个轨迹点进行采样间隔约束，而具体约束阈值则与车辆通过交叉口行程时间相关。假设车辆通过 h 市所有交叉口的行程时间间隔为 (t_1-t_2) s，那么就以 t_1-t_2 为时间约束，寻找采样间隔在该约束内的轨迹点，并计算其航向角变化量。如果航向角变化量的绝对值超过 45°，那么就将该轨迹点对作为转弯变化点对，记作：TCPP，如图 3.4 所示。

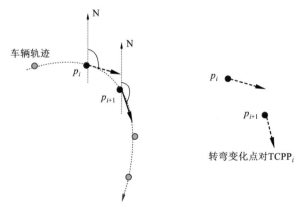

图 3.4　转弯变化点对提取示意图

3.3.2　基于生长聚类方法的转向点对聚类

利用 GPS 轨迹数据识别道路交叉口的关键在于如何根据转弯点对区分交叉口和道路弯道。因为一些道路弯道也会存在一些转弯点对，而这些转弯点对同样具有左转或右转的转弯特征。真实道路环境中交叉口通常会出现多个转弯类别（左转、右转、掉头），这些转弯类别会在交叉口区域内出现有规律的叠加和相互吸引（图 3.1）；道路弯道则一般只会存在两种转弯类别（左转或右转），且转弯特征不会存在重叠（图 3.2）。轨迹转弯点对在道路交叉口和道路弯道的聚集模式，决定了其分别在两种区域的聚集特征，如图 3.5 所示。

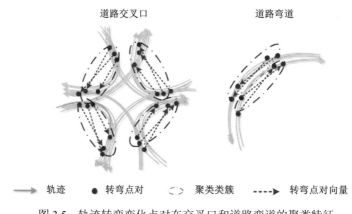

道路交叉口　　　　　　　　道路弯道

→ 轨迹　　● 转弯点对　　< > 聚类类簇　　- - -→ 转弯点对向量

图 3.5　轨迹转弯变化点对在交叉口和道路弯道的聚类特征

根据图 3.5 所示，如果将转弯点对按照转弯类型区分，即左转弯和右转弯，那么这些转弯点对在道路交叉口区域会存在多个聚集类簇；而道路弯道上的转弯点对同样按照转弯类型区分（左转和右转），至多只会存在两种聚集类簇。因此，通过利用空间距离和转弯类型对转弯点对进行空间聚类，然后根据交叉口区域和道路路段区域变化点对类簇数量的差异来区分道路交叉口和非交叉口。为了简化转弯变化点对的聚类过程，利用相似度模型评估转弯点对之间在空间距离和角度之间的相似度。根据目前已有向量相似度研究（Li et al., 2016）成果，提出如下转弯点对之间的相似度评价模型：

$$\mathrm{sim}_{(\mathrm{TCPP}_i,\mathrm{TCPP}_k)}=\omega_1 \mathrm{e}^{-\mathrm{diff}_D}+\omega_2 \mathrm{e}^{-\mathrm{diff}_A} \tag{3.1}$$

式中：diff_D 和 diff_A 分别为变化点对 $\mathrm{TCPP}_i(p_i, p_{i+1})$ 与变化点对 $\mathrm{TCPP}_k(p_k, p_{k+1})$ 之间在距离和角度方面的差异；ω_1 和 ω_2 分别为距离和角度差异的权重。根据式（3.1）所示相似度评价模型，两个变化点对之间的相似度值在 0 到 1 之间。如果其值等于 0，那么表示两个转弯点对之间不存在相似性；如果其值等于 1，那么表示两个转弯点对完全相似。对于距离和角度差异 diff_D 和 diff_A 可以按照如下公式进行计算。

$$\mathrm{diff}_D=\frac{d(p_i,p_k)+d(p_{i+1},p_{k+1})}{2D} \tag{3.2}$$

$$\mathrm{diff}_A=1-\cos\left(\theta\left(\overrightarrow{p_i p_{i+1}},\overrightarrow{p_k p_{k+1}}\right)\right) \tag{3.3}$$

式（3.2）中：$d(p_i, p_k)$ 是从 p_i 点到 p_k 点的欧几里得距离，而 $d(p_{i+1}, p_{k+1})$ 则是指从 p_{i+1} 到 p_{k+1} 的欧几里得距离，如图 3.6 所示。由于角度差异计算结果一般在 0 到 1 之间，为了平衡距离和角度差异对整体相似度计算结果的影响，采用常量 D 对转弯点对距离值进行标准化（Milligan et al.，1988），而常量 D 大小取决于城市道路路面宽度。根据中国城市道路建设标准，将其设置为 50 m。式（3.3）中：参数 θ 为转弯点对向量 p_ip_{i+1} 和 p_kp_{k+1} 之间的夹角。根据式（3.2）和式（3.3）即可获取任意转弯点对之间的相似度，然后通过设定相似度阈值对所有转弯点对进行聚类处理。

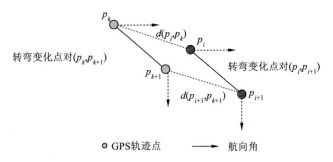

图 3.6　转弯点对距离和角度差异示意图

根据已有聚类算法研究，本章提出一种基于转弯点对空间相似度的生长聚类算法（唐炉亮 等，2017），具体方法如下所示。

算法：相似度聚类算法
输入：转向点对集合 TPPs={TPP$_0$, TPP$_1$,$\cdots$, TPP$_n$}，相似度阈值 sim
输出：转向点对聚类集合 C={C_0, C_1, $\cdots$, C_m}

/*令顺时针方向为正，将转向点对分为左转和右转*/
FOREACH TPP$_i$ $\in$ TPPs DO
IF -135＜TPP$_i$. α＜-45 　　　　/*α 表示转向点对航向角变化值*/
　LTPP$_s$←TPP$_i$ 　　　　　　　　　　　/*设定 LTPPs 为左转转向点对集合*/
ELIF 45＜TPP$_i$. α＜135
　RTPP$_s$←TPP$_i$ 　　　　　　　　　　　/*设定 RTPPs 为右转转向点对集合*/
　END FOR
/*以 LTPP$_s$ 为例进行相似度聚类，对 RTPP$_s$ 进行同样地操作*/
LTPP$_s$.isClassified←False 　　　　/*初始化所有转向点对状态*/
t←0 　　　　　　　　　　　　　　　/*设定初始类别*/
FOREACH LTPP$_i$ $\in$ LTPP$_s$ AND LTPP$_i$.isClassified=False DO
tsim←CalculateSim (LTPP$_t$, LTPP$_i$) 　　/*按照式（3.1）～式（3.3）计算相似度*/
IF (tsim＞sim)
　LTPP$_i$.isClassified=True 　　　　　/*标记已分类的转向点对*/
　C_t←LTPP$_i$ 　　　　　　　　　　　　/*将转向点对归属到对应的类别*/

ELSE
　　$t \leftarrow t+1$
END FOR
RETURN C　　　　　　　　　　　　　　　/*返回转向点对聚类集合 C，包含左转和右
转转向点对类簇*/

按照上述聚类算法原理，提取后的所有转弯点对被聚成若干个类簇，而每个类簇则有可能处于疑似的城市交叉口区域。

3.3.3　基于局部连通性聚类方法的平面交叉口识别

交叉口作为城市道路网的咽喉，具备左转、右转多个转弯功能区。位于同一交叉口的转弯功能区在空间上相互重叠呈现聚集分布。使得属于同一个交叉口的转向点对类簇在交叉口区域存在聚集特征。通过交叉口区域转弯点对类簇数量与位于道路弯道转弯点对数量之间的差异，利用局部连通性方法识别交叉口。该方法可以避免位于同一个交叉口区域的两个转弯点对类簇，因为距离太远而无法被纳入该交叉口聚类类簇中的问题。采用局部连通性方法的实质在于将空间上位于同一个区域内的转弯点对类簇聚集在一起，然后通过每一个类簇内转弯点对类簇的数量和属性识别交叉口与非交叉口。具体方法如下。

算法：局部点连通性聚类算法（图3.7）
输入：转向点对类簇中心点集合 CP=$\{CP_0, CP_1, \cdots, CP_m\}$，邻域半径 r
输出：交叉口中心集合 $O=\{O_0, O_1, \cdots, O_n\}$

/*计算集合 CP 中每个点的连通点集合*/
FOREACH CP_i, CP_j $\in$ CP AND $i \neq j$ DO
tdis=Distance (CP_i, CP_j)　　　　　　　　/*计算两点间距离*/
IF(tdis$\leq$$r$)
　　$N(CP_i) \leftarrow CP_j$　　　　　　　　　　/*设定 $N(CP_i)$ 为 CP_i 的连通点集合*/
　　END FOR
/*基于点的局部连通性聚类*/
CP.isClassified$\leftarrow$False;　　　　　　　　　/*初始化所有转向点对类簇中心点*/
FOREACH CP_i $\in$ CP AND CP_i.isClassified=False DO
CP_i.isClassified=True
$O_{\text{ClusterID}} \leftarrow CPi$　　　　　　　　　　/*将与 CP_i 直接连通的点归属到对应的类别*/
Cluster (CP_i, $N(CP_i)$, ClusterID)　　　　　/*查找 $N(CP_i)$ 中每个点的连通点*/
IF $O_{\text{ClusterID}}$.Coun$>$2　　　　　　　/*剔除弯道（转向点对类簇数量小于或等于2）*/
　　$O \leftarrow O_{\text{ClusterID}}$
　　END FOR
/*聚类递归函数*/
Cluster (CP_j, $N(CP_i)$, ClusterID)

IF($N(\mathrm{CP}_i)\neq\emptyset$)

　　FOREACH $\mathrm{CP}_j \in N(\mathrm{CP}i)$ AND CP_j.isClassified=False DO

　　　$O_{\mathrm{ClusterID}}\leftarrow\mathrm{CP}_j$　　　　　　　　　　/*将与CP_i间接连通的点归属到对应类别*/

　　　CP_i.isClassified=True

　　　Cluster (CP_i, $N(\mathrm{CP}_i)$, ClusterID)　　/*递归执行该函数*/

ELSE RETURN $O_{\mathrm{ClusterID}}$

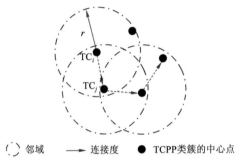

　　　⌒ 邻域　　→ 连接度　　● TCPP类簇的中心点

图 3.7　局部连通性聚类方法

3.4　平面交叉口在多级路网数据中的空间结构获取

　　道路交叉口空间结构即拓扑信息是构成车道级道路地图生成的重要要素之一。目前，道路交叉口在各级道路网中根据所表达的细节程度不同分别采用不同的结构进行描述。在道路中心线级别路网数据中，交叉口通常表达为连接若干条道路的节点；在行车道级路网数据中，交叉口空间结构由若干个交通流出入口点构成；对于车道级路网数据，交叉口的空间结构更加细化为由附加转弯规则的出入口点构成。提取不同层级路网的交叉口空间结构，前提是需要确定交叉口中心位置、构建交叉口范围圆，然后利用轨迹追踪方法依次获取车辆驶入和驶出交叉口范围圆的出入口点及其行驶方向属性。

3.4.1　平面交叉口中心位置及范围圆确定

　　识别交叉口空间位置及范围是获取交叉口空间结构的前提。根据交叉口与非交叉口转弯点对类簇数量的差异，采用局部连通性方法识别交叉口与非交叉口。完成交叉口识别后，所有转弯点对类簇会寻找到所归属的交叉口，也即每个被识别的交叉口由多个转弯点对类簇构成。这些转弯点对类簇代表了真实世界中车辆经过交叉口时所具有的转弯模式，其空间位置则对应了车辆驶过的道路路口位置。因此，可以通过分析属于同一个交叉口的多个转弯类簇中心点的空间距离，探寻交叉口的空间辐射范围。假设对于一个已被识别的交叉口 I，其包含的转弯点对类簇集可以表达为 $\mathrm{Tcc}_i=(\mathrm{TC}_1,\mathrm{TC}_2,\cdots,\mathrm{TC}_h)$。根据任意类簇中心点间的欧式距离构建距离矩阵 ***DM***，如下所示：

$$d_{ij}=\mathrm{dis}(\mathrm{TC}_i,\mathrm{TC}_j) \tag{3.4}$$

$$\boldsymbol{DM} = \begin{bmatrix} 0 & d_{12} & d_{13} & \cdots & d_{1h} \\ d_{21} & 0 & d_{23} & \cdots & d_{2h} \\ d_{31} & d_{32} & 0 & \cdots & d_{3h} \\ \vdots & \cdots & \cdots & 0 & \cdots \\ d_{h1} & d_{h2} & \cdots & d_{h(h-1)} & 0 \end{bmatrix}$$

where   （3.5）

$$d_{ij} = d_{ji}, \quad i = 1, 2, \cdots, h; \quad j = 1, 2, \cdots, h$$

式中：d_{ij} 为任意两个转弯点对类簇中心点 TC_i 和 TC_j 之间的欧式距离。采用圆形区域表达城市平面交叉口空间范围。由于道路交叉口用于辅助车辆和行人安全通过交通冲突区，从安全性考虑交叉口的探测范围可以大于实际范围。超出实际范围的交叉口范围圆，可以及时地提醒车辆行人已经驶入交叉口区域，需要提高注意力谨慎驾驶和通过。在此基础上，从转弯点对聚类类簇中寻找空间距离最远的两个转弯点对，也即：$2R=\max(d_{ij})$, $i=1$, 2, $\cdots$, h, $j=1, 2, \cdots, h$，其中 R 为范围半径，将其类簇中心点作为交叉口范围圆的直径，而该直径的中心点则作为交叉口的空间位置点，如图 3.8 所示。

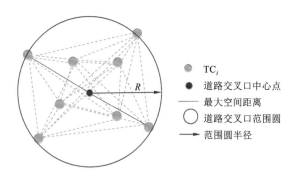

图 3.8 道路交叉口空间位置及范围圆确定

3.4.2 行车道级道路平面交叉口空间结构提取

行车道级路网数据是目前各类导航地图、LBS 服务常用的一种路网类型。相比道路中心线级路网，行车道级路网详细地区分了位于同一条道路上具有不同交通流向的行车道路。从路网数据的矢量存储模式分析，道路网络通常采用结点-弧段模型存储，其中弧段表达道路路段，结点表达道路拓扑关系也即交叉口。例如：道路中心线级路网数据交叉口采用空间结点来表示，这些结点用来连接多条道路路段；而行车道级路网数据交叉口空间结构则利用交通流出入口点来表示（图 3.9）。目前，从轨迹数据中提取道路交叉口空间结构一般主要服务于后期路网数据生成。例如：Wang 等（2015）在轨迹融合后，利用统计方法判断那些无法实现融合的杂乱轨迹点，然后区分出道路交叉口，并进一步利用轨迹追踪获取道路交叉口处交通流进出口点，以此来构建完整的行车道路网地图。本章按照先识别交叉口后构建完整路网模式，直接着手于交叉口识别，并利用识别后的交叉口空间位置及范围圆获取交通流出入口点。

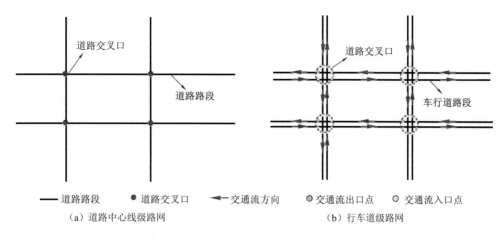

图 3.9 交叉口在道路中心线级别路网和行车道级路网数据中的空间表达

行车道级别路网交叉口由交通流出入口点构成,这些出入口点可以利用转弯点对所具有的行驶方向进行获取,即对于一个转弯变化点对,其前一个点记录了车辆驶入交叉口范围内的空间位置,而后一个点则记录了车辆驶出交叉口范围的空间位置,如图 3.10 所示。这些记录车辆驶入交叉口与驶出交叉口的空间位置点经过空间聚类处理,获取其类簇中心点即可作为交叉口交通流出入口点(图 3.10)。具体获取这些出入口点的算法步骤主要包括以下几个部分。

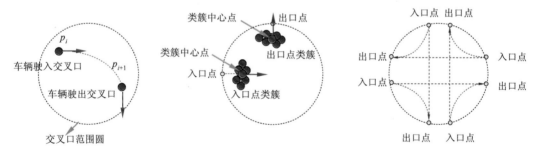

图 3.10 行车道级交叉口空间结构提取示意图

(1)将每一个转弯变化点对拆分为车辆入口点和出口点。以入口点为例,从所有入口点中随机选取未分类的一个入口点作为种子点,遍历所有入口点,如果该点与种子点航向角差值小于 Φ 则聚为一类,否则从未被分类的入口点中选取下一个种子点,重复该过程,直至每个入口点都归属到对应的类别。考虑城市道路交叉口建设标准,道路转弯的最小设计角度为 60°,因此本章后续将参数 Φ 设为 60°。

(2)对所有出口点进行同样的操作,直到得到多个入口点类簇和出口点类簇为止。

(3)计算每个出入口点类簇的中心点和平均航向角,将其中心点作为该类簇的代表点,将平均航向角作为该中心点的航向值。

(4)以出口点类簇与入口点类簇的中心点为端点,分别沿其平均航向角方向作延长线,其中出口点延长线方向与其平均航向角相同,入口点延长线与其平均航向角相反。出口点延长线与交叉口范围圆的交点即为交通流出口点,而入口点延长线与交叉口范围圆的交点即为交通流入口点,如图 3.10 所示。

3.4.3　车道级道路平面交叉口空间结构提取

车道级路网数据的详细程度比行车道级别路网更高,其具体刻画了每一条行车道路面分布各车道线在交叉口区域内的空间位置及渠化方向。对于行车道路网数据,交叉口空间结构由出入口点统一描述,而每一个入口点或出口点可以包含多个车辆行驶方向特征,例如:左转、右转和直行。对于车道级道路网数据,由于需要描述每一条车道线的空间位置,其交叉口空间结构则通过附加转弯方向的交通流的出入口点表达。如图 3.11 所示,车道级交叉口空间结构由带有转向属性的空间点:左转出入口点(如:L_2,L_1),右转出入口点(R_2,R_1),直行出入口点(S_1,S_2)构成。这些带有具体车辆行驶方向的出入口点可以采用轨迹追踪方法提取,具体方法如下所述。

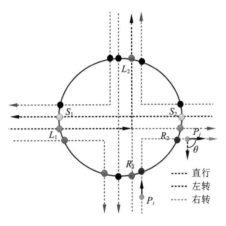

图 3.11　车道级交叉口空间结构描述

在行车道交叉口空间结构提取的基础上,通过进一步分析转弯变化点对的转弯特征,将转弯变化点对分为:左转出口点、右转出口点,直行出口点,掉头出口点;将入口点分为:右转入口点、左转入口点,直行入口点及掉头入口点。然后再从具有相同转弯特征的出入口点集中寻找类簇中心点,并获取其与交叉口范围圆的交点,作为描述车道级道路交叉口空间结构的交通流出入口点。具体方法步骤如下。

(1)根据转弯点对角度变化量,寻找直行点对类簇、左转弯点对类簇、右转弯点对类簇及掉头点对类簇;并根据上文方法,将这些点对类簇标记为出口点和入口点。

(2)计算每一个带有方向特征类簇的中心点和平均航向角,构建这些中心点的延长线,求延长线与交叉口范围圆的交点。

(3)将第二步所求交点作为车道级交叉口出入口点,根据其位置和方向,构建车道级交叉口拓扑表。

3.5　实　验　验　证

3.5.1　实验数据

以武汉市和北京市为实验区域,利用上万辆出租车在武汉市内及北京市内采集的车载轨迹大数据作为实验数据集。位于两个实验区域内的轨迹数据分别采集于 2013 年 8

月和 2012 年 11 月,采集周期为 2 周,数据定位精度在 10 m 左右,采样间隔从 5 s 到 60 s 不等。实验区域内道路平面交叉口类型丰富,包含有 T 型交叉口、Y 型交叉口,十字交叉口、X 型交叉口等。根据上述内容可知,识别交叉口及获取其空间结构主要包括三步。首先,需要设置合理的航向角阈值和时间间隔,从大量数据集中提取出转弯点对;其次,设定合理的相似度阈值将提取出的转弯点对进行聚类;最后,需要设定局部连通性聚类方法的邻域半径实现交叉口的识别。以下分别从参数设置、实验结果可视化及准确性评价、城市道路平面交叉口识别方法对比三个方面,验证本章所提方法的鲁棒性和有效性。另外,由于众源轨迹数据存在质量问题,在进行实验前利用现有异常值去除方法对实验数据进行清洗。具体清洗内容包括剔除漂移点(Tang et al., 2015)、利用运动一致性模型从轨迹数据中选取定位精度较高的数据。图 3.12 分别展示了采集于武汉市的一部分车载轨迹数据,其中图 3.12(a)为车载轨迹数据原始数据;图 3.12(b)为数据清洗后的实验数据。另外,考虑少量异常驾驶行为的存在,例如:少量违规掉头及转弯现象,导致一部分转弯点对类簇包含点对数量较少,而通过统计每一个转弯点对聚类类簇内部点对数量,所有类簇包含的点对数量近似服从泊松分布。因此,将置信度设为 0.95。在后续交叉口识别实验中将类簇内部点对数量小于置信区间下限的类簇视为由异常驾驶行为剔除,将大于置信区间下限的聚类结果保留并用于交叉口识别和空间结构获取。

　　　　(a)车载轨迹数据原始数据　　　　　　　　　　(b)数据清洗后的实验数据

图 3.12　武汉市一部分实验数据及预处理结果

3.5.2　参数设置

　　交叉口快速识别及空间结构获取方法包含的参数有:TCPP 提取角度及采样间隔约束,TCPP 基于相似度聚类阈值 sim 及距离和角度权重值 ω_1、ω_2,局部连通性聚类算法邻域半径 r,其中转弯变化点对的提取是识别交叉口及获取其空间结构的前提。根据以上内容可知,利用角度约束和采样间隔约束可以从轨迹数据集中提取出转弯变化点对。按照目前道路建设标准,道路交叉口区域的最小转弯设计角约为 60°,考虑轨迹数据航向角误差(10°~15°),可以将转弯点对的角度约束设定为 45°。另外,考虑车辆转弯通常是一个连续的过程,其运动轨迹的记录详细度与采样数据的采样率相关,而车辆通过交叉口的行程时间则反映了车辆转弯动作完成的时间周期。根据现有研究（Tang et al.，2016），车辆通过交叉口的行程时间约为 8～27 s。因此，将转弯点对的采样间隔约束设置为 8～27 s，凡是满足采样间隔约束及角度约束的轨迹点对都被提取作为交叉口识别的数据资料。完成转弯变化点对的提取后，下一步则需要利用相似度评价模型计算转弯点对之间的空间相似度，并设定阈值进行聚类处理。从空间距离与角度差异两个方面度量转弯点对之间的空间相似度。由于空间距离和角度差异对相似度评价的影响同等重要，将其权重值 ω_1、ω_2 分别设为 0.5。对于相似度聚类阈值的设定则与道路宽度及车辆转弯相关。根据道路建设标准及车辆行驶规律，理想情况下，位于同一个交叉口、同一条道路且具有相同转弯特征的转弯点对之间的空间距离最大不会超过道路路面宽度，其角度差异也在正常的转弯角度以内。因此，根据实验区域内道路路面宽度值，取 35 m 作为相似度空间距离约束，取 45°角作为相似度空间角度约束，从而根据相似度计算模型［式（3.1）］计算相似度阈值为 0.78。局部连通性聚类算法的邻域半径 r 的设定，决定了交叉口识别的准确率。参数 r 的大小受道路交叉口类型和范围及轨迹数据定位精度影响。为了得到最优的邻域半径 r，需要通过多次实验进行调整。从影响邻域半径因素和大量实验结果考虑，建议将局部连通性聚类算法的邻域半径初值设定为 30 m。由于转弯点对的空间相似度计算可以方便聚类算法的执行，而相似度阈值的设定合理性和局部连通性聚类算法邻域半径的大小决定了后续交叉口识别的准确性。因此，分别利用采集于不同城市的车载轨迹数据为实验对象，依次讨论相似度阈值及邻域半径设定值对交叉口识别准确率的影响。

选取武汉市车载轨迹数据集和北京市车载轨迹数据集作为实验数据，采用控制变量法对以上设定的参数值进行讨论。为了验证相似度阈值设定的合理性，将相似度聚类阈值按 0.05 的间隔从 0.5 开始，依次升序设定到 0.85。通过统计相应相似度阈值约束下转弯变化点对的聚类类簇数量及交叉口识别准确率，分析相似度阈值设定的合理性，如表 3.1 和表 3.2 所示。需要说明的是，在进行交叉口识别过程中，局部连通性半径值设置为 30 m。根据表 3.1 中内容，对于武汉市实验区域，当相似度阈值设定为 0.80 时，交叉口识别准确率达到最高。根据表 3.2 内容，对于北京市实验区域，当相似度阈值设定为 0.75 时，道路交叉口识别率达到最高。因此，根据实验结果可以发现最佳的相似度阈值确实处于 0.78 左右，而具体值则会因为相应城市道路建设环境差异而有所变化。

表 3.1　武汉市实验数据集相似度阈值讨论结果

相似度阈值	具有左转特征的 TCPP 类簇数量	具有右转特征的 TCPP 类簇数量	TCPP 类簇总数	道路交叉口识别准确率/%
0.50	47	39	86	29.05
0.55	51	45	96	32.43
0.60	61	48	109	36.82
0.65	77	60	137	46.28
0.70	109	91	200	66.55
0.75	148	127	275	86.48

续表

相似度阈值	具有左转特征的 TCPP 类簇数量	具有右转特征的 TCPP 类簇数量	TCPP 类簇总数	道路交叉口识别 准确率/%
0.80	144	150	294	91.89
0.85	126	163	289	85.47
0.90	128	248	376	76.33

表 3.2　北京市实验数据集相似度阈值讨论结果

相似度阈值	具有左转特征的 TCPP 类簇数量	具有右转特征的 TCPP 类簇数量	TCPP 类簇总数	道路交叉口识别 准确率/%
0.50	351	246	597	65.73
0.55	375	261	636	69.29
0.60	428	337	765	81.54
0.65	464	387	851	85.37
0.70	486	398	884	86.87
0.75	528	379	907	91.84
0.80	561	405	966	90.10
0.85	618	408	1 026	84.98
0.90	636	381	1 017	81.61

为了验证局部连通性聚类算法邻域半径 r 设置的合理性,同样以北京市和武汉市为实验区域,以相应区域采集的轨迹数据为实验数据,采用控制变量法分别从交叉口准确率方面讨论邻域半径 r 取不同值时对交叉口识别准确率的影响。邻域半径 r 的讨论过程中,r 的值从 20 m 起,根据 5 m 增长速率,依次递增至 45 m;然后讨论每一个 r 值对应的交叉口识别准确率,进而选取最优的适用交叉口识别的 r 值,如表 3.3 和表 3.4 所示。根据表 3.3 和表 3.4 可知,当局部连通性算法的邻域半径 r 确定为 35 m 左右时,交叉口识别准确率最高。

表 3.3　武汉市实验数据集局部连通性聚类算法邻域半径 r 讨论结果

r/m	道路交叉口识别准确率/%	道路交叉口漏检率/%	道路交叉口识别错误率/%
20	79.36	20.63	11.64
25	81.48	18.51	12.69
30	86.77	13.22	10.58
35	92.59	7.41	3.17
40	89.95	10.05	7.94
45	84.67	15.34	5.29

表 3.4　北京市实验数据集局部连通性聚类算法邻域半径 *r* 讨论结果

r/m	道路交叉口识别准确率/%	道路交叉口漏检率/%	道路交叉口识别错误率/%
20	60.46	39.54	14.72
25	79.84	20.16	12.40
30	82.95	17.05	13.17
35	93.02	6.98	7.75
40	92.24	8.53	13.95
45	88.37	11.63	17.83

3.5.3　实验结果可视化与准确性评价

1. 平面交叉口识别及空间结构信息提取可视化

以武汉市为主要实验区域，通过人工解译发现该区域共包含 189 个交叉口。根据本章所提方法从轨迹数据中自动识别该区域内交叉口，如图 3.13 所示。图 3.13（a）中红色星号表示目视解译识别的交叉口，图 3.13（b）中黄色点表示利用本章所提方法识别出的交叉口。从图 3.13（b）中的识别结果可以发现，大部分交叉口被识别，而若干个交叉口依然无法被识别。

　　　（a）目视解译识别的交叉口　　　　　　　　　（b）本章所提方法识别出的交叉口

图 3.13　实验区域交叉口真值及识别结果图

图 3.14 展示了该实验区域内被识别交叉口范围圆的探测结果，其中每个交叉口根据具体空间结构不同而具有相应的覆盖范围。以武汉市关山大道与高新大道相交的十字交叉口作为案例，提取该交叉口在不同尺度路网模型下的空间结构。如图 3.15 所示，其中图 3.15（a）表示该交叉口在道路中心线级路网数据模型中的空间表达，也即由代表交叉口空间位置的节点表示；图 3.15（b）表示该交叉口在行车道路网数据模型中的空间表达；图 3.15（c）表示该交叉口在车道级路网数据模型中的空间表达。相比行车道路网数据模型，交叉口的交通流出入口点细化到具有特定转弯模式的出入口点。

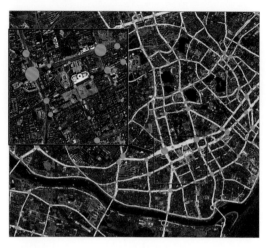

图 3.14　交叉口范围圆探测结果可视化

 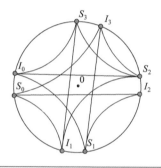 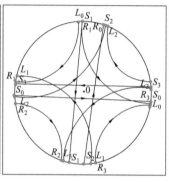

（a）交叉口在道路中心线级路网　　　（b）交叉口在行车道级路网数据中　　　（c）交叉口在车道级路网数据模型中
　　数据中的空间表达　　　　　　　　　的空间表达　　　　　　　　　　　的空间表达

图 3.15　交叉口在不同尺度路网模型下的空间结构探测结果

　　由于城市道路交叉口类型众多，包括：T 型交叉口、Y 型交叉口、X 型交叉口、十字交叉口等。从实验区域内选取各个类型交叉口作为实验对象，对这些交叉口在车道级路网模型中的空间结构进行深入探测，如图 3.16 所示。图 3.16 中红色原点代表车流驶入交叉

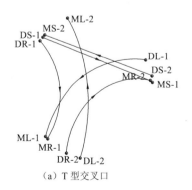 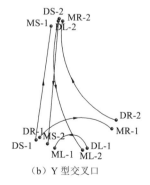

（a）T 型交叉口　　　　　　　　　　（b）Y 型交叉口

图 3.16　城市各类交叉口在车道级路网数据模型中的空间结构描述

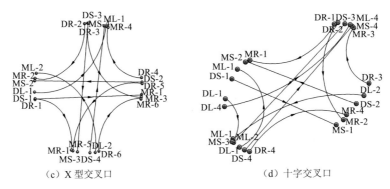

（c）X 型交叉口　　　　　　　　　（d）十字交叉口

图 3.16　城市各类交叉口在车道级路网数据模型中的空间结构描述（续）

口和驶出交叉口时的出入口点，黑色带箭头方向线代表车流行驶方向。这些由红色原点和黑色有向线条构成的交叉口，在空间结构上可以明显表达出真实交叉口的类型特征。

2. 城市道路平面交叉口探测结果准确性评价

根据本章所提方法可以实现城市道路交叉口快速识别、交叉口范围探测及交叉口空间结构提取。为了评价交叉口识别准确率，以武汉市为研究对象，选取一定范围的实验区域，从高清影像数据中人工解译道路交叉口数量并将其作为真值，然后采用本章所提方法从该区域内的车载轨迹数据中识别道路交叉口（图 3.13）。实验结果表明，交叉口识别准确率为 95%，召回率为 92%。为了验证交叉口范围圆尺寸探测结果，从识别出的交叉口中任意选取 54 个交叉口作为研究对象（图 3.14），人工获取这些交叉口的真实范围大小，并与探测值进行对比分析。其中，在进行人工量测时，交叉口范围尺寸主要指相连接两条道路人行斑马线之间的空间距离。图 3.17 展示了交叉口范围圆尺寸探测结果与真值的对比结果。根据统计值，采用本章所提方法探测交叉口范围尺寸的平均精度为 2.6 m，标准差为 5.3 m。交叉口空间结构提取结果评价主要体现在车道级路网数据拓扑关系识别准确率方面。同样将用于判断交叉口范围圆尺寸精度的 54 个交叉口作为拓扑关系评价的研究对象，通过人工解译的交叉口拓扑关系作为真值，然后与本章方法提取的拓扑关系进行对比。结果表明，在不考虑实时交叉口转向控制的前提下，利用本章方法提取的交叉口车道级道路结构拓扑准确率为 94.1%。

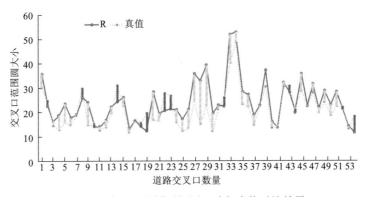

图 3.17　交叉口范围圆探测尺寸与真值对比结果

交叉口识别准确率是后续完成范围圆尺寸探测及交叉口空间结构提取的前提。尽管本章所提方法识别交叉口的准确率和召回率分别为 95%和 92%，但是依然有 5%的交叉口被识别错误，8%的交叉口被漏检。对于复杂的城市区域，道路设计的复杂性及部分地区数据覆盖率较低等原因，共同造成上述交叉口识别错误和漏检。例如：对于城市内复杂大型交叉口，采用本章所提方法会将一个交叉口识别为多个交叉口，造成识别错误。除此之外，相邻两个交叉口空间距离太近，也会使得这两个交叉口被识别为一个交叉口，如图 3.18（a）所示。同时，有些道路毗邻大型商场，这些商场往往会设置大面积的停车位。当车辆驶入这些停车位时，也会产生很多转弯特征，从而使得停车场被误判为道路交叉口，如图 3.18（b）所示。交叉口漏检则主要由 GPS 数据覆盖率低造成。尽管目前参与车载数据采集的车辆很多，但是对于大型城市而言，一些偏僻的道路行驶车辆依然较少，从而造成这些区域 GPS 覆盖率较低，导致位于这些区域内的交叉口不能被及时检测。

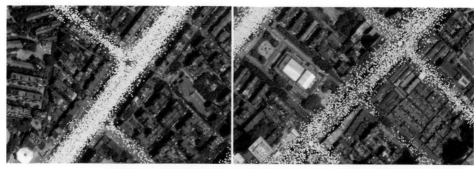

（a）相邻两个交叉口空间距离太近，会使得这两个交叉口被识别为一个交叉口

（b）停车场被误判为道路交叉口

图 3.18　交叉口识别错误结果分析

3.5.4　城市道路平面交叉口识别方法对比

根据现有研究，城市道路交叉口识别方法包括：采用图形描述器探测（Fathi et al.，2010），利用局部 G 统计识别（Wang et al.，2015）及本章所提采用转弯变化点对聚类方

法识别交叉口。以图 3.13 所示实验数据为对象,分别利用现有方法对交叉口进行识别。①基于图形描述器探测交叉口。该方法的基本原理是利用圆形描述器,先选取一部分训练数据集,通过学习构建交叉口分类器,然后利用圆形描述器对未识别的交叉口进行识别。其中圆形描述器由多个圆环构成,每个圆环的半径按照一定比率自动生成,而每个圆环又被从圆心径向发散的半径直线切割为多个扇形区域。根据现有研究(Fathi et al.,2010),利用图形分类器识别交叉口的参数主要包括:圆的数量、最小圆的半径、圆半径之间的比率及扇形区域的数量,其数值分别设置为:4,20 m,1.3 和 16。从实验区域内选取一定数量的样本数据,采用 AdaBoost 算法对训练数据进行学习,其中计算迭代次数为2000 次,并根据学习结果构建分类器对未分类的交叉口进行识别。②采用局部 G 统计方法识别交叉口。该方法以未能完成轨迹融合的轨迹点为研究对象,对这些轨迹进行局部 G 统计。如果其 G 值超过设定阈值,则将其视为道路交叉口。在具体实验过程中,本章参考现有研究将局部 G 统计的阈值设为 1.96(Wang et al., 2015)。表 3.5 展示了采用上述方法后交叉口识别准确率对比结果,其中 T_p 和 F_p 分别表示正确识别的交叉口数量和错误识别的交叉口数量, F_n 表示漏检的交叉口数量(唐炉亮 等,2017)。

表 3.5 现有交叉口识别方法对比结果

交叉口识别方法	T_p	F_p	F_n	精度/%	召回率/%
图形描述器	144	26	45	84.71	76.19
局部 G 统计	149	24	40	86.12	78.83
本章所提方法	175	8	14	95.63	92.59

根据表 3.5 中结果,图形描述器及局部 G 统计方法交叉口识别率较低,而本章所提方法交叉口识别准确率可以达到 90%以上。另外,图形描述器方法需要训练大量样本数据构建分类器,样本数据的丰富度和多样性决定了交叉口识别准确率的高低。对于复杂的城市区域,交叉口类型多样,很难选取足够的交叉口样本,从而造成后续交叉口识别结果较低。采用局部 G 统计方法的实施前提是利用重力模型先对轨迹数据进行融合,然后从未融合的轨迹数据中探测交叉口。然而,该方法对于直线道路而言效果较好,对于道路弯道结果差强人意,从而使得交叉口识别效果较差。本章以转弯变化点对为研究对象,根据转弯变化点对类簇在交叉口空间的叠加和吸引规律,采用局部连通性聚类方法识别交叉口。具体来讲,转弯变化点对可以较好地描述车辆完成转弯的整体动作,也可以很好地表达车辆通过交叉口区域时驶入和驶出两种模式。另外,对于海量轨迹数据而言,如果将所有轨迹数据纳入计算需要很大的开销,而通过提取转弯点对不仅可以很好地简化原始轨迹信息,而且可以保留车辆在交叉口区域的行为特征,从而节省计算开销、加快计算速度。相比现有交叉口识别方法,本章所提方法的交叉口识别准确率最高,但是后续研究依然需要解决目前方法存在的交叉口识别错误和漏检问题。

参 考 文 献

陈漪, 2011. 基于 GPS 数据的城市路网立交桥识别技术研究. 长春: 吉林大学.

贺勇, 路昊, 王春香, 等, 2015. 基于多传感器的车道级高精细地图制作方法. 长安大学学报(自然科学版) (S1): 274-278.

唐炉亮, 刘章, 杨雪, 等, 2015. 符合认知规律的时空轨迹融合与路网生成方法. 测绘学报, 44(11): 1271-1276.

唐炉亮, 牛乐, 杨雪, 等, 2017. 利用轨迹大数据进行城市道路交叉口识别及结构提取. 测绘学报, 46(6): 104-113.

AYCARD O, BAIG Q, BAIG S, et al., 2011. Intersection safety using and stereo vision sensors. In Intelligent Vehicles Symposium (IV), IEEE: 863-869.

BARSI A, HEIPKE C, 2003. Detecting road junctions by artificial neural network. Remote Sensing and Data Fusion Over Urban Areas, Grss/ISPRS Joint Workshop on, IEEE: 129-132.

CHEN T, DAI B, LIU D, et al., 2011. LIDAR-based long range road intersection detection. Image and Graphics (ICIG), 2011 Sixth International Conference on, IEEE: 754-759.

CHENG J, GAO G, XISHU K, et al., 2012. A Novel method for detecting and identifying road junctions from high resolution SAR images. Journal of Radars, 1(1): 100-108.

CHENG J, JIN T, KU X, et al., 2013. Road junction extraction in high-resolution SAR images via morphological detection and shape identificatio. Remote Sensing Letters, 4(3): 296-305.

ELBERINK S O, VOSSELMAN G, 2006. 3D modelling of topographic objects by fusing 2D maps and data. Proceedings of the ISPRS TC-IV Intl Symp on Geospatial Databases for Sustainable Development, Goa, India: 17-30.

FATHI A, KRUMM J, 2010. Detecting road intersections from GPS traces. Geographic Information Science International, 6292: 56-69.

HILLEL A B, LERNER R, DAN L, et al., 2014. Recent progress in road and lane detection: A survey. Machine Vision and Applications, 25(3): 727-745.

HU J, RAZDAN A, FEMIANI J C, et al., 2007. Road network extraction and intersection detection from aerial images by tracking road footprints. IEEE Transactions on Geoscience & Remote Sensing, 45(12): 4144-4157.

KODAGODA K R S, WIJESOMA W S, BALASURIYA A P, 2002. Road curb and intersection detection using a 2D LMS. IEEE/RSJ International Conference on Intelligent Robots and Systems, IEEE: 19-24.

KUSHNER T R, PURI S, 1987. Progress in road intersection detection for autonomous vehicle navigation. Robotics and IECON '87 Conferences, Cmbridge, USA, 19-25.

LI T, YANG M, XU X, et al., 2016. A lane change detection and filtering approach for precise longitudinal position of on-road vehicles. International Conference on Intelligent Autonomous Systems. New York: Springer: 897-907.

LIU J, CAI B G, WANG Y P, 2013. Generating enhanced intersection maps for lane level vehicle positioning based applications. Procedia Social and Behavioral Sciences, 96: 2395-2403.

Milligan G W, Cooper M C, 1988. A study of standardization of variables in cluster analysis. Journal of Classification, 5(2): 181-204.

NEGRI M, GAMBA P, LISINI G, et al., 2006. Junction-aware extraction and regularization of urban road networks in high-resolution SAR images. IEEE Transactions on Geoscience & Remote Sensing, 44(10):

2962-2971.

PRICE K, 2000. Urban street grid description and verification. Applications of Computer Vision, 2000, Fifth IEEE Workshop on, IEEE: 148-154.

RAVANBAKHSH M, HEIPKE C, PAKZAD K, 2008. Road junction extraction from high-resolution aerial imagery. Photogrammetric Record, 23(124): 405-423.

SOERGEL U, THOENNESSEN U, STILLA U, 2003. Visibility analysis of man-made objects in SAR images. The Workshop on Remote Sensing & Data Fusion Over Urban Areas, IEEE: 120-124.

TANG L, YANG X, KAN Z, et al., 2015. Lane-level road information mining from vehicle GPS trajectories based on naïve bayesian classificatio. ISPRS International Journal of Geo-Information, 4(4): 2660-2680.

TANG L, YANG X, DONG Z, et al., 2016. CLRIC: Collecting lane-based road information via crowdsourcing. IEEE Transactions on Intelligent Transportation Systems, 17(9): 2552-2562.

WANG J, RUI X, SONG X, et al., 2015. A novel approach for generating routable road maps from vehicle GPS traces. International Journal of Geographical Information Science, 29(1): 69-91.

WANG L, WANG J, WANG X, et al., 2017. 3D- based branch estimation and intersection location for autonomous vehicles. Intelligent Vehicles Symposium, IEEE: 1440-1445.

WIDEMANN C, 2002. Improvement of road crossing extraction and external evaluation of the extraction results. International Archives of Photogrammetry Remote Sensing and Spatial Information Sciences, 34(3/B): 297-300.

WIJESOMA W S, KODAGODA K R S, BALASURIYA A P, et al., 2003. Road curb tracking in an urban environment. Proceedings of the Sixth International Conference of Information Fusion, IEEE: 261-268.

XIAO F, CHEN Y, TONG L, et al., 2016. Road detection in high-resolution SAR images using Duda and path operators. Geoscience and Remote Sensing Symposium, IEEE: 1266-1269.

YANG X, TANG L, LE N, et al., 2018. Generating lane-based intersection maps from crowdsourcing big trace data. Transportation Research Part C Emerging Technologies, 89:168-187.

ZHANG Y, WANG J, WANG X, et al., 2015. 3D-based intersection recognition and road boundary detection method for unmanned ground vehicle. International Conference on Intelligent Transportation Systems, IEEE: 499-504.

ZHU Q, CHEN L, LI Q, et al., 2012. 3D point cloud based intersection recognition for autonomous driving. Intelligent Vehicles Symposium, IEEE: 456-461.

第4章　多级道路几何连通性信息获取

道路几何连通性信息获取对构建完整路网具有重要意义。目前，根据路网数据的空间描述详细程度，可以将道路网络信息分为：道路中心线级、行车道级、车道级三个等级，而多级路网的几何连通性描述基本单元分别为：道路中心线、行车道中心线、车道中心线。本章将根据多级路网路段几何连通性描述单元空间几何特征，提出基于 Delaunay 三角网的时空轨迹融合模型和优化约束高斯混合模型，分别从轨迹大数据中提取多级路网映射下道路路段几何连通性信息。首先，根据"感知–认知–经验"认知规律三层次的轨迹融合与路网生成方法，构建 Delaunay 三角网时空轨迹融合模型，实现道路中心线级与行车道级的轨迹融合提取；其次，以移动窗口为实施策略，采用优化的约束高斯混合模型探测每一个移动窗口内道路路段的车道数量和各车道中心线；在此基础上，根据道路建设标准，对同一条路段各移动窗口探测的车道数量结果进行优化，优化车道信息提取精度；然后，利用轨迹追踪算法提取各道路、行车道、车道中心线连通信息；最后，提出多级路网映射下交叉口几何结构与道路路段几何信息匹配，完成多级路网的轨迹大数据自动生成。通过武汉市出租车采集的轨迹数据及滴滴公司提供的车载轨迹数据验证本章方法有效性。

4.1　道路几何连通性信息获取综述

道路颜色、纹理、边界线、中心线位置、行驶方向约束及车道线等信息是人类驾驶过程中的关键感知点。目前，道路信息机器自动感知的数据源主要包括高清影像、单眼视觉（例如：单独摄像头）、立体照片等，而车辆动态信息获取则利用车辆测距法或 GNSS 惯性测量组合（inertial measurement unit，IMU）与数字地图结合实现。基于图像数据的车道信息获取是目前一些智能辅助驾驶系统所广泛采用的一种方式，而定位技术则是辅助车辆驾驶的重要组成部分。近些年来，为了弥补基于图像数据获取各级道路几何连通性信息存在的问题，研究人员逐渐将目光转移到基于 3D LiDAR 数据或 GNSS 定位数据的道路信息快速、大范围、自动获取。本节对现有国内外道路信息提取方法进行归纳和总结，并分析现有方法存在的缺陷。

4.1.1　基于图像数据的道路信息获取

现有基于图像数据的道路信息获取方法按照数据源类型可以分为：多光谱图像（Mnih et al.，2012，2010）、雷达图像（Zhao et al.，2012）、数字地貌模型（Tang et al.，2009）、不同图像分辨率（中等分辨率、高分辨率、甚高分辨率）的遥感影像等；按照道路信息探测技术原理则可以分为:基于边缘的方法(Unsalan et al.,2012)、辐射线测定(Kumar et al.,2014)、纹理(Senthilnath et al.,2009)、几何(He et al.,2012)等;按照道路信息识别层次性可以分为:局部识别方法和全局识别方法(Desachy,1994)。局部识别方法指根据当前像素或者它的邻域像素的光谱信息去识别该像元是否属于道路网络。例如:Mohammadzadeh 等(2006)提出利用模糊逻辑隶属度规则优化道路信息提取结果;Anil 等(2010)利用拓扑导数和数学形态学实现了基于遥感影像数据的道路信息提取。采用局部识别方法可以有效地缩短计算时间,但是由于在识别过程中只考虑局部信息却没有融合全局信息,很多像素由于原始图像数据中的噪声会被误分类,从而降低道路信息识别准确率。相比局部识别方法,全局识别方法则是指通过图像数据中像素合并完成道路信息识别。由于道路识别过程中道路边缘线的线状及平行关系是一种非常好的可用特征,基于 Hough 和 Radon 变换方法的道路信息获取方法被广泛采用(Herumurti et al.,2013;Silva et al.,2010;Cheng et al.,2005;Rianto,2002)。相比于局部识别方法,全局识别方法有效地改善了信息提取结果。由于参数设置不合理往往会造成欠分割或过分割问题,如何选择合适的参数仍然是一个非常具有挑战性的工作。采用局部和全局的道路信息识别方法是目前被大量采用的两种模式,而大多数方法将道路作为不变量忽略了识别尺度(Sghaier et al.,2017;Shi et al.,2014;Naouai et al.,2011;Yong et al.,2009)。

车道信息作为道路信息识别中的一部分,其图像数据来源与一般道路信息识别大致相同,其获取技术流程也根据现有道路信息的探测方法演变而来。目前,基于图像数据的车道信息获取大多关注于短距离可视范围内车道线自动识别。Hillel 等(2014)对现有的辅助驾驶应用所采用的车道信息识别方法进行了详细的介绍和分析。此后,Du 等(2015)提出现有的车道探测方法主要包括两个阶段:第一,根据不同的图像特征(如边缘线、颜色、纹理)或机器学习方法(如支持向量机,Boost 分类)从图像数据中提取识别的车道线候选数据集(Fritsch et al.,2014;Gopalan et al.,2012;Tapia-Espinoza et al.,2009;Kim,2008;Sun et al.,2006;Nedevschi et al.,2004;Li et al.,2003);第二,采用模型拟合方法提取车道线线性特征或其曲线参数,实现车辆位置定位及车道线位置提取(Sivaraman et al.,2013;Liu et al.,2008;Kang et al.,2003)。除此之外,针对实时的信息获取,研究人员也会根据当前识别的信息,采用滤波算法指导下一次识别。这些滤波算法包括卡尔曼滤波算法和粒子滤波算法(Borkar et al.,2012;Danescu et al.,2009;Kim,2008;Nedevschi et al.,2004)。国内针对车道线识别的研究工作主要包括:采用熵最大化边缘方法提取车道线与跟踪车道标示线(贾阳 等,2005);利用远端车道线、B-Spline 曲线或 Catmull-Rom 样条曲线拟合车道线轮廓的车道线快速识别(何鹏 等,2015;高志峰 等,2013;贾立山 等,2012);利用车道线模型 Hough 变换与 K-means 聚类算法结合实现道路方程拟合等(熊思 等,2014);针对夜间只有车灯照射路面图像整体较暗、光照不均匀、车道线不易检测的问题,提出一种基于 Canny 算子和 Hough 变换的夜间车道线识别方法(李亚娣 等,2016);提出一种由 Hough 变换与二次曲线模型相结合的高速公路车道线识别算法(隋靓 等,2017)等。

4.1.2　基于机载/车载激光数据的道路信息提取

基于机载/车载激光数据的道路信息提取自 20 世纪 90 年代起成为一种有效的 TOF（time of flight）装置,被用来量测车辆周围环境的立体结构。由于大部分可以记录反射强度,这种自带有效光源的优势使得不仅拥有可以睥睨视觉相机的功能,而且解决了自然光线所造成的阴影、黑暗等问题。同时,由于车道标记线只反映在强度信息方面,不具有 3D 结构。因此,在采用数据识别车道线的过程中强度量测非常关键（Huang et al.,2009;Takagi et al.,2006;Reyher et al.,2005）。一般来讲,从数据中识别道路立体结构的方法主要包括:通过道路平面车道线及道路边缘的 3D 扩展识别车道线和道路边缘（Huang et al.,2009）;基于地面粗糙度对道路和非道路进行分割,然后根据分割后的结果探测道路边缘等（Urmson et al.,2008）。目前,采用激光数据识别车道线的研究主要包括:Ogawa 等（2006）提出基于车载数据的反射率值和 Hough 变换方法识别车道标线参数和车道线;Kammel 等（2008）通过数据中的反射率平均值对点云数据滤波提取关键点云,然后利用 Radon 变换提取道路边界及车道标线;Thuy 等（2010）利用时间融合算法将雷达扫描数据与激光数据融合,利用融合后的反射率检测车道线。国内学者基于点云数据实现道路信息提取的相关研究主要包括:通过航拍影像和点云数据融合提取城市区域道路信息（朱晓强等,2008）;采用形态学和四维 Hough 变换方法从点云数据中提取道路信息（张志伟 等,2010,2009）;结合 K 均值聚类和模糊 C 均值聚类实现城市道路信息提取（龚亮 等,2011）;提出一种考虑道路几何特征的道路提取算法（Yang et al.,2013;方莉娜 等,2013;彭检贵 等,2012）,从点云数据中提取道路宽度信息;根据点云数据空间分布特征及回波强度信息,结合局部均值统计方法,提出了一种用于激光雷达数据帧的车道标线识别方法（孔栋 等,2017）等。相比于传统平面数据（如图像、视频）,3D 数据不仅可以识别道路边缘、路坎、道路标线等三维道路信息,道路信息获取细节程度更高且识别结果准确性和鲁棒性更高,但是数据采集成本高、更新慢阻碍了大区域道路细节信息的提取进程（Hillel et al.,2014）。

4.1.3　基于车载轨迹数据的道路信息提取

采用车载 GPS 轨迹数据提取城市道路动静态信息是目前道路信息探测研究的热点。将基于轨迹数据的道路信息提取按 GNSS 数据的采集精度分为两种:①采用装有高精度 DGNSS/IMU 姿态与位置测量系统的专业装备车采集的高精度差分轨迹数据;②装有低端 GNSS 定位仪的出租车或者用户手机终端采集的时空轨迹大数据,例如:OpenStreetMap、WikiMapia、Google Maps 和 TomTom's Map Share 等提供用户分享自己出行轨迹数据。从时空轨迹大数据中提取道路中心线级和行车道级路网信息的研究主要分为三类方法。第一类研究主要采用栅格化方法将轨迹数据栅格化后提取道路的中心线,如孔庆杰等（2012）将 GPS 轨迹数据生成栅格地图并从中提取矢量路网地图;蒋益娟等（2012）将车辆行驶轨迹栅格化,再利用图像细化算法提取出道路中心线,生成道路网络。这类方法主要是将轨迹数据栅格化后提取道路网信息,但栅格化会丢失了原始轨迹的连通信息,对于路网拓扑的提取存在困难。第二类研究主要是采用增量化的方法,如 Bruntrup 等

（2005）提出了一种基于单个轨迹线与原有路网图形增量的路网生成方法；Li 等（2012）通过判断轨迹点与候选路网的空间和语义关系来实现路网增量化生成。这类方法需要旧的路网图作为参考，精度也会受到参考路网的限制。第三类研究主要是采用轨迹聚类的方法，如 Schroedl 等（2004）利用轨迹聚类方法进行车道位置的提取和道路交叉口结构的生成，Guo 等（2007）利用统计分析方法，从大量轨迹中生成高精度路网地图，Karagiorgou 等（2012）通过路口转向判断模型来实现轨迹的分类，最终利用轨迹聚类来实现路网的提取。这类研究主要采用轨迹聚类的方法，将大量轨迹进行一次性聚类融合，但基于轨迹提取路网从其实现过程来说，是将多次体验得到的轨迹进行多次融合加工与不断对路网精细化的过程，是人们对陌生环境不断体验和认知加工的过程，因此，这种一次将所有轨迹进行聚类提取路网的研究不符合认知规律和加工过程。

　　对于车道级路网信息获取，现有研究大多采用专业高精度差分轨迹数据，利用聚类方法从差分轨迹数据中获取道路的车道数量。例如：Rogers 等（1999）是最早尝试利用高精度 DGPS（差分 GPS）轨迹数据提取道路信息的研究者之一，他们采用层级聚类算法从 DGPS 轨迹数据中提取道路车道线；Wagstaff 等（2001）提出采用 K 均值聚类方法从高精度 DGPS 轨迹数据中提取车道数量信息；Chen 等（2010）提出利用高斯混合模型从装备车获取的高精度 DGPS 轨迹中提取城市车道数量信息；Uduwaragod 等（2014）利用核密度聚类方法从高精度车载 GPS 轨迹中探测高速公路车道数量及车道线位置等。装有低端 GPS 定位仪的出租车或者用户手机终端采集的众源轨迹数据是道路信息获取的另外一种选择。相比于高精度轨迹数据，众源轨迹数据具有成本低、信息量丰富、实时性强等特点。目前，利用低精度众源车载轨迹数据获取车道级道路信息仍然是一个研究难点，而大量相关研究仍然停留在道路级别信息获取。例如：Wang 等（2015）提出利用出租车轨迹数据生成道路行车道级别道路网络，具体方法包括：采用核密度方法去除轨迹漂移点，利用重力模型拟合道路路段中心线，根据局部 G 统计方法从融合后的轨迹中识别交叉口；Tang 等（2017）提出采用 Delaunay 三角网方法，从出租车轨迹数据中提取城市行车道级别路网。除此之外，国内学者陈漪等（2011）实现了基于差分轨迹数据生成路网曲线；孔庆杰等（2012）提出一种基于探测车轨迹的大规模矢量路网地图自动生成方法；唐炉亮等（2015）提出一种基于认知的道路网提取方法从出租车轨迹数据获取行车道级路网；杨伟等（2016）提出从众源轨迹数据中提取道路中心线信息；杨伟等（2017）提出一种基于约束 Delaunay 三角网方法从众源轨迹数据中提取道路网络信息等。从数据精度考虑，基于高精度差分轨迹数据的车道信息获取在位置精度方面比众源轨迹数据更可靠，但存在成本高、装备车投入大、采集时间长等问题；从目前道路信息提取细节程度分析，采用高精度轨迹数据的相关道路信息获取研究大都围绕道路车道数量探测，而基于众源轨迹数据的道路信息提取依然还停留在道路中心线级或行车道级路网。

4.1.4　小结

　　综上所述，目前道路信息获取按数据源主要分为：图像数据、机载/车载激光数据和高精度 DGPS 轨迹数据。采用图像信息获取道路信息是目前各种智能辅助驾驶系统所普遍采用的一种方法,但是对于车道级道路路段信息获取存在三个缺陷。第一,目前基于图像数据的车道信息获取相关研究,大都聚焦于如何从图像信息中解译车辆当前行驶路段的车道信息(表 4.1),对于大范围区域内所有道路信息获取的细节度依然停留在道路中心线级别或行车道级别(Du et al., 2015; Hillel et al., 2014)。因此,利用现有空间数据提取大区域道路车道级路网信息依然处于待研发阶段。第二,图像数据的获取原理会产生很多影响车道线识别准确率的客观因素,例如:复杂城市场景的障碍物遮挡造成车道线识别错误;由于植被、建筑物造成的阴影问题影响车道线识别准确率;天气、光线原因造成图像模糊、过度曝光使得车道线信息识别困难等。第三,尽管有学者提出利用甚高分辨率(very high resolution,VHR)遥感影像提取车道线(Sghaier et al., 2017),但数据源获取成本高、周期长,不利于全局大范围道路车道级路网信息快速获取和更新。

表 4.1　智能辅助驾驶系统对道路信息的需求

应用	道路信息需求	实现方式	缺陷
车道偏离预警系统	车辆行驶过程中及当前路段 40～50 m 道路精细信息	CCD 相机 图像解译	短距离 小区域
自适应巡航控制系统	主车道　短距离	雷达技术	受工作环境影响大
车道变化辅助	多车道 前后视 长距离	CCD 相机 图像解译 雷达技术	短距离 小区域
全自动驾驶	高精度车道级细节道路信息	有待研究	有待研究
跨省市全自动驾驶	高精度车道级细节道路信息	有待研究	有待研究

采用 3D LiDAR 数据提取车道级道路信息是目前各大地图公司(Google,Uber,Here,TomTom,百度)、汽车行业巨头(特斯拉、宝马)所采用的主要数据源。与高清图像数据相比,3D LiDAR 数据受光线影响更小,获取道路车道级数据精度更高、细节信息更丰富,可以用来构建道路真实三维地图。目前,采用 3D LiDAR 数据获取道路车道信息存在的问题主要包括 4 点。第一,数据获取成本高,阻碍了大范围道路精细信息获取的速度(Hillel et al., 2014)。第二,虽然数据可以有效地克服光线所带来的成像问题,但是城市人口众多,来往行人及车辆对道路造成的遮挡使得数据获取过程复杂且为后期道路信息提取带来困难。第三,数据是一种以点为基本单元记录空间信息的数据形式,表征空间位置精度高但数据量大,使得基于数据的车道级道路信息获取计算时间长、计算方法复杂。第四,基于 3D LiDAR 数据识别的道路信息主要以点为基本单元记录的类型簇,现有工业界用于机器可读的道路信息主要采用线状要素描述交通实体对象。因此,利用数据完成道路信息识别后还需要完成道路线画图提取,增加了整体技术流程的复杂度。

车载轨迹数据是可以用于道路信息获取的另外一种空间数据集,包含丰富的道路动态及静态信息。目前,用于道路信息获取的数据对象按定位精度不同可以分为:专业高精度 DGPS 轨迹数据和众源车载轨迹数据。采用专业高精度 DGPS 轨迹数据虽然可以保证获取道路信息的位置准确性，但依然存在一些问题。首先，高精度 DGPS 轨迹数据采集成本高、周期长，阻碍了大范围多级路网信息的快速获取和更新；其次，现有的基于高精度 DGPS 轨迹数据获取道路车道信息的研究大都关注于道路路段车道数量信息提取（Chen et al., 2010; Wagstaff et al., 2001），对构建完整的车道级路网研究不全面。相较于高清图像数据、LiDAR 点云数据、高精度 DGPS 轨迹数据，众源车载轨迹数据采集成本低、周期短、实时性强、负载信息丰富，已经被广泛应用于道路信息获取，例如：道路中心线、道路边界、行车道路网等（唐炉亮 等，2017；杨伟 等，2017，2016；孔庆杰 等，2012）。本章重点讨论如何从时空轨迹大数据中获取多级路网几何连通性信息，实现道路中心线级、行车道级、车道级路网几何连通信息自动、低成本、大范围获取。

4.2 道路中心线级与行车道级几何连通性信息提取

人们对空间的认知包含空间特征感知、空间对象认知和空间格局认知（王晓明 等，2005；Denis，1997；Hart et al.，1973）三个层次。第一个认知层次是空间局部特征感知阶段，当人们对某陌生空间进行初次体验和感知时，会应用各种有关感知手段和方法来观察空间实体的各个组成部分，以获得有关空间实体各组成部分的特征；第二个认知层次是对空间进行了多次（一定数量）认知体验后，会形成该空间内实体的"部分–整体"（part-whole）关系，将空间实体各组成部分之间的特征进行集成，来实现对于该空间实体的对象化认识，属于对象认知阶段（Burgess，2008；Alibali，2005）；第三个认知层次是当人们对该空间进行更多次体验后，会以有关空间实体的"部分–整体"关系为指导，对空间实体进行对象化符号表达，实现有关空间组织、结构与关系的逻辑判断、归纳演绎与推理分析，形成该空间的格局认知，属于空间格局认知阶段（马荣华 等，2005；Denis et al.，1999；GOLLEDGE，1999）。基于时空轨迹融合生成路网的本质是通过大众车行轨迹对城市路网的多次体验，形成城市路网空间格局的认知过程，实现"轨迹→道路中心线级路网→道路行车道级路网"信息感知。以下内容将从认知规律展开，逐步剖析人们对路网信息的体会与认识；然后，提出基于认知理论的轨迹融合方法，实现道路中心线级路网、行车道级路网的轨迹生成；最后，利用真实的出租车轨迹数据对本章所提方法进行实例验证。

4.2.1 基于认知规律的路网信息感知过程解析

人们对路网的认知通常包括三个过程：路网特征感知层次→路网对象认知层次→路网格局认知层次（唐炉亮 等，2015），如图 4.1 所示。这种认知过程来源于人们对路网体验次数的累加所带来的认知变化，体现了人们对事物从不熟悉到熟悉再到精通的整体过程。GNSS 轨迹数据是人们驾驶出行时的时间位置记录，利用轨迹数据可以清晰地推演出人们对路网的认知规律。同时，利用人们对路网的这种认知规律，可以利用数据挖掘方法从轨迹数据中完成道路中心线级和行车道级路网几何连通性信息提取。

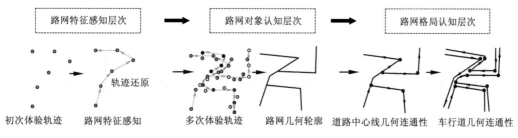

图 4.1　路网认知规律分析与解剖

1. 路网特征感知层次

司机对路网的初次体验是司机首次对路网探测行为，司机在道路选择上会形成自己的认知（唐炉亮 等，2010），当车行 GNSS 轨迹首次记录到城市路网的体验时，会感知城市路网的道路形状等特征，是对路网的一种局部的、抽象的特征感知，属于空间认知的第一个特征感知层次。这种路网特征感知的内容主要体现在车行轨迹几何轮廓与相连关系，也即可以通过对车辆轨迹数据异常值去除与缺失数据补全处理，还原出一条条轨迹数据，其轨迹几何轮廓与轨迹相连关系体现了驾驶员对路网特征的初步认知。

2. 路网对象认知层次

当司机进行多次体验时，越来越多局部的、低等级道路会被遍历到，城市路网图形和拓扑的细节层次进一步丰富，形成对城市道路实体的对象认知，这属于空间认知的第二个空间对象认知层次。多次体验的 GNSS 轨迹线在路口处会产生各种不同的行驶选择，轨迹线相互之间存在部分重叠。为了便于后续轨迹融合，首先对新加入的轨迹线进行轨迹分段。针对轨迹间重叠区域，利用 Delaunay 三角网轨迹线融合方法，依次将不同轨迹段中相似的轨迹线部分融合起来，以实现多次体验的路网路段几何信息的提取，形成包含丰富实体对象的城市道路中心线级道路网络图。

3. 路网格局认知层次

随着体验次数的进一步增加，路网图形和拓扑信息会变得越来越丰富、越来越精细，通过对道路空间特征与道路实体对象进行简化、关联及综合加工，使得道路网图形与真实路网越来越逼近、拓扑信息越来越完善，形成对行车道级路网的精细化表达，属于路网格局认知阶段，最终实现行车道级道路网数据的生成。

4.2.2　顾及认知规律的轨迹融合模型与路网生成

初次体验的轨迹线在图上表现为整个道路网粗略的道路轮廓信息，随着体验次数的增加，司机对于道路网的认知会越来越丰富、越来越完善，具体表现在新道路的识别和重复道路的细节层次进一步精细加工。本节提出基于 Delaunay 三角网的时空轨迹线融合方法，不断将新添加的轨迹线与之前融合生成的融合轨迹线进行再次融合，得到更加丰富细致的道路中心线级与行车道级路网图，其方法流程如图 4.2 所示。

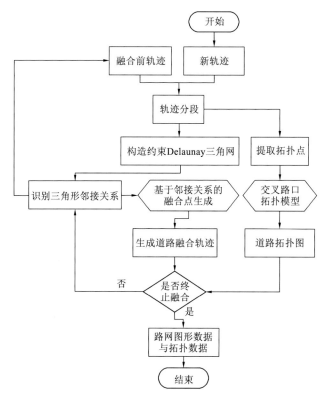

图 4.2 基于空间认知的时空轨迹融合与路网生成方法流程图

1. 基于轨迹数据的路网特征感知层次

驾驶员对路网的初次体验主要是对其出行道路的一种局部、粗略的认知,所能呈现出的道路基本特征可能包括所行道路的中心线、行车方向。一条条记录车辆运动空间位置及时间的轨迹数据,其几何轮廓与轨迹相连关系体现了驾驶员对路网特征的初步认知。一般情况下,由出租车载体获取的时空轨迹数据包含车辆的 ID、采样时间、行驶速度、地理坐标等信息,因此可以直接根据轨迹点的时间序列及车辆 ID,得到每一辆车、每天、每小时、每分钟的车行轨迹数据。另外,由于城市道路两旁的高楼、树木等物体的遮挡以及驾驶员不良驾驶行为,使得轨迹数据定位不准、缺失情况时常发生。为了排除定位不准所带来的不利影响,通过跟踪轨迹点前后点的速度与位置信息来预判该点可能出现的范围,如果该点的实际位置超出了预判范围,则视为偏移点(图 4.3 内轨迹点 p_{i+2}),将漂移点按照轨迹还原的方法纠正到正确的位置上(图 4.3 所示还原后轨迹点 p'_{i+2})。针对轨迹数据缺失问题,利用轨迹还原方法进行补全,也即如果丢失轨迹段较短,并没有跨越多条道路段,则通过丢失路段前后的轨迹点行驶速度和距离来内插实现丢失轨迹段的还原;如果丢失轨迹段跨越了多条道路段,由于还原后的轨迹点往往误差较大,则直接将该轨迹数据视为无效的轨迹数据进行删除,以此排除信号中断所带来的不利影响。通过以上数据预处理,降低原始数据定位、缺失不确定性,为后续道路信息获取提供数据保障。

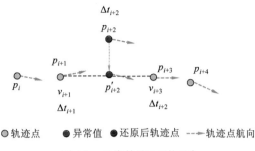

◎轨迹点　●异常值　●还原后轨迹点　--→轨迹点航向

图 4.3　异常轨迹识别还原

2. 道路中心线级与行车道级路网对象认知层次

路网的对象认知阶段就是通过轨迹线之间的不断融合，将不同 GPS 轨迹线所包含的特征进行集成，实现对路网的对象化认知，以提取出更加丰富细致的路网，如图 4.4 所示。根据认知规律人们对路网的认知遵从：局部→全局、粗略→细节的规律。这种规律映射到路网轨迹生成则表现为：原始轨迹→轨迹段→融合后轨迹段→道路中心线段→行车道线段→交叉口拓扑点→完整路网。

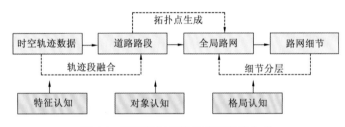

图 4.4　基于认知规律的路网轨迹生成

1）轨迹分段

将初次体验得到的轨迹作为融合前轨迹，将新轨迹逐条与融合前轨迹进行融合，如果新来的轨迹线与融合前轨迹没有任何交集，则直接将新轨迹添加到融合前轨迹中，如果新轨迹与融合前轨迹有轨迹重合部分，则需要将轨迹重合部分进行分段融合，因此轨迹分段是融合前必备的准备工作。对于道路中心线级路网生成，由于忽略同一条道路不同行驶方向约束规则，在进行轨迹分段过程中忽略车行轨迹行驶方向，只考虑轨迹段之间是否存在空间位置重叠，属于一种无向轨迹融合分段。对于行车道级路网生成，为了保证生成后的每一条路段仅存在一种行车方向，需要对轨迹进行有向分段，也即相同行驶方向的轨迹被融合，属于一种有向轨迹融合分段，如图 4.5 所示。图 4.5 中的 a 和 b 部分是两种不同的分段情况，图 4.5（a_1）中的轨迹是融合前轨迹，轨迹与之存在部分重合轨迹段，在轨迹分离的地方打断，如图 4.5（a_2）所示，将重合轨迹部分标记为待融合的相似轨迹，如图 4.5（a_3）所示。图 4.5（b_1）中轨迹是融合前轨迹，新轨迹与之相交，没有位置重合且行车方向一致的轨迹段，在轨迹相交的部分将两条轨迹打断并记录交点，如图 4.5（b_2）所示，将交点插入两条轨迹之中，生成融合后轨迹，如图 4.5（b_3）所示。在进行后续轨迹融合过程中，根据路网生成细节程度要求，对轨迹融合分段进行无向或有向分类。

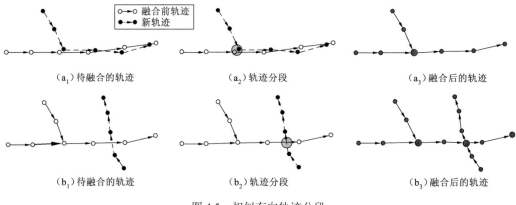

图 4.5　相似有向轨迹分段

2）基于两条相似轨迹线约束的 Delaunay 三角形构网

Delaunay 三角网在空间邻近分析上是一种较好的支持模型，在多边形群的合并、地图综合冲突关系探测与移位处理、地貌形态分析中，取得了令人满意的结果（苏洁 等，2001；Gross et al.，2001；艾廷华 等，2000；Jones et al.，1995）。针对相似轨迹段的融合，将两条相似轨迹作为约束线，采用基于线约束的 Delaunay 三角形构网，如图 4.6 所示，具体的三角形构网方法如下。

（1）在图 4.6 中，粗线为融合前轨迹，细线为新轨迹。注意轨迹点上带有权重值，定义新添加的轨迹线上轨迹点的权重值为 1，初始轨迹线上融合轨迹点的权重值与生成该轨迹线的轨迹线数目 n 相等。

（2）判断轨迹是否存在相交部分，若存在，在交点处打断并记录交点。

（3）依据 Delaunay 构网的准则——三角网中任何三角形的外接圆范围内不会有其他点存在并与其通视——构造 Delaunay 三角网。

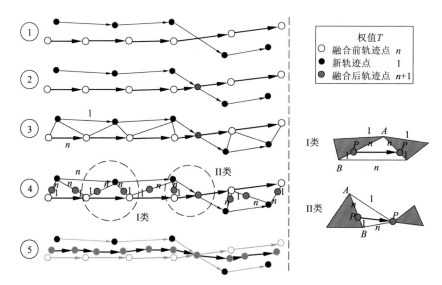

图 4.6　相似有向轨迹段基于线约束的 Delaunay 三角形构网

3）轨迹的融合

从上一步构造的 Delaunay 三角网中提取融合后轨迹,需要分析 Delaunay 三角网络中各个三角形相互之间边与边的邻接关系,主要存在两类邻接状态,如图 4.6 所示,其融合后轨迹生成的方式如下。

（1）第 I 类三角形：与其他三角形有两条邻接边的三角形,融合后轨迹是两条邻接边的权值比分割点的连线；

（2）第 II 类三角形：与其他三角形只有一条邻接边的三角形,融合后轨迹是邻接边权值比分割点与其相对的端点的连线。

在第 I 类、第 II 类三角形中,权值比分割点 P 是由 A、B 点计算得出,见式（4.1）、式（4.2）。

$$\begin{cases} X_P = (X_A \times T_A + X_B \times T_B)/(T_A + T_B) \\ Y_P = (Y_A \times T_A + Y_B \times T_B)/(T_A + T_B) \end{cases} \tag{4.1}$$

$$T_P = T_A + T_B \tag{4.2}$$

剔除包含辅助点的三角形中的融合线段,依次连接其余各个 Delaunay 三角形中所生成的融合线段,并记录方向和经验权值,即可得到基于 Delaunay 三角网的融合后轨迹,当需要进一步进行轨迹融合时,将生成的融合后轨迹线作为融合前轨迹线,与新添加的轨迹一起重新融合,构建三角网生成融合轨迹,直到所有相似轨迹线参与融合为止。

综上所述,基于 Delaunay 三角网的轨迹融合方法,重点在于针对具有相似轨迹的轨迹线簇,逐条加入进行 Delaunay 三角形构网,使得融合得到的轨迹线逐步完善,趋近于真实的道路线。

3. 道路中心线级与行车道级路网格局认知层次

在路网特征感知和对象认知的基础上,通过对道路空间特征与道路实体对象进行简化、关联及综合加工,使得道路网的图形越来越逼真、拓扑信息越来越完善,形成对路网的精细化表达,最终实现道路网数据的生成,属于路网格局认知阶段。路网格局认知阶段主要分为道路几何信息提取、道路连通性信息获取。

1）道路几何信息获取

随着越来越多的轨迹线参与融合,生成的融合后轨迹线会越来越趋近于真实的道路线,这符合空间认知的规律——随着体验次数的增加,司机对于道路网的认知会越来越丰富,越来越完善。司机对路网的初次体验是司机首次对路网探测行为,从中可以获取到一条理论可行的行驶轨迹线,当对路网进行多次体验时,在路口处会产生各种不同的行驶选择,轨迹线相互之间存在部分重叠。首先对新加入的轨迹线进行轨迹分段,针对轨迹间重叠区域,利用上文所叙述的基于 Delaunay 三角网的轨迹线融合方法,依次将不同轨迹段中相似的轨迹线部分融合起来,实现道路中心线路网几何信息获取,如图 4.7 所示。

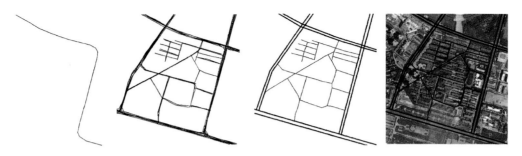

图 4.7　道路中心线级路网几何信息获取

2）道路连通性信息获取

根据目前路网数据模型较为常见的一种：节点–弧段模型，道路中心线级与行车道级路网连通性信息可以采用：节点–节点、节点–弧段、弧段–弧段之间的拓扑空间关系来表达。根据路网连通性信息表达方式，本章所提路网连通性信息提取方法可以归纳为两个过程：拓扑点提取与拓扑关系生成。对于道路中心线级别路网，其拓扑点提取发生在相似轨迹分段时，轨迹分段时两条轨迹线可分为三个部分：相似轨迹段、非相似轨迹段 1 和非相似轨迹段 2，如图 4.8 所示。两条轨迹上轨迹分离的点分别是 A_1 和 A_2，取线段 A_1A_2 的权值比分割点 A 点为拓扑点。两条轨迹的相似轨迹段经过轨迹融合后生成的融合线的端点恰好是 A 点，因此与 A 点存在必然的连通关系，再将非相似轨迹段 1 上的 B 点及非相似轨迹段 2 上的 C 点分别与 A 点相连，则在拓扑点 A 处实现了三个路段部分的连通，即完成了拓扑点的提取。

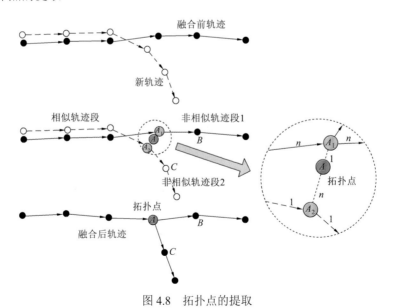

图 4.8　拓扑点的提取

对于行车道级别路网，由于道路细节度提升，拓扑点数量也会变多。为了简化拓扑点获取过程，结合交叉口空间结构提取结果，提出基于空间位置与车流方向的行车道级交叉口空间结构与行车道路网路段匹配方法，如图 4.9 所示。该方法首先根据每一个交叉口区域内各车流出入口点空间位置，采用迭代就近点算法（iterative closet point，ICP）寻找可能与其匹配的行车道路网路段，如图 4.9（a）所示；然后根据行车道路段车流方向与对应交叉口出入口点车流方向匹配，完成行车道级交叉口空间结构与行车道级路段匹配，如图 4.9（b）所示，其匹配后的相交点即为行车道路网的拓扑点，如图 4.10 所示。

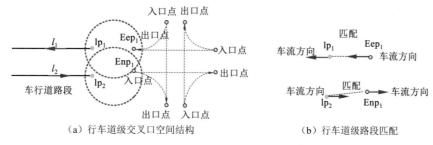

（a）行车道级交叉口空间结构　　　　　　（b）行车道级路段匹配

图 4.9　行车道级交叉口空间结构与行车道级路段匹配

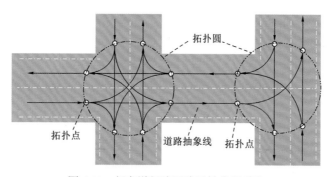

图 4.10　行车道级路网连通性信息获取

4.2.3　路网信息提取定性和定量评价

为了评价基于轨迹数据生成道路中心线级路网与行车道级路网数据精度，本章提出从视觉检查、位置精度、拓扑正确性三个方面对路网信息提取结果进行定量评价。视觉检查是一种常见的定性评估步骤，一般由人工完成，通过人工目视解译对比生成地图数据与对应地面实况矢量地图或正射影像数据。位置精度主要评价所提道路中心线或行车道中心线与真实道路空间位置的契合度。为了定量检测实验结果的位置精度，采用 Goodchild 等（1997）提出的缓冲区检测方法来评价道路数据提取的有效性，该方法以标准矢量地图为基准，做缓冲区分析，计算实验结果与标准路网数据的距离，通过缓冲区的叠合对实验结果进行质量百分比统计。从地理信息的角度来看，该方法对于位置精度评估简单、易操作，但是由于路网数据获取过程中可能会存在提取不正确的路段，使得评价结果与真实结果存在偏差。因此，从计算角度将形式化问题作为图形比较的评估方法也被视为补充度量，包括有向 Hausdorff 距离（Alt et al.，1999）、基于路径的距离（Ahmed et al.，2015a）和基于最短路径的距离（Karagiorgou et al.，2012）。基于 Ahmed 等（2015b）提出道路信息定量评价方法，选择有向 Hausdorff 距离对生成后路网几何精度进行评估，其中两个数据点集 A 与 B 之间的有向 Hausdorff 距离定义如下：

$$\vec{d}(A,B)=\max_{a\in A}\min_{b\in B}d(a,b) \tag{4.3}$$

式中：$d(a,b)$为两点 a 和 b 之间的欧几里得距离。直观地，有向 Hausdorff 距离分配给 A 中最近邻居的每个点，并取得指定点之间所有距离的最大值。通过这种方法，生成路网数据中每条路段与基准路网路段之间的距离得以被量化。这种边与图之间距离的量化结果体现了提取路网数据的质量。为了评价提取路网数据拓扑准确性，可以利用生成路网数据拓扑点与基准道路路网数据拓扑点进行一对一比较。虽然在比较过程中没有涉及具体的拓扑关系，诸如：相连、相离、相邻等，但是可以从图结构推断出具有三个或更多个度的节点实际上是构造的映射中的拓扑点。使用这种方法，可以评估本章所提方法对生成后路网拓扑信息获取的精确度和召回率。

4.2.4 实验验证

实验数据来源于武汉市出租车 3 月 8 日至 3 月 14 日之间一个星期内采集的出租车 GPS 轨迹数据，选取武汉青山和沌口周围一定范围作为实验区域。实验包含了 139 860 和 26 334 个 GPS 轨迹点，每个区域收集了 3 765 条轨迹，平均采样间隔分别为 40.8 s 和 38.2 s。这些轨迹所包含的轨迹点数量从 2 到 386 个轨迹点不等。由于不同区域、不同道路存在车流量和交通状态差异，使得连续轨迹点之间相隔的空间距离范围很广。例如：青山试验区的大部分距离从 2.87 m 至 552.38 m，而沌口区域轨迹数据相邻两个轨迹点之间的距离从 1.68 m 至 509.21 m 不等。实验在普通 PC 上进行，配置为 Intel Core i3 CPU 3.07 GHz 8 GB 内存，以 Microsoft Visual Studio 2010 C#为工具开发了时空轨迹融合与路网生成模型与算法。在进行路段融合过程中，检索相似路段的空间距离与角度阈值分别设置为：20 m 和 30°。为了对比验证本章所提方法的有效性，采用 Cao 等（2009）和 Ahmed 等（2012）所提方法，利用相同轨迹数据进行道路信息提取。其中，Cao 等（2009）及 Ahmed 等（2012）所提路网构建方法的实现通过现有 Java 和 Python 开源代码进行验证，相关参数设置则默认开源代码中原始方法的参数设置。对于所有方法 [本章所提方法、Cao 等（2009）、Ahmed 等（2012）]，数据预处理中轨迹信号中断的最小时间间隔设置为 180 s。

1. 道路信息获取结果定性评价

在手动选择输入轨迹所经过的路段之后，将已有城市标准矢量地图作为评估的基准道路网络。其中，基准矢量地图的位置精度为 10 m，主要来源于商业数字导航地图数据。另外，由于基准矢量地图中道路网络属于道路中心线级路网，需要将本章所提方法及 Cao 等（2009）所提方法获取后的行车道路网数据进行降级处理，也即将归属于同一条道路的两条行车道进行合并处理，从而方便进行人工视觉检测。为了进行人工视觉定性评价，将生成后的道路数据叠加在对应的高清影像数据上，如图 4.11 所示。通过目视检查可以清楚地看出，本章所提方法生成的道路中心线级路网数据完全覆盖了基准道路地图中相应的路段。但是，将现有方法生成后的道路地图叠加在基准道路地图后，发现 Ahmed 等（2012）所提方法生成后的路段并不存在，也即生成错误路段；而 Cao 等（2009）所提方法生成的路段中同一条道路存在多条相同路段，也即出现生成路段冗余、错误。

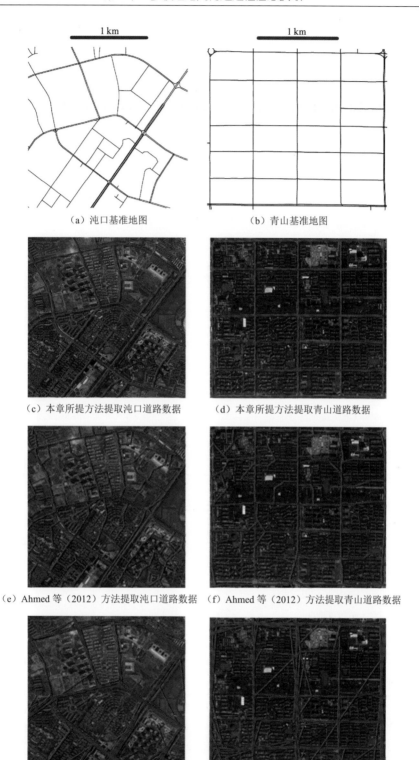

图 4.11　道路信息提取结果对比

2. 道路信息获取结果定量评价

为了验证本章所提方法的有效性,分别采用本章所提方法与现有方法(Ahmed et al., 2012；Cao et al., 2009)进行位置精度评价对比。比较方法的位置精度测量,包括不同缓冲半径的精确比例和 Hausdorff 距离的统计列入表 4.1 和表 4.2 中。根据表 4.1 和表 4.2 统计结果,本章所提出方法比其他路网增量生成方法实验结果更好,特别对于低频车载轨迹数据。根据缓冲区内的比例约束,采用 Ahmed 等(2012)所提方法比 Cao 等(2009)所提方法提取路网数据位置精度更差。但是,根据 Hausdorff 距离评价结果和人工目视检测结果,表明 Ahmed 等(2012)所提方法生成路网数据结果更优。产生这种评价结果差异的一个原因,可能是 Cao 等(2009)所提方法生成路网数据并没有对冗余道路结果进行合并所导致。

表 4.1　不同缓冲区域内生成道路路段的比例

实验区域	方法	不同缓冲区域内生成道路路段比例/%			
		2	5	7	10
青山	本章所提方法	59.2	72.8	79.3	90.6
	Ahmed 等(2012)	17.7	40.3	52.9	65.5
	Cao 等(2009)	17.9	39.3	52.8	66.6
沌口	本章所提方法	64.3	76.2	81.6	92.3
	Ahmed 等(2012)	10.5	25.1	32.1	39.4
	Cao 等(2009)	20.4	47.2	56.2	64.9

表 4.2　Hausdorff 距离量测评价

实验区域	方法	Hausdorff 距离/m						
		最小值	最大值	中值	均值	2%	5%	10%
青山	本章所提方法	1	45	7	8	35	24	18
	Ahmed 等(2012)	2	272	16	50	256	167	147
	Cao 等(2009)	3	251	130	125	251	234	198
沌口	本章所提方法	1	43	6	7	36	23	18
	Ahmed 等(2012)	1	345	64	80	229	174	154
	Cao 等(009)	2	367	146	139	277	263	212

为了评价生成道路数据的拓扑准确性,对不同方法在青山、沌口实验区域内轨迹生成道路进行拓扑结果评估,如表 4.3 所示。根据表 4.3 统计结果,本章所提方法在常规道路网络上表现更好,但对分布轨迹数量较少的次要道路效果不佳。Ahmed 等(2012)所提方法在进行道路拓扑识别过程中可以识别出大多数拓扑点,但是没有合并交叉口处多余的拓扑点；而对于交叉口区域拓扑点获取结果,Cao 等(2009)所提方法有效性较低。

表 4.3　拓扑准确性评价

实验区域	方法	拓扑点计数			F 值
		正确	识别	真值	
青山	本章所提方法	32	32	32	1.00
	Ahmed 等（2012）	27	58	32	0.60
	Cao 等（2009）	9	50	32	0.22
沌口	本章所提方法	30	30	48	0.77
	Ahmed 等（2012）	21	81	48	0.33
	Cao 等（2009）	10	67	48	0.17

4.3　道路车道级几何连通性信息提取

车道级道路网信息是目前各类智能辅助驾驶及无人驾驶系统的核心。针对现有利用高清图像、机载/车载激光数据及差分 GPS 轨迹获取车道级道路信息具有成本高、周期长、算法复杂等问题,本节深入探索如何从低成本、现势性高的众源车载轨迹数据中获取城市路段车道级道路信息并生成完整车道级路网。首先,通过分析车辆轨迹数据在道路平面和横切面上的空间分布特征,以移动窗口为实施策略,采用优化的约束高斯混合模型探测每一个移动窗口内道路路段的车道数量和车道中心线;然后根据道路建设标准,对同一条路段各移动窗口探测的车道数量结果进行优化,提高车道信息提取精度;并利用轨迹跟踪算法,提取各车道渠化信息;最后根据交叉口在车道级路网数据中的空间结构与路段车道中心线端点匹配,完成城市车道级路网生成。以武汉市出租车采集的轨迹数据和滴滴公司提供的一部分武汉市车行轨迹数据为例,验证所提方法的有效性。

4.3.1　车载轨迹数据在道路平面及横切面的分布特征

随着经济水平的不断提高和城市区域路网的不断完善,城市车辆持有数量逐年增长。数万量甚至百万量的车辆每天行驶在城市大街小巷,轨迹遍布所有道路、所有车道。GPS车载轨迹作为记录车辆行驶过程的位置时间数据,包含了丰富的城市道路信息（动态信息和静态信息）。根据交通规则可知,车辆由于受路网约束,只能按照相应的交通规则沿着现有道路行驶。因此,一定周期内车载轨迹数据可以完全覆盖整条路面。根据蒙特卡洛理论,穿梭于同一条行车道的车辆所留下的位置点,经过一定周期的累积,其空间覆盖宽度可以反映行车道路面宽度,如图 4.12（a）所示。另外,按照安全行驶规则,大部分车辆会沿着所在车道的车道中心线直线行驶。结合 GPS 轨迹数据定位误差分布规律,车载轨迹数据在同一条车道的横切面呈现高斯分布。对于一条拥有多条车道的行车道而言,轨迹数据在其横切面的分布规律可以进一步采用混合高斯模型进行模拟（Chen et al.,2010）,如图 4.12（b）所示。

（a）车载轨迹数据在道路平面分布情况　　　（b）横切面分布特征

图 4.12　车载轨迹数据在道路平面及横切面分布特征

根据以上对车载轨迹数据在道路平面及横切面的分布特征的分析结果可知：①一定周期的轨迹数据，通过测量其覆盖宽度可以间接获取这些轨迹点位于道路路面宽度；②一定周期的轨迹数据在道路横切面上沿着每一条道路车道中心线呈高斯分布。因此，本章提出利用混合高斯模型及路面探测宽度结果完成车道数量、车道中心线位置和车道宽度信息获取。

4.3.2　基于优化约束高斯混合模型的车道级道路几何信息获取

根据车载轨迹数据在道路平面和横切面的分布特征，本章提出利用约束高斯混合模型方法提取车道几何信息，包括车道数量、车道线位置及车道宽度信息。采用约束高斯混合模型获取路段车道级道路信息的原理就是通过模拟道路横切面车载轨迹数据的分布状态，通过拟合优度评价算法比较不同高斯成分个数组合后的高斯混合模型优劣，将拟合优度最优时所对应的高斯成分个数作为路面分布的车道数量，然后依次确定车道中心线位置和车道宽度，并结合道路建设标准和交通通行规定，对获取后车道级道路信息进行优化。

1. 约束高斯混合模型算法原理

约束高斯混合模型是由多个单高斯模型混合组成，每一个高斯分布称为高斯混合模型的成分或组件，如下：

$$p(x) = \sum_{j=1}^{k} \omega_j \frac{1}{\sqrt{2\pi\sigma^2}} \exp\left(-\frac{(x-\mu_j)^2}{2\sigma^2}\right) \tag{4.4}$$

式中：$p(x)$为高斯约束混合模型的综合概率值；x为待计算样本值；k为约束高斯混合模型中高斯峰的个数；ω_j为每个高斯成分的权重；参数μ_j为每一个高斯成分中轨迹的平均值；σ为每一个高斯成分中轨迹的标准差，其中$j=1, 2, \cdots, k$。根据轨迹数据在道路横切面的分布特征，式（4.4）中参数k实际上表示了车道的数量；ω_j对应了每个车道的交通流量，其值大于零且和值为1，即$\omega_j > 0$，$j=1, 2, \cdots, k$，$\omega_1 + \omega_2 + \cdots + \omega_k = 1$；参数$\mu_1 \cdots \mu_k$表示每一个高斯成分所对应车道中心线的位置。根据城市道路建设标准，同一条行车道上的每个车道与邻近车道的宽度通常相同，因此对于同一个高斯混合模型，每个高斯成分中参数σ

的值相同。约束高斯混合模型参数求解是进行信息获取的基础,根据目前研究可以采用最大期望算法(expectation maximization algorithm,EM 算法)进行参数求解(唐炉亮 等,2017;Tang et al.,2016;Chen et al.,2010)。

EM 算法是一种通过迭代方式用于含有隐变量的概率参数模型的最大似然估计或极大后验概率估计。根据现有文献研究(Chen et al.,2010),本章采用极大后验概率估计计算约束高斯混合模型参数。根据式(4.4)可知,未知高斯混合模型参数包括:$\theta_j^{(m)}(\omega_j^{(m)}$,$\mu_j^{(m)},\sigma^{(m)})$,其中 m 为利用 EM 算法进行解算时直到收敛后的迭代计算次数。高斯参数的初始值 $\omega_j^0,\mu_j^{(0)},\sigma^{(0)}(j=1,2,\cdots,k)$ 可以被设定为: $\omega_1^{(0)}=\omega_2^{(0)}=\cdots\omega_k^{(0)}=1/k$,而 $\mu_1^{(0)}\cdots\mu_k^{(0)}$ 则为待测行车道有 k 个车道时每个车道的中心线,$\sigma^{(0)}$ 根据国内道路建设标准设定为 1.75 m。利用 EM 算法解算上述未知参数步骤如下所述。

E 步:

$$\gamma_{ij}^{(m)}=\frac{\omega_j^m\varPhi(x_i|\mu_j^{(m)},\sigma_j^{(m)})}{\sum_{l=1}^k\omega_l^m\phi(x_i|\mu_l^m,\sigma_l^m)} \tag{4.5}$$

$$\varPhi(X|\mu,\sigma)\triangleq\frac{1}{\sqrt{2\pi\sigma^2}}\exp\left(-\frac{(x-\mu)^2}{2\sigma^2}\right) \tag{4.6}$$

$$n_j^m=\sum_{i=1}^n\gamma_{ij}^{(m)} \tag{4.7}$$

M 步:

$$\omega_j^{(m+1)}=\frac{n_j^{(m)}}{n} \tag{4.8}$$

$$\mu_j^{(m+1)}=\frac{1}{n_j^{(m)}}\sum_{i=1}^n\gamma_{ij}^{(m)}x_i \tag{4.9}$$

$$\sigma_j^{(m+1)}=\sqrt{\frac{1}{n_j^{(m)}}\sum_{i=1}^n(x_i-\mu_j^{(m+1)})^2} \tag{4.10}$$

根据 EM 算法计算结果,可以得到在不同车道数量(k)条件下,未知高斯参数:$\theta_j^{(m)}(\omega_j^{(m)}$,$\mu_j^{(m)},\sigma^{(m)})$ 的值,从而可以计算出轨迹数据在不同 k 值下所对应的高斯混合模型。高斯约束混合模型的关键是获得高斯成分的数量,也即确定最佳的 k 值。本章根据现有研究中判定高斯成分个数方法存在的不足(Chen et al.,2010),提出一种优化的高斯成分判定方法。该方法采用结构风险模型作为约束高斯混合模型的拟合优度评价函数,通过计算每一个 k 值对应下结构风险模型的值,从其中选择出结构风险模型值最小时对应的 k 作为当前路段的车道数量。结构风险模型的构建方法如下:

$$R_{\text{srm}}\left(p(x_i|\theta_k)\right)=\frac{1}{n}\sum_{i=1}^nL\left(x_i,p(x_i|\theta_k)\right)+\lambda J\left(p(x_i|\theta_k)\right) \tag{4.11}$$

$$k=\min\left(R_{\text{srm}}\left(p(x_i|\theta_k)\right)\right) \tag{4.12}$$

$$L\left(x_i,p(x_i|\theta_k)\right)=-\log\left(p(x_i|\theta_k)\right) \tag{4.13}$$

式（4.11）中：$R_{\mathrm{srm}}(p(x_i|\theta_k))$ 为结构风险模型，$L(x_i, p(x_i|\theta_k))$ 为用于评估拟合度的经验风险模型；$J(p(x_i|\theta_k))$ 为正则项，用于度量模型复杂度的正则项。Chen 等（2010）提出利用车道数量与轨迹分布宽度之间的关系度量模型复杂度，并且与赤池信息量准则（akaike information criterion，AIC）还有贝叶斯信息准则（Bayesian information criterion，BIC）进行对比，验证了所提方法的有效性和优势。本章结合道路路面宽度探测结果与车道数量之间的关系，在 Chen 等（2010）研究基础上对现有正则项进行优化，也即表示为 $J_{\mathrm{TSW}}(p(x_i|\theta_k))$，$\lambda>0$ 是正则参数，$p(x_i|\theta_k)$ 表示样本值 x_i 在模型参数 θ_k 条件下的高斯概率值，其中模型参数 θ_k 可表示为 $\theta_k(\omega_k,\mu_k,\sigma)$，$n$ 表示样本的个数，$i=1,2,\cdots,n$；计算公式如下：

$$J(p(x_i|\theta_k))=J_{\mathrm{TSW}}(p(x_i|\theta_k))=\left(\frac{D_W}{k}-\Delta\mu^k\right)^2 \tag{4.14}$$

$$\Delta\mu^k=\frac{\dfrac{\kappa\eta}{n}+\dfrac{1}{n}\sum_{i=1}^{n}\sum_{j=1}^{k}\gamma_{ij}(j-1)x_i-\dfrac{1}{n}\sum_{j=1}^{k-1}\omega_{j+1}j\sum_{i=1}^{n}x_i}{\displaystyle\sum_{j=1}^{k-1}\omega_{j+1}j^2+\dfrac{\kappa}{n}-\left(\sum_{j=1}^{k-1}\omega_{j+1}j\right)^2} \tag{4.15}$$

式中：D_W 为优化后的轨迹在道路路面的平铺宽度；$\Delta\mu^k$ 为 k 对应的高斯成分中两个临近高斯峰的平均值 μ_j 的变化值，其变化值也反映了探测车道宽度，$j=1,2,\cdots,k$。$\Delta\mu^k$ 的计算方法如式（4.15）所示，式中：κ、η、γ_{ij} 为基于最大后验估计的 EM 算法的超参数；x 为样本值；n 为样本数据的个数；ω_{j+1} 为第 $j+1$ 个高斯成分的权重值；$j=1,2,\cdots,k-1$，k 为高斯成分数（车道数量）。

2. 基于移动窗口策略的路段车道几何信息获取

随着城市的快速发展，城市人口越来越多，各种交通工具大量增加，造成城市交通日益拥挤。为了提高道路通行能力、缓解交叉口疏散压力，城市道路设计人员会在接近交叉口附近的行车道上增设车道。增设车道情况的存在说明位于两个交叉口之间的行车道，其车道数量和车道宽度存在变化。因此，本章提出利用移动窗口策略检测行车道路段的车道几何信息，如图 4.13 所示。交叉口作为城市道路网的节点，可以将路网切割成一系列行车道路段。移动窗口策略则是将这些行车道路段作为研究目标，从行车道路段的起点开始，以行车道中心线作为矩形移动窗口的滑动中轴，沿着车流方向依次移动矩形窗口，将落入矩形窗口的行车道路段作为车道信息获取的基本单元，其中矩形窗口的长和宽一般可以按照道路建设标准进行设置。总体来讲，采用移动窗口策略获取行车道路段车道信息的具体步骤包括：①利用宽度探测器计算移动窗口内行车道路面宽度；②采用约束高斯混合模型探测移动窗口内车道数量和车道中心线。

图 4.13　基于移动窗口策略探测车道几何信息

1）行车道路面宽度探测

根据城市道路建设标准,道路宽度一般指人行道宽度和行车道宽度,不包括人行道外侧沿街的城市绿化用地宽度。安装有 GPS 定位装置的机动车辆,每天穿梭于城市大街小巷,其轨迹数据反映了车辆运动状态和位置信息。根据蒙特卡洛理论,穿梭于同一条行车道的车辆所留下的位置点,经过一定周期的累积,其空间覆盖宽度可以反映行车道路面宽度。为了获取 GPS 定位点在行车道路面分布的宽度,本章提出采用自适应宽度探测方法对目标路段上覆盖的所有轨迹点进行宽度探测,如图 4.14 所示。

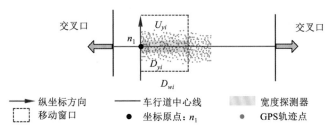

图 4.14　行车道路面宽度探测算法

将落入移动窗口内的行车道路段作为研究目标,记为:路段分割段 TSS,而矩形移动窗口的一条边与行车道中心线的交点作为该坐标系的原点(n_1),行车道路段中心线为坐标横轴构建坐标系(图 4.14)。根据矩形移动窗口构建矩形宽度探测器,宽度探测器长边与矩形移动窗口平行,宽边与矩形移动窗口重叠,也即宽度探测器的长与矩形移动窗口的长相同,宽则可以根据数据精度设定(本章在实验部分将宽度探测器的宽设为 0.1 m)。利用宽度探测器获取行车道路面宽度算法原理为:从坐标原点开始沿纵轴方向移动宽度探测器,记录宽度探测器在纵轴方向上下移动次数,通过统计宽度探测器内轨迹数据与总体轨迹数据比例,累积其在纵轴方向移动次数获取轨迹数据在行车道中心线两侧的覆盖宽度信息,从而完成行车道路面宽度的探测(唐炉亮 等,2017)。图 4.14 中 n_1 为移动窗口坐标系原点,U_{yi} 和 D_{yi} 分别为宽度探测器在行车道中心线两侧宽度探测值,i 为宽度探测器移动次数。具体算法如下。

/*Initialization*/

坐标原点:n_1;横坐标轴:x_1 的中心线;纵坐标轴:U_{yi}=0; D_{yi}=0;宽度探测器由矩形窗口构成:长为 h;宽为 0.1 m;宽度探测器内轨迹数据占总体轨迹数据比例为: 0;

/*Assignment*/

for each　　x_j　$(j=1,2,\cdots,n)$, do

　　repeat

　　　　沿纵轴上下平移移动窗口,每次计算宽度探测器内车载轨迹数据占分割段上分布的总体轨迹数据的比例(Proportion),并进行累加。

　　until Proportion==100%

　　　set　D_{wi}=max $|U_{yi}|$+ max $|D_{yi}|$;

set　坐标原点更新为 n_{t+1}; $U_{yi}=0$; $D_{yi}=0$; （$t=1,2,\cdots,m, i=0$）

　　end for

通常情况下，位于相邻两个交叉口之间的行车道路面宽度相同或在接近交叉口部分增设车道，所以同一条行车道上相邻移动窗口探测的行车道路段宽度会保持相同或存在一个车道宽度的差异。因为临时停车、挤占公交站点停车位、交叉口附近路段车辆违规挤占同一条车道等驾驶行为，附加数据由于外部环境原因造成系统偏移，行车道路面宽度探测值出现异常，从而干扰后续车道几何信息获取结果准确性。因此，本章利用相邻移动窗口内行车道路面宽度一致或存在一个车道宽度差异规律约束，提出一种相邻比对方法对探测的行车道路面宽度进行异常值修复。具体方法如下。

第一步：计算相邻两个移动窗口内 TSS 的路面宽度 D_{w_i} 与 $D_{w_{i+1}}$ 的差值，也即 $\Delta D_{w_i} = D_{w_i} - D_{w_{i+1}}$，（$i=1,2,\cdots,n-1$），如图 4.15 所示。

第二步：比较每一个 ΔD_{w_i} 与参数 a 的大小，其中参数 a 代表路段的车道宽度值（具体实验过程中将参数 a 的值设为 3.75）。如果 ΔD_{w_i} 大于 a 且 D_{w_i} 大于 $D_{w_{i+1}}$，那么 D_{w_i} 就被 $D_{w_{i+1}}$ 取代（$i=1,2,\cdots,n-1$）。

第三步：重复第一步和第二步，直到所有异常值都被优化。

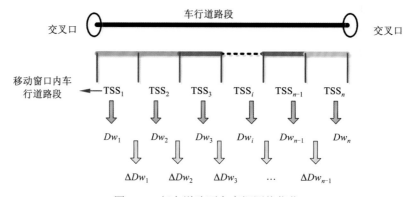

图 4.15　行车道路面宽度探测值优化

2）移动窗口内行车道路段车道数量及车道中心线探测

考虑行车道存在变车道情况，本章提出利用移动窗口策略探测窗口内行车道路段车道数量及中心线位置。假设给定一组从交叉口 Intersection₁ 到交叉口 Intersection₂ 的轨迹集合 $\boldsymbol{A}^T$，从轨迹集合 $\boldsymbol{A}^T$ 的一端开始，构建移动矩形窗口，如图 4.16 所示。移动矩形窗口的长度和宽度分别为 rh 和 rw，其中该矩形窗口的长边垂直于当前覆盖所有轨迹的拟合中心线，移动矩形窗口的宽边则平行于该中心线。将移动矩形窗口从轨迹集合 $\boldsymbol{A}^T$ 的一端开始，沿着轨迹数据拟合中心线方向依次滑动矩形窗口，其中滑动尺度与矩形窗口长边长相同，依次利用高斯约束混合模型探测每一个矩形窗口内覆盖路段的车道数量及车道中心线。

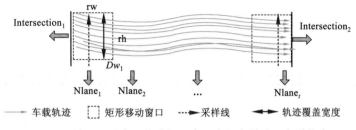

图 4.16　基于移动窗口策略探测窗口内行车道路段车道信息

根据约束高斯混合模型原理，成分数量 k 即为车道数量，各成分均值 μ_k 即为车道中心线位置。按照目前国内道路建设标准，城市道路车道数量包括双车道、三车道、四车道和五车道，即 $k=2,3,4,5$。根据构建好的矩形窗口，将矩形窗口内的所有轨迹点投影到矩形窗口的长边中心线上，得到投影后的轨迹数据集 $X=(x_1, x_2, \cdots, x_N)$，$t=1, 2, 3,\cdots, N$，其中 x_t 表示投影后第 t 个轨迹点的纵坐标值，N 为参加投影轨迹点的个数。根据高斯混合模型原理，将轨迹数据集 X 代入相应计算公式，提取矩形窗口内路段的车道数量和车道中心线。如图 4.17 所示，该行车道路段轨迹数据集带入约束高斯混合模型后，当 k 为 2 时，模型结构风险函数值最低。根据模型拟合结果表明该行车道路段共有两个车道，分别对应于图 4.17（a）中红色虚线和绿色虚线的第一个高斯成分（1st Gaussian component）和第二个高斯成分（2nd Gaussian component）。每个高斯成分的均值对应于每个车道的中心线，如图 4.17（b）所示。假设从交叉口 Intersection$_1$ 到交叉口 Intersection$_2$ 的轨迹集合 A^{T}，矩形窗口一共进行了 l 次平移，每一次平移确定的车道数量记为 Nlane$_f$，$f=1, 2, \cdots, l$，将其作为从交叉口 Intersection$_1$ 到交叉口 Intersection$_2$ 道路路段车道数量初次探测结果。

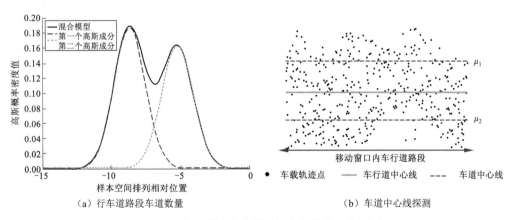

（a）行车道路段车道数量　　　　　　　　　（b）车道中心线探测

图 4.17　行车道路段车道数量和车道中心线探测

3. 车道几何信息探测结果优化

对于一条由相邻交叉口截取的行车道路段，采用移动窗口策略可以获取多个子路段对应的车道数量、车道中心线位置及车道宽度的探测结果。尽管在获取车道数量和车道中心线过程中，通过优化行车道路面宽度探测结果和约束高斯混合模型结构风险函数可以改善最终获取结果，但是城市道路环境的复杂性和采集数据驾驶员多样性及不专业性，往往会导致同一条行车道路面上不同子路段的车道数量存在较大差异。为了降低由环境和人为因素造成的结果不确定性,本章通过分析城市道路建设规律,提出对上文探测子路段的车道数量和车道线位置结果进行优化。根据道路建设规律,大多数情况下,位于相邻两个交叉口之间的行车道路段,在靠近交叉口附近处会出现增设车道,而路段中间部分车道数量通常保持不变,如图4.13所示。因此,位于同一条行车道路段的多个子路段,其车道数量差异一般不会超过两个车道且车道数量结果呈现一定的规律性。本章根据这一规律,提出对车道数量提取结果进行优化,如图4.18所示。具体优化方法如下。

第一步:对于某次平移确定的车道数量 $Nlane_f$,比较 $Nlane_{f+1}$ 和 $Nlane_f$、$Nlane_{f+2}$,如果 $Nlane_f$ 和 $Nlane_{f+1}$ 不同且 $Nlane_f$ 和 $Nlane_{f+2}$ 相同,则用 $Nlane_{f+1}$ 的结果替换 $Nlane_f$ 的探测结果,$f=1, 2, \cdots, l-2$。

第二步:对第一步结果按照车道数量值和排列进行聚类,例如,如果 $Nlane_e$,$Nlane_{e+1}$,$Nlane_{e+2}, \cdots$, $Nlane_{e+c}$ 的值相同则被分为一类,其中 $e<l$,$e+c<l$。每一个类簇对应于相同的车道数量结果。假设存在 s 个类,记为 $C_g=<Nl_g, nc_g>$,其中 Nl_g 是类簇 C_g 的车道数量,nc_g 是类簇 C_g 中子路段的个数,也即存在 $Nlane_g$ 的个数,$g=1, 2, \cdots, s$。

第三步:比较 C_{g+1} 和 C_g,如果 Nl_{g+1} 不同于 Nl_g,且 $nc_{g+1}<cv$(cv 是一个依赖于道路修建规则的阈值,其修改规则主要体现在城市道路在接近交叉口时,出现增设车道的缓冲区范围,例如:按照当前道路设计规定,车道增设的长度为 50 m 左右,也即从位于交叉口处的路段,其新增车道的长度为 50 m,因此当车道数量判断的分割段设为 10 m,本章在实验部分推荐将 cv 设为 5),令 C_g 的 Nl_g 替换 C_{g+1} 的 Nl_{g+1},$g=1, 2, \cdots, s$,完成车道数量结果的最终优化。

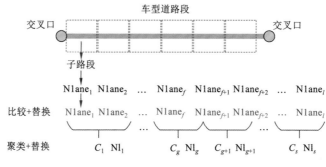

图4.18　车道探测结果优化步骤

完成车道数量结果修正后,相应的车道中心线位置同样需要修正。假设对于某行车道路段,其中一段子路段 L_a 的车道数量被修正,那么寻找 L_a 前后相邻路段,如果 L_a 相邻路段 L_b 和 L_c 同时满足与 L_a 具有相同的车道数量,且这些子路段修正前与修正后的车道数量并未发生变化,那么就将 L_b 与 L_c 的车道中心线连接,得到 L_a 最终的车道中心线;如果 L_a 相邻路段 L_b 或者 L_c 的车道数量修正前与修正后也发生变化,那么就根据 L_a 修正前提取的车道中心线位置,根据 L_a 路段的行车道中心线,按照 L_a 修正后车道宽度和车道数量重新定义 L_a 修正后的车道中心线位置,也即从根据 L_a 路段的道路中心线开始依次按照车道数量和车道宽度等距离平行于道路中心线得到 L_a 修正后每一个车道的车道中心线位置。

4.3.3　车道级道路连通性信息提取

现实环境中车道级道路信息主要由道路附属信息和车道级道路网信息构成,其中道路附属信息包括交通标志牌、信号灯、隔离带、路灯、收费站等;车道级道路网信息主要指可以构成道路线画图的道路路段和交叉口,如图 4.19 所示。从路网线画图构成要素分析,道路路段是构建路网的骨架,而交叉口则作为骨架连接器将所有道路路段连接起来。本章在交叉口空间结构获取的基础上,提出一种基于空间距离和语义特征约束的交叉口空间结构与路段车道信息匹配方法完成车道级道路网生成。

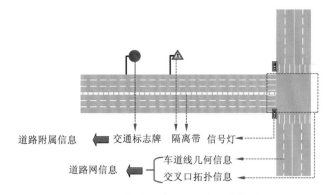

图 4.19　车道级道路网信息要素剖分

1. 车道级路网各路段连通性信息获取

根据道路建设规律,一般会在道路接近交叉口附近标注各车道渠化方向信息,具体标注方式包括交通标志牌和路面白漆标注。车载轨迹作为记录车辆运动状态的位置时间数据,可以根据轨迹数据采集时间、位置及连接关系反推车辆经过车道时所采取的渠化方案,从而间接获取该车道的渠化类型。如图 4.20 所示,在不同采样间隔约束下,轨迹数据

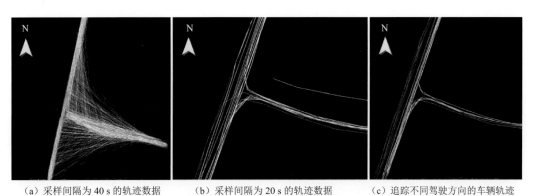

（a）采样间隔为40 s的轨迹数据　　　（b）采样间隔为20 s的轨迹数据　　　（c）追踪不同驾驶方向的车辆轨迹

图 4.20　轨迹追踪

的线性连接关系可以直观地表达车辆运动行为 [图 4.20（a）和图 4.20（b）]，同时根据轨迹数据航向角变化推测车辆行驶方向 [图 4.20（c）]。本章提出利用轨迹追踪算法，在考虑驾驶员违规驾驶率的情况下，对各车道渠化方向进行探测。

车道位置和范围信息获取是探测车道渠化方向的基础。根据上述内容，采用移动窗口策略和约束高斯混合模型可以获悉车道宽度和车道中心线位置信息，也即可以明确各行车道路段车道位置和范围。如图 4.21 所示，行车道路段 Tss_1 和 Tss_2 分别有两条车道 $lane_1$，$lane_2$，$lane_3$，$lane_4$。根据各车道中心线位置及车道宽可以获取车道边界线位置，从而可以定位出轨迹数据中一些轨迹点所处具体车道。车道渠化方向判断依赖于对分布在该车道上轨迹数据方向追踪结果，如图 4.21 中轨迹数据分布在 $lane_2$ 和 $lane_3$ 两个车道，也即车辆先经过 $lane_2$ 然后再行驶至 $lane_3$。因此，车道 $lane_2$ 所具有的渠化方向 f 可以通过轨迹角度变化值 $\Delta\theta$ 来确定。角度变化值 $\Delta\theta$ 取决于车道 $lane_2$ 的中心线与车道 $lane_3$ 中心线的空间夹角，如图 4.21 所示，其中 $lane_2$ 中心线方向和 $lane_3$ 中心线方向与所分布的轨迹行驶方向一致。如果途经两个车道的轨迹方向变化值 $\Delta\theta$ 分别满足（$\Delta\theta<0°$ & $\Delta\theta\approx-90°$），（$\Delta\theta>0°$ & $\Delta\theta\approx90°$），（$\Delta\theta\approx0°$）或（$\Delta\theta>0°$ & $\Delta\theta\approx180°$），那么可以判定该车道的渠化方向 f 可以为：'左转'、'右转'、'直行' 或 '掉头'。

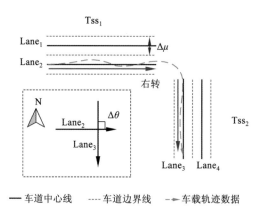

图 4.21　车道渠化信息探测

考虑城市驾驶员驾驶技能参差不齐，违规行驶随处可见。本章将对应城市驾驶员违规率作为渠化方向判别的一个满足条件，利用比例公式确定车道最终的渠化方向信息，如下：

$$f_j = \frac{\text{value}_j}{\sum\limits_{j=1}^{4}\text{value}_j} \tag{4.16}$$

式中：j 表示转向类型，$j=1$ 表示左转，$j=2$ 表示右转，$j=3$ 表示直行，$j=4$ 表示掉头；f_j 为目标车道上出现转向为 j 的轨迹数占该车道上出现其他转向轨迹数的比例；value_j 表示转向为 j 的轨迹个数。如果某一车道上出现某一转向的轨迹数量占该车道上出现各类转向数量总数的比率大于目前城市驾驶员违规率，那么则将该转向作为该车道的一种转向信息，反之，则不作为其转向信息。

2. 车道级路网交叉口空间结构与路段车道信息描述

与现有道路中心线级和行车道级路网数据相比，车道级交叉口的空间结构描述更加细化，具体包括交叉口空间范围、分/合流点、渠化信息等；车道级道路路段则包含车道中心线、车道宽度及渠化信息。本章将构成交叉口空间结构的出入口点简化表达为由车流出入口点对构成的空间点集合 IP，也即：$\mathrm{IP}=\{(\mathrm{ip}_0^1,\mathrm{ip}_1^1),(\mathrm{ip}_0^2,\mathrm{ip}_1^2),\cdots,(\mathrm{ip}_0^n,\mathrm{ip}_1^n)\}$，$i=1,2,\cdots,n$。对于车流出入口点对 $(\mathrm{ip}_0^i,\mathrm{ip}_1^i)$ 则由两个空间点构成，其中 ip_0^i 为车流出口点，ip_1^i 为车流入口点。车流出入口点可进一步描述为：$\mathrm{ip}_j^i=(x_i,y_i,\mathrm{Dma},\mathrm{Ta})$，其中 (x_i,y_i) 是 ip_j^i 的空间位置坐标；Dma 描述了 ip_j^i 的出入口点特征，Dma=0 或 Dma=1，而 0 表示车流出口点，1 表示车流入口点；Ta 描述了 ip_j^i 的渠化方向特征，Ta=S 或 Ta=L 或 Ta=R，而 S 表示直行，L 表示左转，R 表示右转，$i=1,2,\cdots,n$；$j=0,1$。如图 4.22 所示，构成交叉口空间结构的分合流点包括：左转车流入口点和出口点 $(\mathrm{ip}_1^1,\mathrm{ip}_0^1)$；直行车流入口点和出口点 $(\mathrm{ip}_1^2,\mathrm{ip}_0^2)$；右转车流入口点和出口点 $(\mathrm{ip}_1^3,\mathrm{ip}_0^3)$。

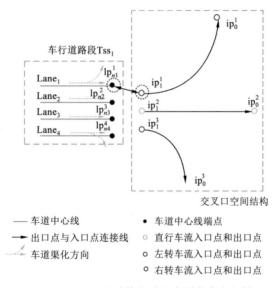

图 4.22　交叉口空间结构与路段车道信息空间描述

对于行车道路段而言，其车道几何信息由车道中心线构成，每条车道中心线记录了相应车道宽度及渠化方向。为了简化车道中心线存储和表达，本章在现有车道级路网数据模型研究基础上，利用节点–弧段模型描述车道中心线，也即每条车道中心线由若干个图形点构成，而相邻图形点之间采用直线连接来表达车道中心线。如图 4.22 所示，行车道路段 Tss_1 包含 4 条车道（lane_1，lane_2，lane_3，lane_4），每条车道由描述其中心线的图形点构成，也即 $\mathrm{lane}_k=(\mathrm{lp}_1^k,\mathrm{lp}_2^k,\cdots,\mathrm{lp}_m^k)$，$k=1,2,\cdots,h$，而 $\mathrm{lp}_j^k=(x_j^k,y_j^k,\mathrm{Tl}_p)$，其中 (x_j^k,y_j^k) 是 lp_j^k 的空间位置坐标，Tl_p 记录了 lp_j^k 车道渠化方向特征，$j=1,2,\cdots,m$。大多数情况下，为了减少交通冲突点大部分车道只存在两种渠化特征，也即直行和左转、直行和右转或左转和右转。因此从安全度考虑，本章将车道渠化特征参数 Tl_p 描述为：$\mathrm{Tl}_p=(S,L)$、$\mathrm{Tl}_p=(S,R)$ 或

$Tl_p = (S, R)$，其中 S 表示直行，L 表示左转，R 表示右转。例如：车道 lane₁ 拥有直行和左转两种渠化功能，$lp_{n1}^1 = \{x_{n1}^1, y_{n1}^1, (S, L)\}$；车道 lane₂ 和 lane₃ 则只能直行，$lp_{n2}^2 = \{x_{n2}^2, y_{n2}^2, S\}$，$lp_{n3}^3 = \{x_{n3}^3, y_{n3}^3, S\}$；车道 lane₄ 可以直行也可以右转，$lp_{n4}^4 = \{x_{n4}^4, y_{n4}^4, (S, L)\}$。除此之外，根据行车道路段车道信息获取方法，一条行车道路段是指位于相邻两个交叉口之间道路部分。因此，对于描述车道中心线的图形点集，其起点 lp_1^k 和终点 lp_m^k 分别位于交叉口与路段相交的位置。为了方便后续车道级路网生成，可以根据车流方向对车道中心线起点 lp_1^k 和终点 lp_m^k 增加车流方向描述特征，也即 lp_1^k 可以标记为车流入口点，其车流方向特征记为 1；lp_m^k 可以标记为车流出口点，其车流方向特征记为 0。例如：lp_{n1}^1 可进一步描述为 $lp_{n1}^1 = \{x_{n1}^1, y_{n1}^1, 0, (S, L)\}$。

3. 车道级路网交叉口空间结构与路段车道信息匹配

交叉口空间结构由特定转向的车流出入口点构成。从空间位置分析，这些车流出入口点位于行车道与交叉口区域的过渡段；从转向特征分析，带有转向特征的出入口点表征了车辆从某一行车道驶向目的行车道的运动过程。因此，交叉口空间结构与路段车道信息的匹配是构建完整车道级路网地图的关键。根据车道级路网交叉口空间结构与路段车道信息描述规则，交叉口空间结构与路段车道信息匹配实际上为车流出入口点对 (ip_0^i, ip_1^i) 与 (lp_1^k, lp_m^k) 之间点对点的匹配，其中 $i = 1, 2, \cdots, n$；$k = 1, 2, \cdots, h$。根据 (ip_0^i, ip_1^i) 与 (lp_1^k, lp_m^k) 所具有的空间位置和属性特征，本章提出基于空间距离和语义特征约束的匹配方法。具体算法步骤如下。

第一步：根据车道中心线起点和端点点对 (lp_1^k, lp_m^k) 的车流方向，从交叉口出入口点对 (ip_0^i, ip_1^i) 中寻找与之匹配的空间点。根据车辆行驶规律，位于路段上的车流由车道出口点（也即车道中心线终点）驶入交叉口车流入口点，再由交叉口入口点驶入交叉口出口点，然后再由交叉口出口点驶入车道入口点（也即车道中心线起点）。因此，如果 lp_j^k 的车流方向与 ip_s^i 的车流出入口点特征相反，那么就可以将其匹配为一组，$j = 1, m$；$s = 0, 1$；如图 4.23 所示：lp_{n1}^1 通过车流方向初步匹配，可匹配的 ip_s^i 分别包括：ip_1^1，ip_1^2，ip_1^3。

第二步：以 lp_m^k 为空间基准，计算匹配后 lp_m^k 和 ip_1^i 的空间直线距离，然后分别从其匹配的 ip_1^i 点集中最多选取空间距离最短的三个点作为匹配点。例如：lp_{n1}^1 通过空间距离计算后，与其最近的三个 ip_1^i 分别为 ip_1^1，ip_1^2，ip_1^3。

第三步：以交叉口车流入口点 ip_0^i 为空间基准，计算匹配后 lp_1^k 和 ip_0^i 的空间直线距离，然后分别从其匹配的 lp_0^k 点集中最多选取空间距离最短的两个点作为匹配点。例如：ip_0^1 通过空间距离计算后，与其最近的两个 lp_1^k 分别为 lp_1^5 和 lp_1^6。

第四步：根据 lp_m^k 和 ip_1^i 的转向特征进行再次匹配，如果 lp_m^k 和 ip_1^i 转向特征中有一种特征一致，那么就将 lp_m^k 和 ip_1^i 匹配在一起。例如：lp_{n1}^1 具有直行和左转特征，与之匹配的 ip_1^1，ip_1^2，ip_1^3 中，ip_1^1 的左转特征与 lp_{n1}^1 一致，ip_1^1 可与 lp_{n1}^1 匹配，而 ip_1^2 的直行特征与 lp_{n1}^1 一致，ip_1^1 可与 ip_1^2 匹配。因此，lp_{n1}^1 可以匹配的交叉口出入口点集为 ip_1^1 和 ip_1^2。

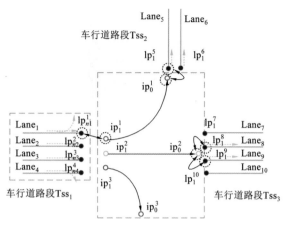

图 4.23　交叉口空间结构与路段车道信息空间匹配

第五步：由于每一个 ip_0^i 都存在一个对应的车流点 ip_1^i，而 ip_1^i 则拥有可匹配的车道端点 lp_m^a；且 ip_0^i 也相应地拥有可匹配的车道端点 lp_1^b。因此，为了完成交叉口的空间桥梁作用，可以将车道端点 lp_1^a 与 lp_m^b 进行匹配连接，完成车道级路网地图拓扑关系构建，$a=1,2,\cdots,h$；$b=1,2,\cdots,h$。例如：lp_1^{n1} 可以匹配的交叉口出入口点集为：ip_1^1 和 ip_1^2，而 ip_1^1 和 ip_1^2 分别对应点对的另一个点为 ip_0^1 和 ip_0^2。根据第一步初匹配结果，ip_0^1 和 ip_0^2 可匹配的车道中心线端点分别为 lp_1^5 和 lp_1^6 以及 lp_1^8 和 lp_1^9。

4.3.4　实验验证

1. 实验数据

以武汉市作为车载轨迹数据采集区域，利用武汉市上万辆出租车采集的车载轨迹数据和滴滴公司提供的武汉市车载轨迹数据为研究对象，对武汉市部分道路的车道信息进行探测。如图 4.24 所示，图 4.24（a）为目标行车道路段，图 4.24（b）和图 4.24（c）为分布在这些路段上的众源车载轨迹数据。出租车车载轨迹数据采集于 2015 年，采样间隔为 5～60 s，数据定位精度在 10 m 左右；滴滴公司提供的车载轨迹数据采集于 2017 年，采样间隔为 1～60 s，定位精度为 5 m 左右。

由于目前可利用数据采集车辆数量有限、城市不同区域客流量影响，不同路段每一天覆盖的车载轨迹数据量不同。为了使目标行车道路面宽度及车道信息探测结果更准确、计算效率更高，从实验区域内随机抽取一部分路段对不同周期内所覆盖的车载轨迹数据的覆盖率和采集周期进行分析。这些被选择的行车道路段总长约为 50 km，涉及道路类型包括：城市内部高等级道路（高速公路）、低等级道路（普通公路）、跨江大桥道路等。

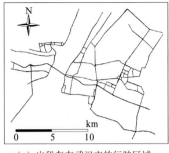　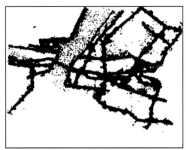　

（a）出租车在武汉市的行驶区域　　（b）出租车在该路网区域内行驶采集的　　（c）滴滴公司提供的武汉市车载
　　　　　　　　　　　　　　　　　　　　轨迹数据　　　　　　　　　　　　　　轨迹数据

图 4.24　实验区域及实验数据

图 4.25（a）展示了实验区域内一小部分行车道路段 1～8 天不同采集周期车载轨迹数据覆盖宽度探测结果。当采集周期由 7 天变为 8 天时，路段上分布的车载轨迹数据宽度趋于稳定，轨迹数据在路面上呈现层叠堆积。图 4.25（b）是同一条路段在相邻周期内获取的宽度变化结果。可以发现 7 天内车载轨迹数据分布宽度与 8 天内车载轨迹数据分布宽度变化趋于 0。因此，本章实验中武汉市出租车实验数据集和滴滴实验数据集，其数据采集周期均选择为一周。考虑众源车载轨迹数据采集环境复杂、非专业性及采集装备质量参差不齐，因此需要对原始数据进行清洗。根据第 2 章所提出的数据清洗方法对原始数据进行清洗，具体参数设置依据第 2 章实验部分参数设置而定，如图 4.26 所示。

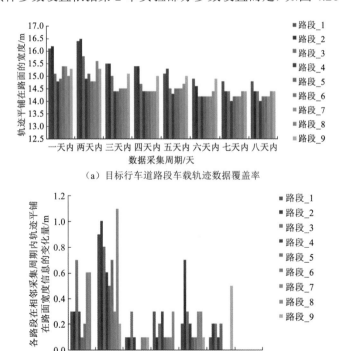

图 4.25　分析结果

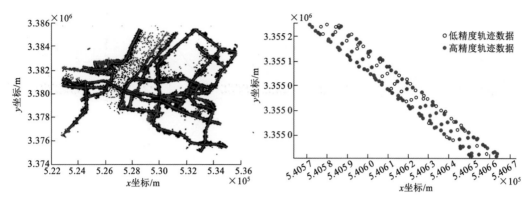

图 4.26　武汉市出租车数据预处理

2. 路段车道信息探测及优化

行车道路段车道信息探测主要包括对目标路段车道数量、车道中心线、车道宽度及各车道渠化方向探测。本章提出利用约束高斯混合模型结合行车道路面宽度探测结果获取目标路段车道数量以及车道中心线信息。根据国内城市道路建设标准，城市区域行车道的车道数量一般有两车道、三车道、四车道以及五车道，因此约束高斯混合模型中表示高斯成分数量的参数 k 可以设定为：$k=2,3,4,5$。高斯参数：$\theta_j^{(m)}(\omega_j^{(m)},\mu_j^{(m)},\sigma^{(m)})$ 的初始值：$\omega_j^{(0)},\mu_j^{(0)},\sigma^{(0)}$ 分别按照道路建设标准进行赋值，其中假设目标行车道路段有 k 个车道后，按国内车道宽度 3.5 m 从行车道中心线开始等距离分割，各分割部分的中心线位置即作为 $\mu_1^{(0)}\cdots\mu_k^{(0)}$ 的初值，$k=1,2,\cdots,5$；$\sigma^{(0)}$ 表示车道一半宽度，按照国内道路建设标准可以将其初值设为 1.75 m；$\omega_1^{(0)}\cdots\omega_k^{(0)}$ 的初值可以按照 k 值等分 1，例如，$k=5$，则 $\omega_1^{(0)}\cdots\omega_k^{(0)}$ 的初值即可设定为 0.2。正则化参数 λ 及式（4.12）中其他超参数设置参考文献（Chen et al.,2010）进行设置。考虑国内道路行车道路面宽度一般小于 50 m，而增设车道长度一般需要满足与交叉口距离 50 m 以外。因此，本章实验中将用于车道宽度、车道数量及车道中心线探测的矩形移动窗口的长 rh 和宽 rw 分别设置为 5 m 和 10 m。

如图 4.27 所示，该行车道路段位于交叉口之间且属于直线型路段，其分布的出租车

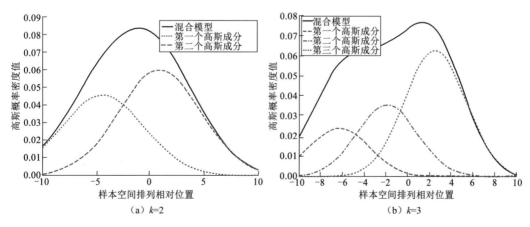

图 4.27　基于约束高斯混合模型车道数量探测结果

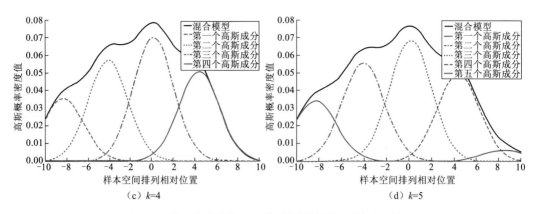

（c）k=4　　　　　　　　　　　　　　　　　　（d）k=5

图 4.27　基于约束高斯混合模型车道数量探测结果（续）

采集的车载 GPS 轨迹点个数约为 120 000。选择其中一个移动窗口作为实例，落入移动窗口内的 GPS 轨迹点个数约为 4 000，高斯参数 k 取值分别为 2、3、4、5。如图 4.27 所示，（a）、（b）、（c）、（d）分别对应 k 取 2、3、4、5 时的高斯混合模型拟合结果，其中黑色曲线表示混合模型，红色虚线则表示固定 k 值所对应的各高斯成分。利用结构风险函数确定该移动窗口内对应路段的车道数量及车道中心线、车道宽度等信息。计算结果表明：当 k 取 4 时，高斯混合模型的拟合优度最高，也即该移动窗口内目标行车道的车道数量为 4。

　　为了解决车道数量探测结果受多重原因影响（数据质量、复杂路况、道路维修等），造成准确性低和异常值存在。本章提出基于道路建设规律分别对车道探测宽度和车道数量结果进行优化，如图 4.28 和图 4.29 所示。图 4.28 结果表明，对于数据质量较低的轨迹数据，进行宽度探测结果优化后，道路路面宽度探测结果与真值差异较小；而没有优化的路段，其路面宽度探测结果与真值差异较大。图 4.29（a）为目标行车道车道数量的初步探测结果与该行车道车道数量真值对比。根据探测结果所示，采用移动窗口沿着车流方向进行探测时，目标行车道路段车道数量出现探测异常值。图 4.29（b）为目标行车道路段车道数量探测结果优化后结果。根据图 4.29（b）所示，一些车道数量探测异常值被去

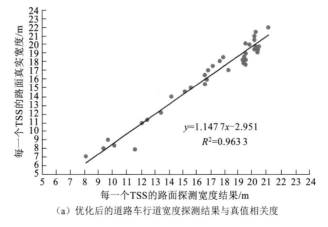

（a）优化后的道路车行道宽度探测结果与真值相关度

图 4.28　道路行车道宽度探测结果优化前后与真值相关度分析

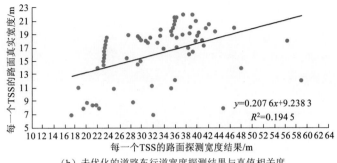

（b）未优化的道路车行道宽度探测结果与真值相关度

图 4.28　道路行车道宽度探测结果优化前后与真值相关度分析（续）

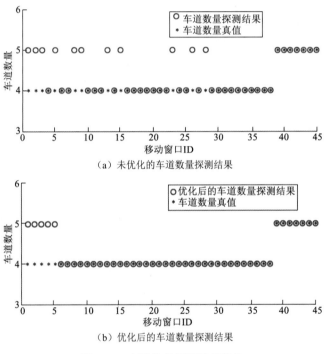

（a）未优化的车道数量探测结果

（b）优化后的车道数量探测结果

图 4.29　车道数量探测结果优化

除，但是接近交叉口区域路段的车道数量探测结果依然出现错误。造成路段该部分车道数量探测结果错误的原因有很多，包括：①接近交叉口区域路段，大部分车辆由于急于通过交叉口造成多辆车挤占有限车道，出现车道数量判断错误；②交叉口红绿灯、转向限制及其他交通特征引起不同车道车流量差异，导致接近交叉口附近路段车道数量判断错误率较高等。

图 4.30 为目标行车道经过车道数量及车道中心线优化后，其车道中心线提取结果。由于采用移动窗口进行探测，不同窗口之间存在连接缺口。同时，由于路段出现增设车道情况，同一条行车道路段出现不同数量的车道中心线。在后期生产车道级道路网过程中，需要对分离的车道中心线进行对接。本章在后续实验中，利用 ICP 算法（Albrecht，2009）将分离的车道中心线进行拼接。

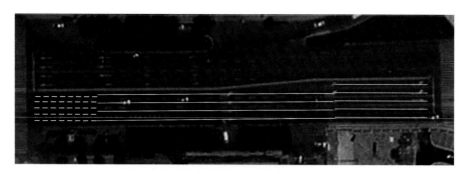

图 4.30　目标行车道车道中心线提取并优化后结果

3. 车道级精细路网生成

本章根据交叉口空间结构获取结果与路段车道信息获取结果，采用基于语义和空间距离的交叉口与道路路段匹配方法，将零碎的道路路段车道信息与分离的交叉口空间结构进行匹配，从而完成完整道路网信息获取，如图 4.31 所示。图中展示了利用滴滴公司提供的部分车载轨迹数据，分别获取交叉口空间结构与相邻路段车道信息，并采用交叉口空间结构与路段车道信息空间匹配方法获取的完整的车道级路网几何线画图。该实验区域位于武汉市江夏，实验数据采集于 2017 年 8 月 13 日，采样间隔为 3 s，位置水平精度因子为 5 m 左右。图 4.31 中红色曲线代表交叉口区域车辆转弯导向线，黑色线条表示路段每一个车道的车道中心线，黑色箭头表示车流量方向。

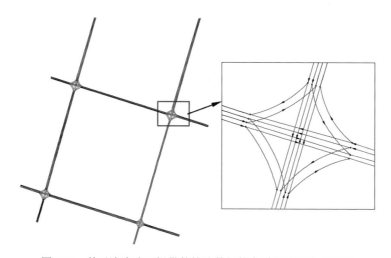

图 4.31　基于滴滴公司提供的轨迹数据的车道级路网生成结果

构建车道级路网地图不仅需要表达路网几何结构的线画图，同时还需要记录各路段拓扑信息，尤其对于位于交叉口区域的多个相连的道路路段。本章从获取的车道级路网线画图中任意选取一个十字交叉口为例（图 4.32），采用拓扑关系表来表达该交叉口各路段各车道中心线之间的拓扑关系，如表 4.4 所示。表 4.4 中 L^i 分别表示各路段各车道中心线端点，$i=1,2,\cdots,27$；为了便于机器阅读和识别交叉口区域各车道中心线之间的拓扑关系，本章采用 0，1，-1 表示各车道之间的空间拓扑关系，其中 0 表示不相连，1 表示相连，-1 表示相连方向相反。因此，根据本章所提方法可以获取车道级路网线画图及描述线画图内部各车道中心线之间空间拓扑关系表。这些数据是未来构建可用于实际导航应用的车道级道路信息的关键。

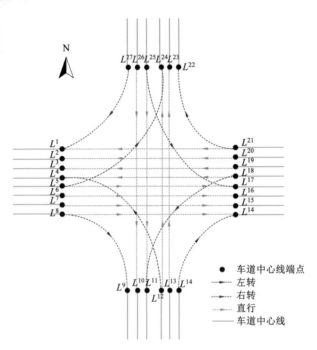

图 4.32　车道级路网交叉口与相邻车道拓扑关系描述

表 4.4　车道级路网交叉口区域路段拓扑信息记录

车道	L^1	L^2	L^3	L^4	L^5	L^6	L^7	L^8	L^9	L^{10}	L^{11}	L^{12}	L^{13}	L^{14}	L^{15}	L^{16}	L^{17}	L^{18}	L^{19}	L^{20}
L^1	0	0	0	0	0	0	0	0	0	0	0	0	0	-1	-1	-1	0	0	0	-1
L^2	0	0	0	0	0	0	0	0	0	0	0	0	0	-1	-1	-1	0	0	0	-1
L^3	0	0	0	0	0	0	0	0	-1	0	0	0	0	-1	-1	-1	0	0	0	0
L^4	0	0	0	0	0	0	0	0	0	0	1	1	1	0	0	0	0	1	0	0
L^5	0	0	0	0	0	0	1	0	0	0	1	1	1	0	0	0	0	1	0	0
L^6	0	0	0	0	0	0	1	1	0	0	1	1	1	0	0	0	0	0	0	0
L^7	0	0	0	0	0	0	0	0	0	0	0	0	0	-1	0	0	0	0	-1	-1
L^8	0	0	0	0	0	0	0	0	0	0	0	0	0	-1	0	0	0	0	-1	-1
L^9	0	0	1	0	0	0	0	0	0	0	1	1	0	0	0	0	1	1	0	0
L^{10}	0	0	1	0	0	0	0	0	0	0	1	1	0	0	0	0	1	1	0	0
L^{11}	0	0	0	-1	-1	-1	0	0	0	0	0	0	0	0	0	0	0	0	0	0
L^{12}	0	0	0	-1	-1	-1	0	0	0	0	0	0	0	0	0	0	0	0	-1	0

续表

车道	L^1	L^2	L^3	L^4	L^5	L^6	L^7	L^8	L^9	L^{10}	L^{11}	L^{12}	L^{13}	L^{14}	L^{15}	L^{16}	L^{17}	L^{18}	L^{19}	L^{20}
L^{13}	0	0	0	-1	-1	-1	0	0	0	0	0	0	0	0	0	0	0	0	-1	0
L^{14}	1	1	1	0	0	0	0	0	1	0	0	0	0	0	0	0	0	0	0	0
L^{15}	1	1	1	0	0	0	0	0	1	0	0	0	0	0	0	0	1	0	0	0
L^{16}	1	1	1	0	0	0	0	0	0	0	0	0	0	0	0	0	1	0	0	0
L^{17}	0	0	0	0	0	0	0	0	-1	-1	0	0	0	0	-1	-1	0	0	0	0
L^{18}	0	0	0	-1	0	0	0	0	-1	-1	0	0	0	0	0	0	0	0	0	0
L^{19}	0	0	0	0	0	0	1	0	0	0	0	0	0	0	0	0	0	0	0	0
L^{20}	1	1	0	0	0	0	1	0	0	0	0	0	0	0	0	0	0	0	0	0

4. 车道级路网信息提取结果评价

为了验证本章所提方法的有效性和可用性，将实验区域内一部分路段作为评价对象，对基于车载轨迹数据提取的车道级路网信息结果进行评价。具体评价内容按照信息提取类别共分为：车道数量探测结果评价、车道宽度探测结果评价、车道级路网位置精度评价。其中，实验对象数据集中共包含 40 条行车道路段和 16 个交叉口，分布有大约 90 多万个由武汉市出租车采集的 GPS 轨迹数据点。行车道路段的车道数量、车道宽度真值来源于人工对高清影像地图判读和测量，而车道级路网位置精度评价则根据探测结果与实测地图进行对比获取。

1）车道数量探测结果评价

现有的车道数量探测方法主要包括：基于约束高斯混合模型和基于核密度评估方法两种。本章以上述实验路段为研究对象，分别利用现有车道数量探测方法对目标行车道路段的车道数量进行探测。实验结果表明：利用本章所提方法，其车道数量识别准确率为 85.2%；采用 Chen 等（2010）提出的高斯混合模型方法，其车道数量识别准确率为 76.9%；利用核密度评估方法识别车道数量准确率为 74.2%，如表 4.5 所示。与 Chen 等（2010）所提方法相比，本章方法从众源车载轨迹数据空间分布出发，对现有高斯混合模型方法进行优化；并根据道路建设标准提出了车道数量识别结果优化方法，从而有效地改善了从低质量车载轨迹数据中识别车道数量准确度。本章所提方法识别车道数量准确率为 85% 左右，依然存在 15% 的错误率。通过分析车道数量判读错误的路段，发现其原因可以总结为：①交叉口红绿灯、转向限制及其他交通特征引起不同车道车流量差异，导致接近交叉口附近路段车道数量判断错误率较高，从而影响整体车道数判断的精度；②部分车辆挤占公交车道或应急车道，导致车道数量识别错误；③由于现有车载轨迹数据丢失了高程信息，暂时无法区分高架桥与其下遮挡的普通道路上的轨迹数据，尤其对于叠合部分比较多的双层路段，导致其车道数量判断结果与实际情况相差较大。

表 4.5　车道数量探测结果精度评价与对比

行车道路段车道数量识别方法	识别精度/%
本章所提方法	85.2
高斯混合模型方法（Chen et al., 2010）	76.9
核密度评估方法（Uduwaragoda et al., 2014）	74.2

2）车道宽度探测结果评价

车道宽度探测结果一方面取决于车载轨迹数据定位精度，另一方面会影响车道数量探测结果且被车道数量探测结果所影响。按照目前城市道路建设标准，城市高速公路和普通公路的车道宽度主要有两种规格：3.75 m 和 3.5 m。本章分别对这两种规格对应的目标行车道路面宽度探测结果进行评价，如图 4.33 所示。根据图中数据可以发现大部分车道的宽度探测结果要大于真值，其中对于车道宽度类型 1 的行车道和车道宽度类型 2 的行车道，宽度探测结果与真值差异的标准差分别为 0.190 4 m 和 0.233 7 m，而平均值分别为 0.356 4 m 和 0.458 5 m。实验结果表明：对于车道宽度建设规格为 3.75 m 的行车道路段而言，其车道宽度探测结果比车道宽度建设规格为 3.5 m 的行车道路段更好。造成车道宽度探测结果与真值存在差异的原因主要包括：①GPS 轨迹数据在城市区域受城市峡谷、植被、大区域水面等因素影响，导致 GPS 信号较弱使得 GPS 定位数据精度较低，因此造成行车道路面宽度探测结果与真值差异较大；②一些车辆在道路外侧区域违规行驶，导致行车道路面宽度探测结果与真值差异较大；③车道数量探测结果经过优化后，依然与实际数量不符，导致优化后车道宽度结果与实际结果差异大等。

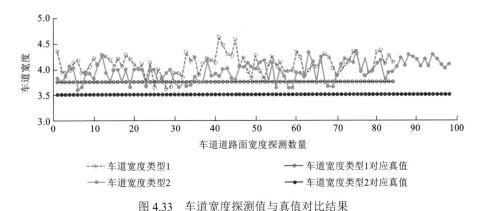

图 4.33　车道宽度探测值与真值对比结果

3）车道级路网位置精度评价

相比于高精度数据和高精度差分 GPS 轨迹数据，由大众采集的车载轨迹数据定位精度较低。因此，需要对基于众源车载轨迹数据提取的车道级道路网线画图的位置精度和拓扑信息准确性进行评估，从而为后续实践应用提供参考标准。本章从出租车轨迹数据集中选取包含有 5 个交叉口的车道级路网数据作为研究对象，将其与高精度实测车道级道路地图叠加，然后利用距离量测工具对车道级路网数据的位置精度进行评估，如表 4.6

所示。对于拓扑信息准确性评估,则通过人工解译各路段交叉口转向信息及空间相连信息,与探测结果进行人工对比完成拓扑信息评估。图 4.34 中左图展示了目标路段车道信息提取结果与交叉口空间结构提取结果,而右图则为目标路段车道信息与交叉口空间结构进行匹配后获取的车道级路网与实测高精度路网叠加后的结果。根据图 4.34 中右图可以发现,利用众源车载轨迹数据获取的车道级道路地图数据与高精度车道级路网数据之间存在一定差距,而不同的路段其定位精度也存在差异。

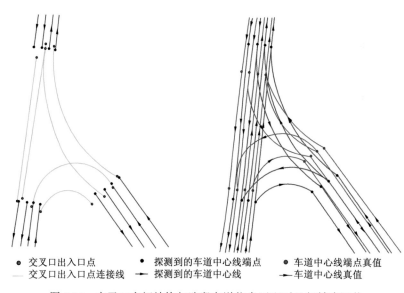

- ● 交叉口出入口点　　　● 探测到的车道中心线端点　　　● 车道中心线端点真值
- — 交叉口出入口点连接线　→ 探测到的车道中心线　　　→ 车道中心线真值

图 4.34　交叉口空间结构与路段车道信息匹配后几何精度评价

表 4.6　车道级路网位置精度评价结果

ID	道路交叉口类型	交叉口相连行车道路段的车道数量	车道中心线位置精度评估结果		所有车道端点位置评估结果	
			平均值/m	标准差/m	平均值/m	标准差/m
01	连接三条道路的交叉口	12	3.7	0.56	2.6	5.3
02	连接四条道路的交叉口	16	3.1	0.31	3.2	6.7
03	连接四条道路的交叉口	24	3.6	0.32	2.4	5.1
04	连接四条道路的交叉口	16	2.9	0.29	3.1	4.8
05	连接三条道路的交叉口	12	4.0	0.37	2.5	5.7

　　基于众源车载轨迹数据生成的车道级路网数据位置精度评估主要包括:①车道中心线位置精度评估;②车道端点的位置精度评估。车道中心线位置精度评估主要通过量测获取后车道中心线与真值之间的垂直差距;车道端点的位置精度评估则通过量测获取的车道中心线端点与真值对应车道中心线端点之间的距离。如表 4.6 所示,通过对包含有 5 个交叉口的车道级道路网数据与高精度车道级路网数据叠加对比,其车道中心线位置精度在 3.5 m 左右,而车道中心线端点的位置精度在 3 m 左右。根据统计结果,利用众源车载轨迹数据虽然可以实现车道级精细路网数据生成,但是其精度依然与实际应用相差较

大。因此，后期应用还需要对获取的车道级路网数据进行位置纠正。基于众源车载轨迹数据生成的车道级路网拓扑信息准确性评估，主要通过对比交叉口区域内各车道之间的空间相连结果与真值。根据实验结果表明，利用本章所提交叉口空间结构与路段车道信息匹配后，获取的车道级路网数据的拓扑信息准确性约为 92%。

参 考 文 献

艾廷华, 郭仁忠, 2000. 支持地图综合的面状目标约束 Delaunay 三角网剖分. 武汉测绘科技大学学报, 25 (1): 35-42.

陈漪, 2011. 基于 GPS 数据的城市路网立交桥识别技术研. 长春:吉林大学.

方莉娜, 杨必胜, 2013. 车载激光扫描的三维道路自动提取方法. 测绘学报, 42(2): 260-267.

高志峰, 汪渤, 周志强, 等, 2013. 一种鲁棒的非平坦路面车道线检测算法. 北京理工大学学报, 33(1): 73-78.

龚亮, 张永生, 李正国, 等, 2011. 基于强度信息聚类的机载点云道路提取. 测绘通报(9): 15-17.

何鹏, 高峰, 魏厚敏, 2015. 基于 Catmull-Rom 样条曲线的弯曲车道线检测研究. 汽车工程学报, 5(4): 276-281.

贾阳, 王荣本, 余天洪, 等, 2005. 基于熵最大化边缘提取的直线型车道标识线识别及跟踪方法. 吉林大学学报, 35(4): 420-425.

贾立山, 罗剑, 李世其, 2012. 基于车道直线模型的道路曲率估计方法. 江苏大学学报(自然科学版), 33(4): 373-378.

蒋益娟, 李响, 李小杰, 等, 2012. 利用车辆轨迹数据提取道路网络的几何特征与精度分析. 地球信息科学学报, 14(2): 165-170.

孔栋, 孙亮, 王建强, 等, 2017. 一种用于激光雷达识别车道标线算法. 科学技术与工程, 17(16): 87-92.

孔庆杰, 史文欢, 刘允, 2012. 基于 GPS 轨迹的矢量路网地图自动生成方法. 中国科学技术大学学报, 42(8): 623-627.

李亚娣, 黄海波, 李相鹏, 等, 2016. 基于 Canny 算子和 Hough 变换的夜间车道线检测. 科学技术与工程, 16(31): 234-237.

马荣华, 马晓冬, 蒲英霞, 2015. 从 GIS 数据库中挖掘空间关联规则研究. 遥感学报, 9(6): 733-741.

彭检贵, 马洪超, 高广, 等, 2012. 利用机载点云数据提取城区道路. 测绘通报(9): 16-19.

苏洁, 周东方, 岳春生, 2001. GPS 车辆导航中的实时地图匹配算法. 测绘学报, 30(3): 252-256.

隋靓, 党建武, 王阳萍, 2017. 基于分段切换模型的快速车道线检. 计算机应用与软件, 34(8): 201-205.

唐炉亮, 常晓猛, 李清泉, 2010. 出租车经验知识建模与路径规划算法. 测绘学报, 39(4): 404-409.

唐炉亮, 刘章, 杨雪, 等, 2015. 符合认知规律的时空轨迹融合与路网生成方法. 测绘学报, 44(11): 1271-1276.

唐炉亮, 杨雪, 靳晨, 等, 2017. 基于约束高斯混合模型的车道信息获取. 武汉大学学报(信息科学版), 42(3): 341-347.

王晓明, 刘瑜, 张晶, 2005. 地理空间认知综述. 地理与地理信息科学, 21(6): 1-10.

熊思, 李磊民, 黄玉清, 2014. 基于小波变换和 K-means 的非结构化道路检测. 计算机工程, 40(2): 158-161.

杨伟, 艾廷华, 2016. 基于众源轨迹数据的道路中心线提取. 地理与地理信息科学, 32(3): 1-7.

杨伟, 艾廷华, 2017. 运用约束 Delaunay 三角网从众源轨迹线提取道路边界. 测绘学报, 46(2): 237-245.

张志伟, 刘志刚, 黄晓明, 等, 2009. 基于数据的道路平面线形拟合方法研究. 公路交通科技, 26(12):

17-22.

张志伟, 刘志刚, 2010. 利用既有知识渐近数学形态学提取数据中道路信息方法研究. 测绘科学, 35(4): 154-156.

朱晓强, 余烨, 刘晓平, 等, 2008. 基于航拍图像和点云的城市道路提. 合肥: 中国仪器仪表学会. 全国第 19 届计算机技术与应用学术会议.

AHMED M, WENK C, 2012. Constructing street networks from GPS trajectories//Algorithms–ESA 2012. Epstein L, Ferragina P, Eds. Berlin: Springer: 60-71.

AHMED M, FASY B T, HICKMANN K S, et al., 2015a. A path-based distance for street map comparison. ACMTrans. Spatial Algorithm. Syst.1: 1-3.

AHMED M, KARAGIORGOU S, PFOSER D, et al., 2015b. A comparison and evaluation of map construction algorithms using vehicle tracking data. Geoinformatica, 19: 601-632.

ALBRECHT T, MARCEL L,VETTER T, et al., 2009. Encyclopedia of Biometrics, Boston: Springer: 715.

ALIBALI M W, 2005. Gesture in spatial cognition: Expressing, communicating, and thinking about spatial information. Spatial Cognition and Computation, 5(4): 307-331.

ALT H, GUIBAS L J, 1999. Discrete geometric shapes: Matching, interpolation, and approximation. Handb.Comput. Geom. 1: 121-153.

ANIL P N, NATARAJAN S, 2010. Automatic road extraction from high resolution imagery based on statistical region merging and skeletonization. International Journal of Engineering Science and Technology, 2(3): 165-171.

BORKAR A, HAYES M, SMITH M T, 2012. A novel lane detection system with efficient ground truth generation. IEEE Transactions on Intelligent Transportation Systems, 13(1): 365-374.

BRUNTRAP R, E DELKAMPS, JABBAR S, et al., 2005. Incremental map generation with GPS traces. IEEE Transactions on Intelligent Transportation Systems: 574-579.

BURGESS N, 2008. Spatial cognition and the brain. Annals of the New York Academy of Sciences, 1124(1): 77-97.

CAO L, KRUMM J, 2009. From GPS traces to a routable road map. Proceedings of the 17th ACM SIGSPATIAL International Conference on Advances in Geographic Information Systems, Seattle, WA, USA, 3-12.

CHEN Y H, KRUMM J, 2010. Probabilistic modeling of traffic lanes from GPS traces, GIS'10 Proceedings of the 18th SIGSPATIAL International Conference on Advances in Geographic Information Systems: 81-88.

CHENG L J, KE F J, YONG M J, et al., 2005. Road extraction from high-resolution SAR imagery using Hough transform. Proceedings of Geoscience and Remote Sensing Symposium, July 29, Seoul, South Korea, IEEE: 336-339.

DANESCU R, NEDEVSCHI S, 2009. Probabilistic Lane Tracking in Difficult Road Scenarios Using Stereovision. IEEE Transactions on Intelligent Transportation Systems, 10(2): 272-282.

DENIS M, 1997. The description of routes: A cognitive approach to the production of spatial discourse. Cahiers De Psychologie Cognitive, 16(4): 409-458.

DENIS M, PAZZAGLIA F, CORNOLDI C, et al., 1999. Spatial discourse and navigation: An analysis of route directions in the City of Venice. Applied Cognitive Psychology, 13(2): 145-174.

DESACHY J, 1994. Road detection from aerial images: A cooperation between local and global methods. Proceedings of SPIE - The International Society for Optical Engineering, 2315: 508-518.

DU X, TAN K K, HTET K K K, 2015. Vision-based lane line detection for autonomous vehicle navigation and guidance. Control Conference, IEEE: 1-5.

FRITSCH J, KÜHNL T, KUMMERT F, 2014. Monocular road terrain detection by combining visual and spatial information. IEEE Transactions on Intelligent Transportation Systems, 15(4): 1586-1596.

GOLLEDGE R G, 1999. Wayfinding behavior: Cognitive mapping and other spatial processes. Baltimore: JHU Press.

GOODCHILD M F, HUNTER G J, 1997. A simple positional accuracy measure for linear features. International Journal of Geographical Information Science, 11(3): 299-306.

GOPALAN R, HONG T, SHNEIER M, et al., 2012. A learning approach towards detection and tracking of lane markings. IEEE Transactions on Intelligent Transportation Systems, 13(3): 1088-1098.

GROSS J L, TUCKER T W, 2001. Topological graphtheory. New York: Courier Dover Publications.

Guo T, Iwamura K, Koga M, 2007. Towards high accuracy road maps generation from massive gps traces data//Geoscience and Remote Sensing Symposium. IGARSS 2007. IEEE International, IEEE: 667-670.

HART R A, MOORE G T, 1973. The development of spatial cognition: A review. New Jersey: Aldine Transaction.

HE C, LIAO Z X, YANG F, et al., 2012. Road extraction from sar imagery based on multiscale geometric analysis of detector responses. IEEE Journal of Selected Topics in Applied Earth Observations & Remote Sensing, 5(5): 1373-1382.

HERUMURTI D, UCHIMURA K, GOU K, et al., 2013. Urban road extraction based on Hough transform and region growing. The Workshop on Frontiers of Computer Vision. IEEE, 220-224.

HILLEL A B, LERNER R, LEVI D, et al.,2014. Recent progress in road and lane detection: a survey. Machine Vision and Applications, 2014, 25(3): 727-745.

HUANG A S, MOORE D, ANTONE M, et al., 2009. Finding multiple lanes in urban road networks with vision and lidar. Autonomous Robots, 26(2-3): 103-122.

JONES C B, BUNDY G L, WARE M J,1995. Map generalization with a triangulated data structure. Cartography and Geographic Information Systems, 22(4): 317-331.

KAMMEL S, PITZER B, 2008. Lidar-based lane marker detection and mapping// Intelligent Vehicles Symposium, IEEE: 1137-1142.

KANG D J, JUNG M H, 2003. Road lane segmentation using dynamic programming for active safety vehicles. Pattern Recognition Letters, 24(16): 3177-3185.

KARAGIORGOU S, PFOSER D, 2012. On Vehicle Tracking Data-based Road Network Generation// Proceedings of the 20th International Conference on Advances in Geographic Information Systems. New York: ACM: 89-98.

KIM Z W, 2008. Robust lane detection and tracking in challenging scenarios. IEEE Transactions on Intelligent Transportation Systems, 9(1): 16-26.

KUMAR T G, MURUGAN D, KAVITHA R, et al., 2014. New information technology of performance evaluation of road extraction from high resolution satellite images based on PCNN and C-V model. Informatologia, 47(2): 121-134.

LI J, QIN Q M, XIE C, et al., 2012. Integrated use of spatial and semantic relationships for extracting road networksfrom floating car data. International Journal of Applied Earth Observation and Geoinformation, 19: 238-247.

LI Q, ZHENG N, CHENG H, 2003. An adaptive approach to lane markings detection. Intelligent Transportation Systems, 2003. Proceedings, IEEE: 510-514.

LIU W, ZHANG H, DUAN B, et al., 2008. Vision-Based Real-Time Lane Marking Detection and Tracking. International IEEE Conference on Intelligent Transportation Systems, IEEE: 49-54.

MNIH V, HINTON G E, 2010. Learning to detect roads in high-resolution aerial images. Computer Vision - ECCV 2010 -, European Conference on Computer Vision, Heraklion, Crete, Greece, September 5-11,

Proceedings. DBLP, 210-223.

MNIH V, HINTON G E, 2012. Learning to label aerial images from noisy data. Proceedings of the 29th International Conference on Machine Learning: 567-574.

MOHAMMADZADEH A, TAVAKOLI A, ZOEJ M J V, 2006. Road extraction based on fuzzy logic and mathematical morphology from pan‐sharpened ikonos images. Photogrammetric Record, 21(113): 44-60.

NAOUAI M, HAMOUDA A, AKKARI A, et al., 2011. New approach for road extraction from high resolution remotely sensed images using the quaternionic wavelet. Iberian Conference on Pattern Recognition and Image Analysis. Berlin: Springer: 452-459.

NEDEVSCHI S, SCHMIDT R, GRAF T, et al., 2004. 3D lane detection system based on stereovision. Intelligent transportation systems. Proceedings of the 7th International IEEE Conference on, IEEE: 161-166.

OGAWA T, TAKAGI K, 2006. Lane Recognition Using On-vehicle. Intelligent Vehicles Symposium, IEEE: 540-545.

BRUNTRUP R, EDELKAMP S, JABBAR S, et al., 2005. Incremental map generation with GPS traces. In Proc. IEEE ITS conf., 574-579.

REYHER A V, JOOS A, WINNER H, 2005. A lidar-based approach for near range lane detection. IEEE Proceedings. Intelligent Vehicles Symposium, IEEE: 147-152.

RIANTO Y, 2002. Road network detection from SPOT satellite image using Hough transform and optimal search. Circuits and Systems, 2002. APCCAS '02. 2002 Asia-Pacific Conference on, IEEE: 177-180.

ROGERS S, LANGLEY P, WILSON C, 1999. Mining GPS data to augment road models. ACM SIGKDD International Conference on Knowledge Discovery and Data Mining.New York: ACM: 104-113.

SCHROEDL S, WAGSTAFF K, ROGERS S, et al., 2004. Mining GPS traces for map refinement. Data Mining and Knowledge Discovery, 9(1): 59-87.

SENTHILNATH J, RAJESHWARI M, OMKAR S N, 2009. Automatic road extraction using high resolution satellite image based on texture progressive analysis and normalized cut method. Journal of the Indian Society of Remote Sensing, 37(3): 351-361.

SGHAIER M O, LEPAGE R, 2017. Road extraction from very high resolution remote sensing optical images based on texture analysis and beamlet transform. IEEE Journal of Selected Topics in Applied Earth Observations & Remote Sensing, 9(5): 1946-1958.

SHI W, MIAO Z, WANG Q, et al., 2014. Spectral–spatial classification and shape features for urban road centerline extraction. IEEE Geoscience & Remote Sensing Letters, 11(4): 788-792.

SILVA C R D, CENTENO J A S, HENRIQUES M J, 2010. Automatic road extraction in rural areas, based on the Radon transform using digital images. Canadian Journal of Remote Sensing, 36(6): 737-749.

SIVARAMAN S, TRIVEDI M M, 2013. Integrated lane and vehicle detection, localization, and tracking: A synergistic approach. IEEE Transactions on Intelligent Transportation Systems, 14(2): 906-917.

SUN T Y, TSAI S J, CHAN V, 2006. HSI color model based lane-marking detection. IEEE Intelligent Transportation Systems Conference, IEEE: 1168-1172.

TAKAGI K, MORIKAWA K, OGAWA T, et al., 2006. Road environment recognition using on-vehicle. Intelligent Vehicles Symposium, IEEE Xplore: 120-125.

TANG L, YANG X, DONG Z, et al., 2016. CLRIC: Collecting lane-based road information via crowdsourcing. IEEE Transactions on Intelligent Transportation Systems, 17(9): 2552-2562.

TANG L, REN C, LIU Z, et al., 2017. A road map refinement method using delaunay triangulation for big trace data. ISPRS International Journal of Geo-Information, 6(2): 45.

TANG T, WANG X, CARBONARA J, et al, 2009. Feature shape and elevation based road classification and extraction on high spatial resolution remote sensing imageries. In: Geoinformatics, 2009 17th International Conference on, IEEE: 1-6.

TAPIA-ESPINOZA R, TORRES-TORRITI M, 2009. A comparison of gradient versus color and texture analysis for lane detection and tracking. Robotics Symposium, IEEE: 1-6.

THUY M, LEÓN F, 2010. Lane Detection and tracking based on data. Metrology & Measurement Systems, 17(3):311-321.

UDUWARAGODA A, PERERA A S, DIAS S A D, 2014. Generating lane level road data from vehicle trajectories using kernel density estimation. Proceedings of the 16th international IEEE annual conference on intelligent transportation systems (ITSC), 6-9 October, Hague, Netherlands. New York: IEEE, 384-391.

UNSALAN C, SIRMACEK B, 2012. Road network detection using probabilistic and graph theoretical methods. IEEE Transactions on Geoscience & Remote Sensing, 50(11): 4441-4453.

URMSON C, ANHALT J, BAGNELL D, et al.,2008. Autonomous driving in urban environments: Boss and the urban challenge. Journal of Field Robotics, 25(8): 425-466.

WAGSTAFF K, CARDIE C, ROGERS S, et al., 2001. Constrained k-means clustering with background knowledge//ICML, 1: 577-584.

WANG J, RUI X, SONG X, et al.,2015. A novel approach for generating routable road maps from vehicle GPS traces. International Journal of Geographical Information Science, 29(1): 69-91.

YANG B, DONG Z, 2013. A shape-based segmentation method for mobile laser scanning point clouds. ISPRS Journal of Photogrammetry and Remote Sensing, 81: 19-30.

YONG B, XU A G, ZHAO Q H, et al., 2009. Urban road network extraction based on multi-resolution template matching and double-snake model. Urban Remote Sensing Event, IEEE: 1-6.

ZHAO J, YOU S, 2012. Road network extraction from airborne data using scene context. Computer Vision and Pattern Recognition Workshops (CVPRW), IEEE: 9-16.

第 5 章　异源异构道路数据变化检测

空间数据是地理信息系统（geographic information system，GIS）的"血液"，其现势性是直接决定 GIS 系统应用成败的关键（陈军 等，2004）。许多国家空间数据库建设都已经逐步完成，"空间信息更新将取代空间数据获取而成为 GIS 建设的瓶颈"，国际摄影测量与遥感学会第四委员会主席 Fritsch 博士认为："当前 GIS 的核心已从数据生产转为数据更新，数据更新关系着 GIS 的可持续发展"（Walter，1999），人们逐渐认识到空间数据现势性的重要性，现势性问题已成为广大用户关注的热点问题（蒋捷 等，2000）。空间数据的变化发现是空间数据的动态更新的首要环节和关键问题（汪斌 等，2005），如何找到空间数据的变化，一直是空间数据增量更新的研究热点和难点。

异源异构的道路矢量数据，由于数据结构不一，没有统一的道路要素 ID，现有方法不能识别两份数据中的同名道路要素，无法对异源异构道路数据进行变化检测与更新。空间数据的变化是指在不同时间对同一物体或现象观察、识别其差异的过程，变化信息的发现与提取是空间数据更新的首要环节，其目的是通过调查、比较发现并确定变化（Singh et al.，1989）。从本质上看，空间数据变化就是比较变化前后地物之间的差异性或者相似性，如果相似性很大，表明变化前后的空间数据差异性小，即变化小或者没有变化；反之如果相似性小，表明变化前后的空间数据差异性大，即变化大。

本章从地物相似性的心理认知角度，通过研究地物的几何图形相似性和属性语义相似性，提出地物相似度模型，实现地物相似性认知与地物相似性度量；研究空间数据变化分类与地物相似性关系，提出基于地物相似度的空间数据变化发现与提取算法，实现对空间数据变化的有效发现与提取；研究大数据增量的生成和组织方法，实现空间数据库批量快速更新，解决目前空间数据库在线编辑慢、更新效率低的问题。

5.1　道路数据变化检测综述

变化检测是在不同时间对同一物体或现象观察、识别其差异的过程，变化信息的发现与提取是空间数据更新的首要环节，其目的是通过调查、比较发现并确定变化（Singh et al.，1989）。本节分别对栅格和矢量两种类型的空间数据变化检测方法及应用相关的研究进行总结，并梳理空间数据实体变化分类与建模的发展。

5.1.1　栅格数据变化检测方法

针对传感器获取的遥感影像或地物提取得到的二值图像，栅格数据变化检测的第一个主要研究方向是针对细节如阈值、配准误差、显著性和假设检验、预测模型、阴影模型、背景建模等做了深入的研究。如 Peter（2002）提供了一个选择阈值的统计框架；Dai 等（1998）系统地研究并量化地评价了配准误差对于遥感影像变化检测精度的影响；Jensen 等（1997）对变化检测和应用的现状做了详细的描述；Radke 等（2005）对影像变化检测算法中常用的处理步骤和核心决策规则做了系统的研究，包括显著性和假设检验、预测模型、阴影模型和背景建模；Lu 等（2004）总结了在当时文献中所能找到的已实现主要变化检测算法，Heipke（2002）、Dowman（1998）、Peled 等（1998）提出了基于影像的变化信息识别与提取。

　　栅格数据变化检测的第二个主要研究方向是利用遥感影像进行空间数据的变化检测、信息提取、GIS 数据更新，如李德仁院士等（2006）提出了利用遥感影像进行空间数据的变化检测（张晓东 等，2006；李德仁，2003；黄华文 等，1997），并实现了一种使用旧时期的 DEM 和最新的航摄资料检测地形变化、更新 DEM 的方法。利用影像的变化信息识别与提取方法，国内许多研究人员进行了相关的研究（刘臻 等，2005；丁建丽，2002；孙丹峰 等，2002；林宗坚，2000；毛志华 等，2000；史培军 等，2000；于秀兰 等，2000；张继贤 等，2000；刘鹰 等，1999；张祖勋 等，1998；刘茜 等，1994）。

　　采用遥感影像的变化检测主要应用于土地利用、地籍管理、城市规划等领域（张继贤，2003；刘直芳 等，2002；朱攀 等，2000；方针 等，1997）。

5.1.2　矢量数据变化检测方法

　　由于对于拓扑连通关系及语义信息的需求，道路数据通常以矢量方式表达，这使得诸多针对遥感影像数据的变化检测方法不能较好地应用于道路数据的变化检测。针对矢量数据的变化检测问题，其一般思路是按照由低维到高维、由几何到拓扑再到语义信息的顺序（Cobb et al.，1998；Rosen et al.，1985），根据一定的标准和方法对地物实体进行匹配，从而实现变化检测。

　　对于线状要素的匹配与变化检测，一般关注要素之间的位置、形状、长度、方向等几何上的特征，此外还要考虑拓扑等方面的关系。几何关系方面可以直接度量线要素之间的距离，例如"折线–结点"距离匹配方法可以有效计算不同数据集中道路在空间位置上的差异（陈玉敏 等，2007），图形相似性方法则综合考虑了更多形状方面的差异性对要素匹配与变化检测的影响（唐炉亮 等，2008）。近年来线要素的匹配与变化检测方法则引入了更多特征因子，例如径向基函数法将结点的度这一拓扑特征作为几何特征的补充（郭宁宁，2017）。

　　对于面状要素的匹配与变化检测，较为直接的方式是比较面要素的质心与面积等基本几何特征（刘志勇，2006）。其图形特征的度量相比线要素则更为复杂，可根据形状紧密度、边界累计转角、重叠度、对称差等指标来计算，再采取多特征匹配的方式实现变化检测（王文杰，2013）。近期还出现了顾及空间上下文的松弛方法用于多个面要素的匹配与变化检测（Zhang et al.，2014）。

　　矢量数据的匹配与变化检测算法则主要应用于道路等基础要素的多尺度数据库增量更新生产（Anders et al.，2004；Harrie et al.，1999）。

5.1.3　空间数据变化分类与建模

由于矢量线划图数据的复杂性，其在结构上与栅格影像数据存在的巨大差异，产生了面向地物实体对象的数据对应关系和变化分类体系。从语义、空间、时间三个维度采用控制变量的思想，Yuan（1996）提出了地理要素 6 大类、16 小类可能的变化。从对象身份的概念出发，Hornsby 等（1997）将空间对象数据的变化分为单个对象的变化、对象合成、对象分割、对象选择 4 类 18 种算子，并在此基础上定义了变化描述语言（change description language，CDL）。

除了上述通用的空间矢量数据对象变化模型，也有一些专门针对道路数据变化的概念类型，提出了出现、消失、扩大、缩小、变形、旋转、稳定等更为具象化的框架（Claramunt et al.，1996）。由于概念模型抽象性强，而操作层面上对象匹配是许多矢量数据变化检测方法的实现步骤，匹配过程中定义了一对一、一对多、多对多实体间关系（郭黎 等，2011）、基于图形差/被差/交集的三元组模型（沙玉坤 等，2012）等也可视为上述概念模型的具体化和简化。

5.2　道路几何图形相似性度量

人们生活在自然界中，对自然界和空间地物的认识首先注意到的是地物目标及其周围环境的颜色、纹理、形状和空间关系等，其中地物的几何形状，即目标的轮廓，是空间物体最基本的、可用于空间目标识别的重要特征。由于空间地物的数据类型不同，可以分为点状、线状和面状地物（体状地物本节不做研究），空间地物的几何图形特征也不同，空间地物的几何相似性度量的方法和模型也不同。根据空间地物的类型，本节将从点状地物、线状地物和面状地物的几何特征出发，研究不同类型的地物的空间相似性度量方法和模型。

多分辨率表达在 GIS 中应用很广泛，国内外学者一直致力于矢量地图数据的多分辨率研究，美国的 Bertolotto 等在 2001 年从制图综合的角度提出了地图矢量数据在网络中的渐进多分辨率传输，杨必胜等提出了矢量地图数据多分辨率简化与传输（杨必胜 等，2005；Yang et al.，2004）。本节将采用空间地物几何相似度模型，对多分辨率表达的线状空间地物和面状地物，在几何图形上进行相似程度探讨，实现对空间地物多分辨率表达中，不同分辨率之间的空间地物的相似程度的定量描述。

5.2.1　几何图形的描述方法

图形的相似性确定首要问题是在顾及图形的全局特征和局部特征的基础上，用合适的方法对几何图形进行描述和图形特征提取。目前，几何图形的相似性研究主要集中在基于图像的检索、排样和图形匹配中，几何图形的描述通常可以分为三类：编码方式、简化方式和图形骨架。

1. 链码

链码由 Freeman 于 1961 年提出，主要用来表示图形的局部轮廓特征和形状，是一种常见的形状表示方式，它不能简化形状，但是能有效地表示形状，并在此基础上改进为广义链码（Freeman，1980）。链码在图像编码中获得了广泛应用（Kunt et al.，1985；Rosenfeld，1978），如用它来检测关键点（Fischler et al.，1994）、识别目标（McKee et al.，1977）、进行对称分析（Parui et al.，1983）等。

链码描述图形的方法是围绕节点由里向外按顺时针或者逆时针方式排列（图 5.1），如曲线 A 表示成一条链码为：$a_1,a_2,a_3,\cdots,a_n$；另一条曲线 B 的链码为：$b_1,b_2,b_3,\cdots,b_m$（n、m 分别为链码中字符个数，$m<n$），那么 B 与 A 的相似关系通过以下链码匹配关系函数描述：

$$C(j)=\frac{1}{m}\cdot\sum_{i=1}^{m}\cos\left[(b_i-a_{i+j})\bmod 8\cdot\frac{\pi}{4}\right] \tag{5.1}$$

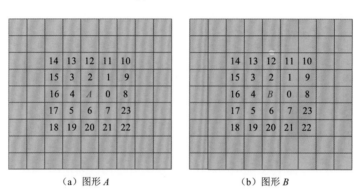

（a）图形 A　　　　　　　　　（b）图形 B

图 5.1　图形 A 与图形 B 的链码表示示意图

如果链码 $a_1,a_2,a_3,\cdots,a_n$ 与 $b_1,b_2,b_3,\cdots,b_m$ 在 j 处完全相似，则 $C(j)=1$。其计算效率较高，只需 $O(n,m)$ 时间（马建，1999），但链码不具有旋转不变性，并且对于链元素数量的局部改变很敏感，图形极小的变化也会引起较大的误差。

2. 转动函数法

转动函数（turning function）法中，$\theta_{A(S)}$ 表示多边形的边与选定的起始轴间逆时针转向的夹角，是多边形边长的函数，如图 5.2 所示。假定从多边形 A 的一个顶点出发，V 是多边形一条起始边与起始轴（如 X 轴正向）的逆时针转向夹角，当下一条边相对于当前边向左转时 $\theta_{A(S)}$ 增加，向右转时 $\theta_{A(S)}$ 减小。如果按照多边形的周长进行归一，则 $\theta_{A(S)}$ 是一个 $[0,1]$ 区间上的函数，对于凸多边形而言，$\theta_{A(S)}$ 是单增函数，值域为 $[v,v+2\pi]$，由此可看出 $\theta_{A(S+1)}=\theta_{A(S)}+2\pi$。

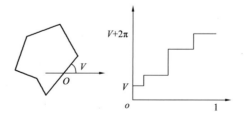

图 5.2　转动函数法对图形描述示意图
（马建，1999）

对于多边形 A、B，表达式分别为 $\theta_{A(S)}$ 和 $\theta_{B(S)}$，则相似距离为 $d(A,B)$，其值越小，表示多边形 A、B 越相似。

$$d(A,B)=\int_0^1 \left|\theta_{A(S)}-\theta_{B(S)}\right|^2 \mathrm{d}s \qquad (5.2)$$

转动函数法将多边形各边进行归一化处理，能很好地解决图形缩放、平移和旋转等图形相似中的难点问题，但在 GIS 的多分辨率表达中，由于多边形的边数和点数是变化的，不能解决不同点数表达的多分辨率空间数据的相似程度问题。

3. 属性串法

图形的轮廓线（即边缘线）特征可采用特定的字符表示，即属性串的形式表示（Tsai et al.，1985），两个图形的相似性成为串匹配。假定 s 和 t 是两个串，Wagner 等（1974）通过加权图定义了一种编辑图，从而将 s 和 t 之间的串匹配变成了寻找 $v(0,0)$ 到 $v(n,m)$ 的最短路径。Wit 等（1999）提出了一种两个阶段的串匹配技术，其第一阶段应用多边形匹配抽取一些特征点，用这些特征点获得一个粗匹配，在第二阶段对每条边进行细调。Wolfson（1990）将串匹配用于有遮掩形状的匹配中，但需要寻找匹配度最高的子串来确定起始点。

属性串主要针对面状图形进行图形的表达，图形的表达采用一系列的属性串，表达结果为：$(x_1,x_2,x_3,\cdots,x_n)$，其中 $x_i=(L_i,\theta_i)$，L_i 为相应的边的长度，θ_i 为该边相对于前一条边转动的角度，如图 5.3 所示，该图形采用属性串归一化表达为

$$\{(0.108,\pi/4),(0.135,\pi/4),(0.190,2\pi/3),(0.270,\pi/4),(0.297,3\pi/4)\}$$

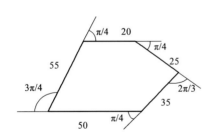

假设两物体的轮廓 C_1 和 C_2，分别编码为符号串 $a_1,a_2,a_3,\cdots,a_n$ 和 $b_1,b_2,b_3,\cdots,b_m$，A 表示两个属性串间匹配的个数，B 为未匹配的属性串个数，属性串 C_1 和 C_2 间相似度为

$$\mathrm{SIM}=\frac{A}{B}=\frac{A}{\mathrm{Max}\left(|C_1|,|C_2|\right)-A} \qquad (5.3)$$

图 5.3　属性串表达图形的示意图

属性串方法度量的结果与图形描述、特征抽取方法有着直接的联系，图形特征抽取的效率直接关系匹配结果的优劣，每条边界的起始点是极其重要的。

4. 样条

Bezier 曲线是由法国 Bezier 提出的一种新的参数曲线表示方法，后来经过推广和发展，提出了 B 样条曲线。Ikebe 等（1982）将样条应用到工业形状设计、表示和恢复上。Cohen 等（1995）提出了基于 B 样条的曲线表示和匹配方法，IBM Almaden 研究中心提出了基于伪正交样条基和最小均方误差的曲线拟合方法（Flickner et al.，1996），Olkkonen（1995）提出了离散 B 样条，Ferrari 等（1994）实现了广义 B 样条的快速算法，Unser 等（1991）提出了快速 B 样条变换。

1）Bezier 曲线

Bezier 曲线的形状通过一组多边折线（特征多边形）的各顶点唯一定义，由多项式混合函数推导出来，通常 $n+1$ 个顶点定义一个 n 次多项式，如图 5.4 所示。只有第一个顶点和最后一个顶点在曲线上，其余的顶点则用于定义曲线的导数、阶次和形状，第一条边和最后一条边则表示了曲线在两端点处的切线方向，其数学表达式为

$$P(t) = \sum_{i=0}^{n} P_i B_{i,n}(t) \tag{5.4}$$

其中：$0 \leqslant t \leqslant 1$；$P_i$ 为控制点；$B_{i,n}(t) = \binom{n}{i} t^i (1-t)^{n-i}$，$i=0,1,\cdots,n$，又称作为 n 阶的伯恩斯坦基底多项式。

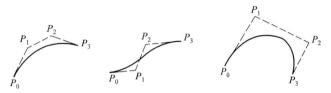

图 5.4　Bezier 曲线示意图

2）B 样条曲线

用 n 次 B 样条基函数替换了伯恩斯坦基函数，构造出来的 Bezier 曲线称为 B 样条曲线，B 样条曲线是分段 $n-1$ 次多项式，在整个实数轴上，具有 $n-2$ 次连续导数，它具有非负性质，如图 5.5 所示，其数学表达式为

$$P(t) = \sum_{i=0}^{n} P_i N_i, k(t) \tag{5.5}$$

式中：$N_i, k(t)$ 为 k 阶 B 样条基函数；k 为 B 样条曲线的阶数。

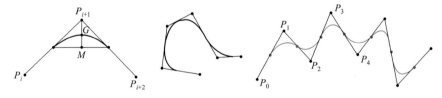

图 5.5　B 样条曲线示意图

样条曲线有两种，一种通过所有的给定型值点，另一种并不一定通过给定的型值点，而只是比较好地接近这些点。因此，两个图形虽然特征点一致，但曲线的相似性较低，不利于进行图形相似性度量。

5.2.2　道路的几何图形相似性度量

线状图形不仅包括一些线状地物的骨架线图形，也包括偏移线和双线地物的图形，还包括一些除建筑物、宗地、管线（直线段表示）等地物的外边界线，主要有：单线地物类、中心线地物类、双线地物类。

1. 线状地物几何图形的描述

Knorr 等（1997）提出了一种评价几何形状相似性的方法，国内学者杨春成等（2005）对该方法进行了改进。该方法利用差别线段链（difference curve）来评价两线段链之间的相似程度。通过在两线段链之间插入一方向轴线（axis of orientation），然后沿轴线计算两线段链与轴线垂直相交点之间的距离差，以该距离差为纵轴，方向轴线为横轴绘图，得到的线段链就是差别线段链，如图 5.6 所示。如果两线段链顶点数为 $m+n$，其计算复杂度为 $O(m+n)$。

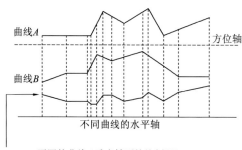

图 5.6　两条线的差别线段链（Knorr et al., 1997）

得到差别线段链后，计算两线段链相似程度的方法是：设 V_A 是线段链 A 的顶点，V_B 是线段链 B 的顶点，$V=V_A \cup V_B$，且依定向轴线增序排列，Dist_i 是两线段链在顶点 $V_i \in V$ 处的距离，L_i 是沿轴线方向顶点 V_i 与 V_{i+1} 之间的距离，$\theta_i = |\mathrm{dist}_{i+1} - \mathrm{dist}_i| / L_i$ 两线段链匹配性为

$$\text{score} = \sum \begin{cases} L_i \mathrm{e}^{(\Delta_g - \theta_i)c}, & \theta_i < \Delta_g \\ -L_i \mathrm{e}^{\min[1,(\theta_i - \Delta_b)/c]}, & \theta_i > \Delta_b \\ 0, & \text{其他} \end{cases} \quad (5.6)$$

该方法中确定定向轴线的方法是先确定线段链 A、B 的矩形框，如图 5.7 所示，连接两矩形框的外切线段，得到初始定向轴线，并通过式（5.6）计算得到两线段的匹配值，然后旋转定向轴线，求最大匹配值的旋转角度。

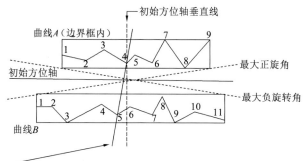

这里，当初始方位轴通过负旋转角被旋转时（至此有一条线垂直于初始方位轴），顶点A_4和B_5排成一队

图 5.7　定向轴线的确定与旋转（Knorr et al., 1997）

　　上述方法存在一些不足的地方, 只能针对线状地物 A、B 均采用多折线描述, 如果地物 A、B 中有一个地物为曲线, 上述方法是无法衡量出差别线段链。

　　本节提出一种新的线状图形的描述方法, 其中有线状地物 A、B, 获取地物 A 中的 $MinX_A$、$MinY_A$、$MaxX_A$、$MaxY_A$, 由 $(MinX_A, MinY_A)$ 和 $(MaxX_A, MaxY_A)$ 确定的矩形, 称为 A 地物的外接矩形 $Bound_A$; 同样的方法可得到 B 地物的外接矩形 $Bound_B$, $A \cup B$ 的外接矩形为 $Bound_{A \cup B}$; 沿着 X 方向上, 从 $Bound_{A \cup B}$ 最小的 $(MinX_{A \cup B}, MinY_{A \cup B})$ 处开始, 间隔 Δx 的平行于 Y 轴的直线交地物 A、地物 B 和 $A \cup B$ 的外接矩形 $Bound_{A \cup B}$（图 5.8）。

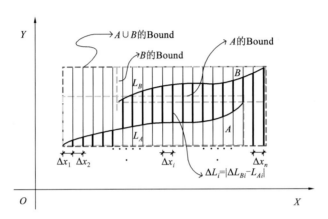

图 5.8　线状图形的描述

　　第 i 条（$i \geqslant 1$）平行于 Y 轴的直线与地物 A、B 相交有三种情况:

　　(1) 第 i 条平行于 Y 轴的直线与地物 A 相交, 不与地物 B 相交;

　　(2) 第 i 条平行于 Y 轴的直线与地物 A、地物 B 都相交;

　　(3) 第 i 条平行于 Y 轴的直线与地物 B 相交, 不与地物 A 相交。

2. 线状地物几何图形的相似性度量

1) 线状地物几何图形的差异距离

　　【定义 5-1】线状地物 A、B, A 地物的外接矩形为 $Bound_A$; B 地物的外接矩形为 $Bound_B$, $A \cup B$ 的外接矩形为 $Bound_{A \cup B}$; 在沿着 X 方向上, 从 $Bound_{A \cup B}$ 最小的 $(MinX_{A \cup B}, MinY_{A \cup B})$ 处开始, 间隔 Δx 的平行于 Y 轴的直线交地物 A、地物 B 和 $A \cup B$ 的外接矩形 $Bound_{A \cup B}$（图 5.8）。第 i 条平行于 Y 轴、间隔为 $i * \Delta x$ 的直线与地物 A、B 相交, 其中地物 A、B 的长度差可以表示为: $\Delta L_i = |L_{Bi} - L_{Ai}|$, ΔL_i 称为线状地物 A、B 几何图形的差异距离。

　　针对竖向直线与地物 A、B 和 $Bound_{A \cup B}$ 可能相交的三种情况, 可以分别计算出他们的差异距离为

$$
\begin{cases}
\Delta L_i = |L_{Ai}|, & \text{第 } i \text{ 条竖向线与地物 } A \text{ 相交, 不与地物 } B \text{ 相交} \\
\Delta L_i = |L_{Bi} - L_{Ai}|, & \text{第 } i \text{ 条竖向线与地物 } A \text{、} B \text{ 都相交} \\
\Delta L_i = |L_{Bi}|, & \text{第 } i \text{ 条竖向线与地物 } B \text{ 相交, 不与地物 } A \text{ 相交}
\end{cases}
$$

2）线状地物几何图形的相似性度量算法

【定义 5-2】线状地物 A、B，A 地物的外接矩形为 $Bound_A$；B 地物的外接矩形为 $Bound_B$，$A \cup B$ 的外接矩形为 $Bound_{A \cup B}$；在沿着 X 方向上，从 $Bound_{A \cup B}$ 最小的 $(MinX_{A \cup B}, MinY_{A \cup B})$ 处开始，间隔 Δx 的平行于 Y 轴的竖向直线交地物 A、地物 B 和 $A \cup B$ 的外接矩形 $Bound_{A \cup B}$（图 5.8）。第 i 条平行于 Y 轴、间隔为 $i*\Delta x$ 的竖向直线与地物 A、B 相交，其中地物 A、B 的几何图形差异距离可以表示为：$\Delta L_i = |L_{Bi} - L_{Ai}|$，地物 B 相对于地物 A 在 $i*\Delta x$ 处的相似性度量 $S(\Delta x_i)$ 可表示为

$$S(\Delta x_i) = 1 - \frac{\left| L_{B(\Delta X_i)} - L_{A(\Delta X_i)} \right|}{f\left[L_{A(\Delta X_i)} \cap L_{B(\Delta X_i)} \right] + f\left[L_{B(\Delta X_i)} - L_{A(\Delta X_i)} \right] + f\left[L_{A(\Delta X_{i})} - L_{B(\Delta X_i)} \right]} \qquad (5.7)$$

式中：$f\left[L_{A(\Delta X_i)} \cap L_{B(\Delta X_i)} \right] + f\left[L_{B(\Delta X_i)} - L_{A(\Delta X_i)} \right] + f\left[L_{A(\Delta X_{i})} - L_{B(\Delta X_i)} \right]$ 中对于距离来说，其计算结果为 $Max\left(L_{B(\Delta X_i)}, L_{A(\Delta X_i)} \right)$ 值，即

$$f\left[L_{A(\Delta X_i)} \cap L_{B(\Delta X_i)} \right] + f\left[L_{B(\Delta X_i)} - L_{A(\Delta X_i)} \right] + f\left[L_{A(\Delta X_{i})} - L_{B(\Delta X_i)} \right] = Max\left(L_{B(\Delta X_i)}, L_{A(\Delta X_i)} \right)$$

因此，综合可以得

$$S(\Delta x_i) = 1 - \frac{\left| L_{B(\Delta X_i)} - L_{A(\Delta X_i)} \right|}{Max\left(L_{B(\Delta X_i)}, L_{A(\Delta X_i)} \right)} \qquad (5.8)$$

针对竖向直线与地物 A、B 和 $Bound_{A \cup B}$ 可能相交的三种情况，可以分别计算出他们在 Δx_i 处的相似度为

$$\begin{cases} S(\Delta x_i) = 0, & \text{第} i \text{条竖向线与地物} A \text{相交，不与地物} B \text{相交} \\ S(\Delta x_i) = 1 - \dfrac{\left| L_{B(\Delta X_i)} - L_{A(\Delta X_i)} \right|}{Max\left(L_{B(\Delta X_i)}, L_{A(\Delta X_i)} \right)}, & \text{第} i \text{条竖向线与地物} A \text{、} B \text{都相交} \\ S(\Delta x_i) = 0, & \text{第} i \text{条竖向线与地物} B \text{相交，不与地物} A \text{相交} \end{cases}$$

【定义 5-3】线状地物 A、B，A 地物的外接矩形为 $Bound_A$，B 地物的外接矩形为 $Bound_B$，$A \cup B$ 的外接矩形为 $Bound_{A \cup B}$；在沿着 X 方向上，从 $Bound_{A \cup B}$ 最小的 $(MinX_{A \cup B}, MinY_{A \cup B})$ 处开始，间隔 Δx 的平行于 Y 轴的竖向线交地物 A、地物 B 和 $A \cup B$ 的外接矩形 $Bound_{A \cup B}$（图 5.8）。第 i 条平行于 Y 轴、间隔为 $i*\Delta x$ 的竖向直线与地物 A、B 相交，其中地物 A、B 的几何图形差异距离可以表示为：$\Delta L_i = |L_{Bi} - L_{Ai}|$，地物 B 相对于地物 A 在 $i*\Delta x$ 处的相似性度量 $S(\Delta x_i)$ 可表示为：$S(\Delta x_i) = 1 - \dfrac{\left| L_{B(\Delta X_i)} - L_{A(\Delta X_i)} \right|}{Max\left(L_{B(\Delta X_i)}, L_{A(\Delta X_i)} \right)}$，则地物 B 相对于地物 A 的几何图形相似度表示为

$$SIM_{shape}(B, A) = \frac{1}{M} \sum_{i=1}^{M} 1 - \frac{A(M) \cdot \left| L_{B(\Delta X_i)} - L_{A(\Delta X_i)} \right|}{Max\left(L_{B(\Delta X_i)}, L_{A(\Delta X_i)} \right)} \qquad (5.9)$$

式中：$SIM_{shape}(B, A)$ 表示 B 地物相对于 A 地物的几何图形相似度；$M = \dfrac{\left| MaxX_{A \cup B} - MinX_{A \cup B} \right|}{\Delta x}$；$\Delta x$ 取值的大小取决于计算的复杂度；$A(M)$ 是一个与 M 有关的回归函数：$A(M) = 2e^{-1/M}$，主要由于 Δx 取值为一个定值时，计算的差异距离是有限次的计算，而实际上 Δx 取值是无限可分，$A(M)$ 主要作用是为了进行控制和调节差异距离的大小。

3）线状地物几何图形的相似性度量计算流程

根据定义 5-2、定义 5-3 和式（5.9），线状地物几何图形的相似性度量计算流程如图 5.9 所示。

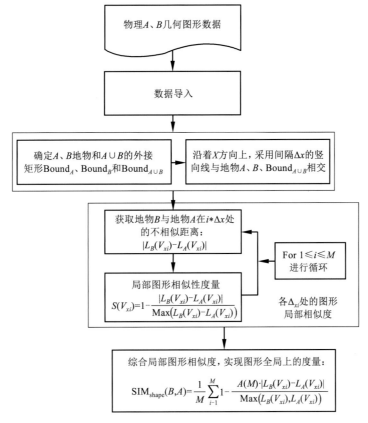

图 5.9　线状地物几何图形的相似性度量算法流程图

（1）线状地物 A、B 的几何图形数据导入。

（2）获取地物 A 中的 $MinX_A$、$MinY_A$、$MaxX_A$、$MaxY_A$，由$(MinX_A, MinY_A)$和$(MaxX_A, MaxY_A)$确定 A 地物的外接矩形为 $Bound_A$；同样的方法可得到 B 地物的外接矩形为 $Bound_B$，$A \cup B$ 的外接矩形为 $Bound_{A \cup B}$。

（3）沿着 X 方向，从 $Bound_{A \cup B}$ 最小的$(MinX_{A \cup B}, MinY_{A \cup B})$处开始，间隔$\Delta x$ 的平行于 Y 轴的竖向直线交地物 A、地物 B 和 $A \cup B$ 的外接矩形 $Bound_{A \cup B}$。

（4）建立Δx_i上的几何图形相似性度量方程，获取地物 B 与地物 A 在Δx_i处的差异距离 $|L_{B(\Delta X_i)} - L_{A(\Delta X_i)}|$。

（5）实现几何图形在Δx_i处的相似性度量：$S(\Delta x_i) = 1 - \dfrac{\left|L_{B(\Delta X_i)} - L_{A(\Delta X_i)}\right|}{\text{Max}\left(L_{B(\Delta X_i)}, L_{A(\Delta X_i)}\right)}$。

（6）重复上述（4）、（5），求出地物 B 相对于地物 A 在各 $i*\Delta x$ 处的相似性度量值，其中 i 的取值范围是：$1 \leqslant i \leqslant M$。

（7）将上述（6）的所有局部图形的相似度进行几何图形全局上的综合，实现地物 B 相对地物 A 的相似性度量：$\text{SIM}_{\text{shape}}(B,A)=\dfrac{1}{M}\sum_{i=1}^{M}1-\dfrac{A(M)\cdot\left|L_{B(\Delta X_i)}-L_{A(\Delta X_i)}\right|}{\text{Max}\left(L_{B(\Delta X_i)},L_{A(\Delta X_i)}\right)}$，其中 $A(M)=2\mathrm{e}^{-1/M}$。

5.3　道路属性语义相似性度量

研究本体的目标是捕获相关领域的知识，提供对该领域知识的共同理解，确定该领域内共同认可的词汇，并从不同层次的形式化模式上给出这些词汇（术语）和词汇间相互关系的明确定义。本体的主要关注焦点在于实体本身，即事物本身所呈现的运动状态和变化方式，具体到地理信息系统领域就是对地理空间实体目标域的关注。

地理信息系统领域中的本体是解决地理概念分类及地理概念之间的相互关系，它注重的是实体的属性和实体之间的关系，而不是对实体的操作。空间地物属性数据是对地理要素进行语义描述，表明其"是什么"，属性数据实质是以一组数字或字符的形式存储的数据，对地理信息进行分类分级的表示，这一组数字或字符称为编码（崔铁军 等，2000）。

通常语义相似性评价模型的分类基于特征、语义关系、信息内容和上下文信息。基于特征的模型是由认知心理学家提出，顾及概念或对象的不同特征，如属性、角色、规划等。基于语义关系的模型，主要是从计算机科学中而来，语义关系在语义网中组织，其中结点表示概念，链表达语义关系。语义相似来源于认知–语言域，表达相似评价模型。有很多学者对语义相似性进行了研究，Rodriguez（2000）开发了一种计算模型——MD（matching-distance）模型，用于评价语义相似性，该模型将特征匹配过程与语义距离量算相结合，用到了 WordNet 和 SDTS（spatial data transfer standard）。Bishr（1998）认为认知语义可表达为规则集，提出在独立上下文关系中的相似类的形式化作为"代理类（agent class）"构成"代理上下文关系（agent context）"。Kavouras 等（2002）提出了基于概念格网（concept lattices）的数学理论，并考虑将地理分类间的语义覆盖分辨率的差异用于解决语义相似性问题。Jiang 等（1997）提出基于边缘（based on edge）概念模型来分析语义关系。由于语义使用率的增加，"语义问题已经提到 GIS 最前沿"（Pundt，2002）。

5.3.1　空间信息本体的语义表达

随着计算机技术的不断发展和应用需求的不断增强，也同时出现一些困难，如知识的表示、信息的组织、软件的复用等。为了适应这些要求，本体（ontology）作为一种能在语义和知识层次上描述信息系统的概念模型建模工具，具有良好的概念层次结构和对逻辑推理的支持，自被提出以来就引起了国外众多科研人员的关注，并在计算机的许多领域得到广泛的应用（邓志鸿 等，2002）。

本体在领域内的共享保证了领域内信息在语义上的统一和规范，而显示和形式化的特性一方面为知识的机器阅读和理解奠定了基础，同时保证了不同领域和用户虽然有不同的知识背景，但仍可以借助本体进行基于语义的交流，从而使各个领域的应用研究不仅遵从本领域特有的规律健康发展,同时也可以与其他领域的应用研究相辅相成,共同进步。在这个过程中,本体保证了对知识理解和运用的一致性、精确性、可重用性和共享性。

Mark(1999)认为,地理信息科学中的本体论研究是高度跨学科的交叉研究,与地理信息的认知、表达、互操作、尺度和不确定性密切相关,其最重要的一点是研究空间信息的语义理论,或者更一般地说,就是研究人类思维、信息系统与地理现实世界之间的关系。

本体论观点在空间信息的概念模型、空间数据的共享和互操作、地理类别的研究等方面具有十分重要的意义,其最大的意义在于对空间信息语义理论的丰富,潜在的优点在知识工程领域已初见端倪,本体论研究会成为人们加深对地理信息和地理信息系统认识的重要途径(杜清运,2001)。

在信息内容上,当前地理信息系统技术能够表达地理数据和信息。社会化使 GIS 已经走出了科研工具的领域,要求 GIS 能更人性化表达地理知识,符合人们的认知习惯,用来支持地理空间信息解译自动化和 GIS 空间分析的智能化。在信息平台上,从二维向多维动态及网络方向发展,通过互联网络发展地理空间 Web 服务,实现远程寻找所需要的各种地理空间数据,进行各种地理分布式处理。在信息的交流上,从数据格式转换、信息共享发展到更智能化的、基于语义的互操作,满足不同行业信息交流的需要。从地理空间信息内容、信息平台和信息交流的需求和发展趋势可以看出,语义成为地理信息表达、沟通和地理服务的核心,而地理空间信息的语义表达和地理信息服务的语义描述也成为人们研究的热点(景东升,2005),如图 5.10 所示。

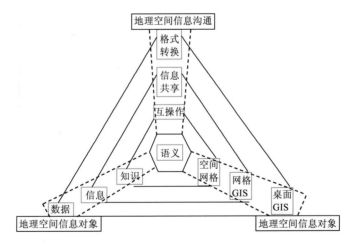

图 5.10　以语义为核心的地理空间信息技术发展趋势(景东升,2005)

由于空间信息具有复杂性、多样性与应用的广泛性,在将空间信息本体进行空间目标描述与表达时,也应该根据不同领域建立分类体系。如果分类指标不一致,就会导致分类结构不同,从而使信息的编码也不同,空间信息语义也不同,即使同一个地理实体在不同的分类体系中可能具有完全不同的编码(丁虹,2004),具体表现为

(1)同义不同名,同一地理实体采用完全不同命名;

（2）同名不同义，同一名称表达完全不同的地理实体；

（3）同一地理实体在不同分类体系中处于不同的分类位置。

这三种状况影响领域之间的语义共享行为，也影响语义的合并及分类。引入一个与特定任务无关的本体，能为不同系统概念之间的比较提供一个共同的标准，并通过比较两个概念的属性集来衡量不同本体系统间的语义关系。如果两个概念名称不同，但是它们有完全相同的属性集，而且每个属性的值域相同，则可以说这两个概念是相同的。所以在进行语义相似性判断时，可以比较它们属性集的相似程度，从而得出语义相似值。

空间地物通过本体进行属性语义表达，本体概念的内涵由属性集描述，外延由概念的实例集合–地理实体描述，彼此的语义关系通过特例关系或聚集关系被显示和形式化地描述出来。由于属性集中属性的数量一般较大，许多属性与概念的本质关系不密切。

5.3.2　道路信息分类本体的建立

本体是表达概念语义的有力工具，具有把特定领域中概念的语义和概念之间的关系进行显式表达的能力。地理空间实体类型具有丰富的语义内涵，通过本体地理空间实体类型的语义内容可以被充分和准确地表达出来。本体表达地理空间实体类型语义包含两个方面，首先是描述实体类型，然后是组织实体类型。描述实体类型是用本体概念框架把地理空间实体类型的名称、定义、语义关系、性质、属性等具体地描述出来；组织实体类型是明确地理空间实体类型之间的关系，然后把实体类型组织在本体的体系结构中。

1. 道路信息本体库建立

本体的构造没有一个标准的方法，构造特定领域本体要根据项目任务的需求进行，同时也需要专家的参与，其设计是一个逐步完善的过程。开发一个本体的基本过程包含：定义本体中的类、定义属性插件并描述其允许的赋值，为实例的属性插件赋值。通过定义这些类的实例，建立起一个知识库。

（1）定义类（classes）。无论采用哪种方法构建本体，都要从定义类开始。定义类可以采取"从上而下""从下至上"的方式。所谓"从上而下"，就是定义领域中一些最抽象的概念作为类名，然后依次对抽象概念进行具体化。"从下至上"方式正好相反。当然也可以综合这两种方式。定义基本类后，需要进一步完善类与类之间的分类等级体系。分类等级体系具有继承性，即子类继承上位类的全部属性插件和分面，因此同一个类中的若干直接子类之间要处于同一水平面上。同时，一个类可以是若干个类的子类，要处理好类之间的多重继承关系。

（2）定义类的属性插件（slots）。通常类的定义不能提供足够的信息。在定义类后，还必须描绘概念间的内在结构。例如，一个类可以是若干个类的子类，同样，一个属性可能属于多个类。因此要将属性赋予相应的类，于是类具有了自己特定的槽（slots）。通常，描述事物内部特征、外部特征的属性及表示事物之间联系的属性都可以作为相应类的槽。由于任意类的所有子类均继承了该类的属性插件（即槽），因此一个属性插件应该被附加在拥有该属性的最大的类上。

（3）创建实例。创建实例是本体设计的最后步骤。首先选择要创建实例的类，然后针对该类填写槽值。

我国基础地理信息分类标准采用线分类法，将基础地理信息要素类按照从属关系划分为大类、中类、小类和子类，其中大类分为测量控制点、水系、居民地与建（构）筑物、交通、管线与附属设施、境界、地貌、植被与土质 8 大类。

根据基础地理信息分类，借助于本体构建工具 Protégé，建立基础地理信息分类本体库，如图 5.11 所示，建立的基础地理信息分类的本体层次结构树，其中的交通类的本体层次结构树如图 5.12 所示。

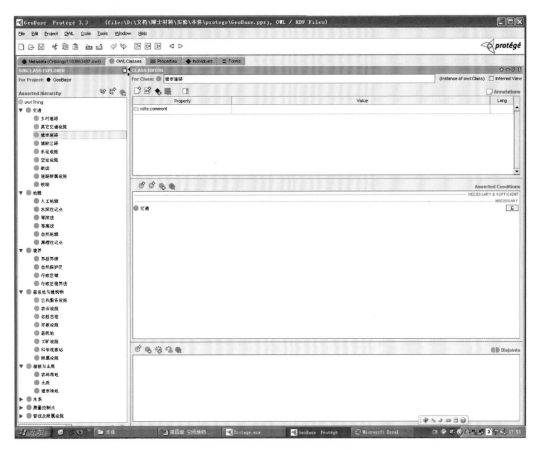

图 5.11　采用 Protégé 构建的基础地理信息分类本体库

2. 道路属性语义相似度模型

1）基于权重的道路信息语义层次结构模型

语义距离是语言学中经常提到的一个概念，它指两个概念的相近程度。在领域本体的语义层次树结构中，决定两个概念在树中的最短路径距离可以表示它们的语义距离，是一种自然的度量方法。一般说来，两个概念间的语义距离越小，它们的语义越相近，反之越远。

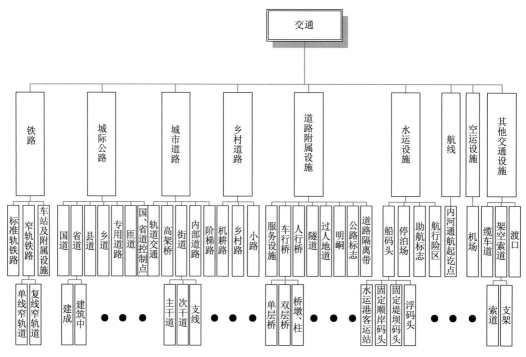

图 5.12　交通类的本体层次结构树

　　语义距离的共同缺点是没有考虑相似度计算的认知特性，其中最广为人知的是边的权值问题。在语义层次模型中，抽象概念位于分类结构上层，具体概念位于分类结构的下层。显然，位于结构上层的两个相邻概念的相似性要小于下层概念的相似性。这就必须为边赋予不同的权值。边的权值的选择，受到概念在分类结构中的深度和密度等因素的影响。为了解决语义树的不同层次上，相同的语义距离可能代表不同的语义相似度，结合"层次深度"进行权重设定，同时解决语义层次的密度不同问题，本节结合语义层次结构树的特点，将语义距离、本体库统计特性和语义树结构结合起来，提出基于权重的基础地理信息语义层次结构模型（weight-based geo-spatial semantic hiberarchy model，GSHM-W），实现符合人们认知的基础地理信息分类的语义相似性计算与度量。

　　针对我国交通信息分类和标准，将交通信息本体分为大类、中类、小类、子类 4 级层次结构模型。在交通大类中，设有铁路、公路、建（构）筑物、航运、港口、空运 6 个中类，如图 5.13 所示。

　　【定义 5-4】在交通信息分类层次结构模型（GSHM-W）中（图 5.13），设根节点交通信息 F_0 的深度为 1，记为：$Dep(F_0)=1$，任一非根节点地物 F_i，其父节点记为：$Par(F_i)$，则在该模型中的 F_i 深度 $Dep(F_i)$ 为

$$Dep(F_i)=Dep(Par(F_i))+1$$

根据交通信息分类层次结构模型（GSHM-W）可知，$1 \leqslant Dep(F_i) \leqslant 5$。

　　【定义 5-5】基础地理信息分类层次结构模型（GSHM-W）的深度记为：$Dep(F)$，即模型的深度等于模型中概念的最大深度，其值为

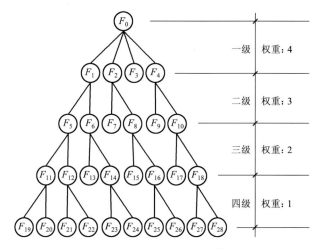

图 5.13　基于权重的交通信息本体层次结构模型（GSHM-W）

$$\text{Dep}(F) = \text{Max}(\text{Dep}(F_i))$$

式中：F_i 为模型中的任一地物。根据该层次结构模型可知，$\text{Dep}(F) = 5$。

【定义 5-6】在基础地理信息分类层次结构模型（GSHM-W）中（图 5.13），语义重合度是指在该层次结构，两个地物之间包含相同上位概念的个数，即两个地物的公共上位节点的层次深度，记为 $\text{Sam}(F_i, F_j)$。

例如：在基础地理信息分类层次结构模型（GSHM-W）中（图 5.13），F_2、F_3 之间的语义重合度为 F_2、F_3 之间的公共上位节点 F_0 的层次深度，所以 $\text{Sam}(F_2, F_3) = 1$；F_1、F_{11} 之间的语义重合度为 F_1、F_{11} 之间的公共上位节点 F_1 的层次深度，所以 $\text{Sam}(F_1, F_{11}) = 2$；$F_{19}$、$F_{21}$ 之间的语义重合度为 F_{19}、F_{21} 之间的公共上位节点 F_5 的层次深度，所以 $\text{Sam}(F_{19}, F_{21}) = 3$。

【定义 5-7】在基础地理信息分类层次结构模型（GSHM-W）中（图 5.13），针对基础地理信息的分类特点和语义层次结构的关系，分别设定了 4 级层次结构的权重为：一级层次结构权重为 4，记为 $\text{Weight}(1) = 4$；二级层次结构权重为 3，记为 $\text{Weight}(2) = 3$；三级层次结构权重为 2，记为 $\text{Weight}(3) = 2$；四级层次结构权重为 1，记为 $\text{Weight}(4) = 1$。

2）顾及层次结构树深度的交通信息分类语义距离

【定义 5-8】在基础地理信息分类层次结构模型（GSHM-W）中（图 5.13），任意两个地物的语义距离是指在 GSHM-W 模型中，连接这两个节点的最短路径所跨的边数与权值的和。用 $\text{Dist}(F_i, F_j)$ 来表示概念 F_i 与 F_j 之间的语义距离，其中一个地物与其本身的距离为 $\text{Dist}(F_i, F_j) = 0$。

例如：F_2、F_3 之间的语义距离为 F_2、F_3 之间的最短路径的权值和，F_2、F_3 之间的最短路径为 2，权值分别为 4、4，因此 $\text{Dist}(F_2, F_3) = 4 + 4 = 8$；$F_1$、$F_{11}$ 之间的语义距离为 F_1、F_{11} 之间的最短路径的权值和，F_1、F_{11} 之间的最短路径为 2，权值分别为 3、2，所以 $\text{Dist}(F_1, F_{11}) = 3 + 2 = 5$。

语义距离是决定两个地物之间相似度的一个基本因素，两个地物的语义距离越大，其相似度越低；反之，两个地物语义距离越小，其相似度越大。

3）基于 GSHM-W 模型的相关推理

【推理 5-1】在基础地理信息分类层次结构模型（GSHM-W）中（图 5.13），同一父类下任意两个地物的语义距离相等（图 5.14）。

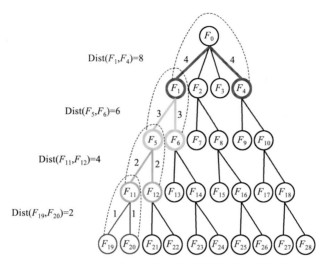

图 5.14　同一父类下任意两个地物的语义距离相等

由定义 5-7 和定义 5-8 可知，同一父类之间的语义距离都相等。如任意两个大类之间的语义距离都相等，语义距离为 $\text{Dist}(F_1,F_2)=8$；同一大类下的任意两个中类的语义距离都相等，语义距离为 $\text{Dist}(F_5,F_6)=6$；同一中类下的任意两个小类的语义距离都相等，语义距离为 $\text{Dist}(F_{11},F_{12})=4$；同一小类下的任意两个子类的语义距离都相等，语义距离为 $\text{Dist}(F_{19},F_{20})=2$，如图 5.14 所示。

【推理 5-2】在基础地理信息分类层次结构模型（GSHM-W）中（图 5.13），同父类地物的层次结构越深，语义距离越小，越相似（图 5.15）。

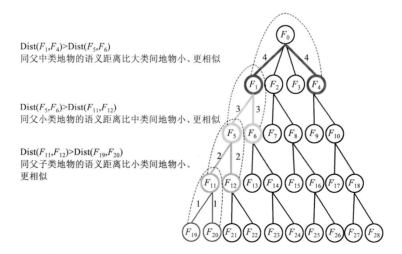

图 5.15　同父类地物的层次结构越深，语义距离越小，越相似

【推理 5-3】在基础地理信息分类层次结构模型（GSHM-W）中，任意地物与其下位节点任意地物的语义距离小于它与同级非同类任意地物的语义距离（图 5.16）。

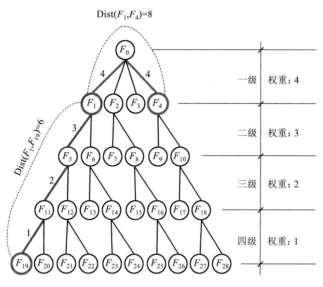

图 5.16　同类地物的语义距离小，更相似

【推理 5-4】在基础地理信息分类层次结构模型（GSHM-W）中（图 5.13），任意地物与其本身的语义距离是结构树中的最小语义距离，此时语义距离为 0；不同大类的子类地物之间的语义距离最大，此时语义距离为 20（图 5.17）。

4）交通信息分类的语义相似度

基础地理信息语义相似度直接反映了空间地物属性数据的相似程度，两个空间地物属性语义相似度与它们之间的语义距离有关。语义距离越大，两个空间地物相似程度越小，反之，语义距离越小，两个空间地物相似程度越大。

【定义 5-9】在基于权重的基础地理信息语义层次结构模型（GSHM-W）和定义 5-4～定义 5-8 的基础上，提出基于

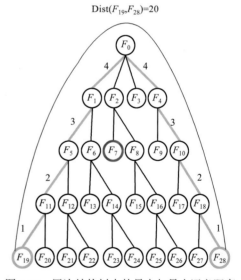

图 5.17　层次结构树中的最大与最小语义距离

权重的基础地理信息分类语义相似度的计算公式如下：

$$\begin{cases} \mathrm{SIM}_{\mathrm{AC}}(A,B)=1-\omega^{\frac{-1}{\mathrm{Dist}(A,B)}}, & \mathrm{Dist}(A,B)\neq 0 \\ \mathrm{SIM}_{\mathrm{AC}}(A,B)=1, & \mathrm{Dist}(A,B)=0 \end{cases} \tag{5.10}$$

式中：$SIM_{AC}(A,B)$是A、B地物属性分类语义相似度，取值为[0,1]的正实数；ω为归一化因子，其取值越大，计算结果趋近 1 的速度越快；$Dist(A,B)$为A、B地物之间的语义距离。

5）ω取值与语义相似度的关系

针对不同ω取值（如ω=100、50、20、10、4、2），语义距离的取值[0,20]，它们的相似度值如表 5.1 所示，相似度变化情况如图 5.18 所示。

表 5.1 不同ω、不同语义距离的语义相似度

语义距离	ω=100	ω=50	ω=20	ω=10	ω=4	ω=2
0	1.000	1.000	1.000	1.000	1.000	1.000
1	0.990	0.980	0.950	0.900	0.750	0.500
2	0.900	0.859	0.776	0.684	0.500	0.293
3	0.785	0.729	0.632	0.536	0.370	0.206
4	0.684	0.624	0.527	0.438	0.293	0.159
5	0.602	0.543	0.451	0.369	0.242	0.129
6	0.536	0.479	0.393	0.319	0.206	0.109
7	0.482	0.428	0.348	0.280	0.180	0.094
8	0.438	0.387	0.312	0.250	0.159	0.083
9	0.401	0.353	0.283	0.226	0.143	0.074
10	0.369	0.324	0.259	0.206	0.129	0.067
11	0.342	0.299	0.238	0.189	0.118	0.061
12	0.319	0.278	0.221	0.175	0.109	0.056
13	0.298	0.260	0.206	0.162	0.101	0.052
14	0.280	0.244	0.193	0.152	0.094	0.048
15	0.264	0.230	0.181	0.142	0.088	0.045
16	0.250	0.217	0.171	0.134	0.083	0.042
17	0.237	0.206	0.162	0.127	0.078	0.040
18	0.226	0.195	0.153	0.120	0.074	0.038
19	0.215	0.186	0.146	0.114	0.070	0.036
20	0.206	0.178	0.139	0.109	0.067	0.034

如图 5.18 所示，随着ω值的不断增加，相似度变化曲线越缓和；ω值越小，相似度变化曲线在语义距离较小（0≤Dist≤6）时，变化越剧烈。当ω值为 20 时，语义相似度曲线变化较均匀，各相似度比较符合人类的空间认知和地物认知的心理，因此，在后续的实验中取ω=20 作为相似度计算的参数。

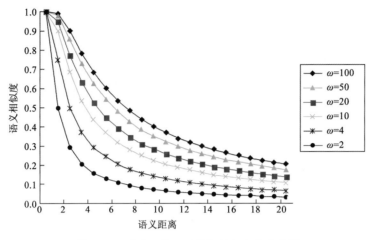

图 5.18　不同 ω 情况下的相似度变化曲线图

3. 基础地理信息多属性字段的语义相似性度量

在基础地理信息中,属性数据不仅包含基础地理信息的分类信息,同时还有很多属性字段,作为基础地理信息属性的一部分,其语义相似度计算与衡量也是很重要的。本章先计算单个属性的语义相似度,然后将每一个属性字段语义相似度进行综合。

1）单属性字段语义相似度计算方法 $\text{SIM}_{\text{AO}}(A,B)$

（1）区间标度变量。区间值的语义相似度,可以对它们按照升序或者降序排序,然后按照排序结果进行编号,例如将属性值可以依次编号为 1、2、3……,则两个属性值之间的语义相似度计算方法为

$$\text{SIM}_{\text{AO}}(A,B)=1-\frac{|\text{num}(A)-\text{num}(B)|}{N} \tag{5.11}$$

式中：N 为属性值的个数；$\text{num}(A)$、$\text{num}(B)$为 A、B 标度变量的升序编号。

（2）二元变量（布尔型）。二元变量只有 0 或 1 两种状态,二元变量分为对称的和非对称的两种,其布尔型属性值的语义相似度计算为

$$\begin{cases}\text{SIM}_{\text{AO}}(A,B)=1, & A=B \\ \text{SIM}_{\text{AO}}(A,B)=0, & A\neq B\end{cases} \tag{5.12}$$

（3）标称变量。具有多于两个离散状态值的变量称为标称变量,可以对它们按照升序或者降序排序,然后按照排序结果进行编号,例如将属性值可以依次编号为1、2、3……,则两个属性值之间的语义相似度计算方法遵照式（5.11）。

（4）序数型变量。序数型变量分为离散的序数型变量和连续的序数型变量两种。序数型变量类似于标称变量,不过序数型变量的各个状态是以有意义的序列排序的。可以将序数型变量的值映射为秩。计算两个对象 i 和 j 相异度时,用相应的秩代替实际取值,并标准化到[0,1]区间,之后利用距离度量方法进行计算。

（5）字符型。属性值采用字符型数据表达,如地物名称、地址等,其语义相似度按照式（5.12）计算获取。

（6）数值型。数值型字段是采用数字来进行描述，其相似度为

$$\text{SIM}_{\text{AO}}(A,B)=1-\frac{|A-B|}{|\text{Max}(x)-\text{Min}(x)|} \tag{5.13}$$

（7）向量变量。设两个向量 $\boldsymbol{X}=(x_1,x_2,\cdots,x_m)$ 和 $\boldsymbol{Y}=(y_1,y_2,\cdots,y_m)$，则它们的相似度为

$$S_{\cos}(\boldsymbol{X},\boldsymbol{Y})=\frac{\boldsymbol{X}'\cdot\boldsymbol{Y}}{\|\boldsymbol{X}\|\|\boldsymbol{Y}\|}=\frac{\sum\limits_{k=1}^{m}(x_k\cdot y_k)}{\left[\sum\limits_{k=1}^{m}x_k^2\cdot\sum\limits_{k=1}^{m}y_k^2\right]^{\frac{1}{2}}} \tag{5.14}$$

2）多属性字段语义相似度

【定义5-10】在前一节计算得到 SIM_{AO} 的基础上，将单个的字段的属性语义相似度进行综合，其计算方法为

$$\text{SIM}_{\text{AM}}(A,B)=\frac{\sum\limits_{i=1}^{M}\text{SIM}_{\text{AO}}(A_i,B_i)}{M} \tag{5.15}$$

式中：$\text{SIM}_{\text{AM}}(A,B)$ 为多属性字段的语义相似度；$\text{SIM}_{\text{AO}}(A_i,B_i)$ 为 A、B 地物的第 i 个字段的语义相似度；M 为 A、B 的字段个数。

4. 属性的语义相似性度量

1）属性的语义相似度

属性的语义相似度包括两个部分：①基础地理信息分类语义相似度（SIM_{AC}），②基础地理信息多属性字段的语义相似度（SIM_{AM}）。SIM_{AC} 和 SIM_{AM} 在前两节中已经完成了度量，最后将两者结合起来，属性语义相似度计算方法如下：

$$\text{SIM}_{\text{Attribute}}(A,B)=\alpha\cdot\text{SIM}_{\text{AC}}(A,B)+\beta\cdot\text{SIM}_{\text{AM}}(A,B) \tag{5.16}$$

式中：$\text{SIM}_{\text{Attribute}}(A,B)$ 为 A、B 地物的属性语义相似度；$\text{SIM}_{\text{AC}}(A,B)$ 为 A、B 地物的分类语义相似度；$\text{SIM}_{\text{AM}}(A,B)$ 为 A、B 地物的多字段属性语义相似度；α 为 A、B 地物的分类语义相似度 $\text{SIM}_{\text{AC}}(A,B)$ 所占的权重；β 为 A、B 地物的多字段属性语义相似度 $\text{SIM}_{\text{AM}}(A,B)$ 所占的权重，并且 $\alpha+\beta=1$。

2）属性语义相似度计算流程

根据定义5-9、定义5-10，属性语义相似性度计算流程如图5.19所示。

（1）地物 A、B 的属性数据导入；

（2）建立基于权重的基础地理信息语义层次结构模型；

（3）获取地物 A、B 中的地物编码；

（4）根据定义5-8计算 A、B 地物的语义距离 $\text{Dist}(A,B)$；

（5）根据定义5-9计算 A、B 地物的基础地理信息分类语义相似性度量 SIM_{AC}；

（6）获取地物 A、B 中的字段属性的个数 M；

（7）从第一个字段开始，计算地物 A、B 中每一个字段的属性语义相似度 SIM_{AO}，直

到 M 个字段的语义相似度都计算完毕；

（8）根据定义 5-10 计算多字段的属性语义相似度 SIM_{AM}；

（9）将上述 A、B 地物的分类语义相似性度量 SIM_{AC} 和多字段的属性语义相似度 SIM_{AM} 进行综合，实现地物 A、B 的属性语义相似度 $SIM_{Attribute}(A,B)$：$SIM_{Attribute}(A,B)=$ $\alpha \cdot SIM_{AC}(A,B)+\beta \cdot SIM_{AC}(A,B)$。

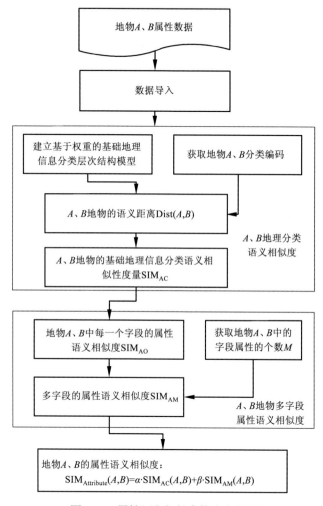

图 5.19　属性语义相似度算法流程图

5.4　基于地物相似度模型的道路数据变化检测

针对道路数据的几何图形和属性，在地物几何图形相似度与地物属性语义相似度研究的基础上，提出地物相似性的度量模型；在研究空间数据变化分类的基础上，设计基于地物相似度模型的空间变化发现算法，实现基于地物相似度模型的空间数据变化发现与快速提取。

5.4.1　地物相似度模型

基础地理信息是与地表位置直接或间接相关的地理现象的信息，它表示地表物体及环境固有的数量、质量、分布特征、联系和规律，主要包括各种平面和高程测量控制点、建筑物、道路、水系、境界、地形、植被、地名及某些属性信息等，用于表示城市的基本面貌，并作为各种专题信息空间定位的载体。

1. 地物相似性

基础地理信息包括几何图形信息、属性信息和空间拓扑关系三个重要部分。由于基础地理信息中的空间拓扑关系可以在图形上进行提取，本节着重研究几何图形和属性。

【定义 5-11】地物相似性是指两个空间目标对象在形态结构、属性与其他空间目标对象之间的拓扑关系存在某种相似的组织结构，地物相似度是衡量这种相似程度的指标，通常地物相似度值在[0,1]。地物相似度主要基于地理信息的几何图形、属性等方面进行度量。设地物 A、B，其几何图形相似度为 $\mathrm{SIM}_{\mathrm{shape}}(A,B)$，其属性语义相似度为 $\mathrm{SIM}_{\mathrm{Attribute}}(A,B)$，则空间地物相似度模型（geo-feature similarity model，GFSM）包括空间地物几何图形的相似性和空间地物属性语义相似性，如图 5.20 所示。空间地物相似度模型将地物几何图形相似性度量与地物属性语义相似性度量相结合，实现地物相似性的度量。地物相似度 $\mathrm{SIM}_{\mathrm{Geo\text{-}Feature}}(A,B)$ 可以表示为

$$\mathrm{SIM}_{\mathrm{Geo\text{-}Feature}}(A,B)=\lambda\cdot\mathrm{SIM}_{\mathrm{shape}}(A,B)+(1-\lambda)\cdot\mathrm{SIM}_{\mathrm{Attribute}}(A,B) \tag{5.17}$$

式中：$\mathrm{SIM}_{\mathrm{Geo\text{-}Feature}}(A,B)$ 为 A、B 两个地物的相似度；$\mathrm{SIM}_{\mathrm{shape}}(A,B)$ 为 A、B 两个地物的几何图形相似度；$\mathrm{SIM}_{\mathrm{Attribute}}(A,B)$ 为 A、B 两个地物的属性语义相似度；λ 为 A、B 地物几何图形相似性占有的权重，该权重与地物属性语义相似性占有的权重之和为 1，因此地物属性语义相似性占有的权重为 $1-\lambda$。

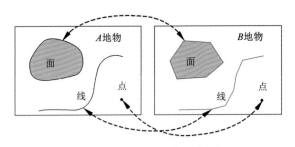

图 5.20　地物相似度示意图

空间地物相似度决定了地物的相似程度，地物相似度越大，说明地物越相似，反之，地物相似度越小，说明地物相似程度越小，该空间地物相似度模型如图 5.21 所示。

2. 地物相似度的计算流程

根据定义 5-10，地物相似度包括几何图形相似性度量和属性语义相似性度量，图 5.22 展示了空间地物相似度计算算法与流程。

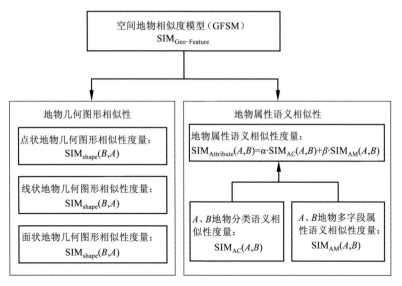

图 5.21　地物相似度模型示意图

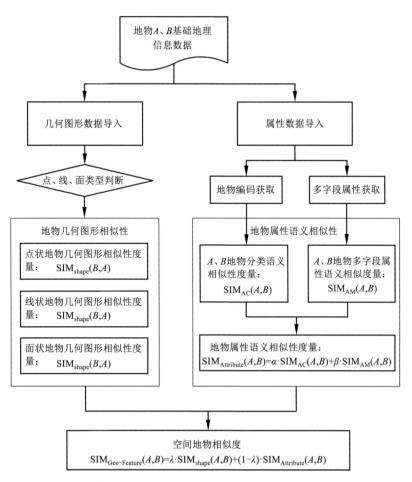

图 5.22　空间地物相似度计算流程示意图

（1）地物 A、B 数据准备；

（2）A、B 地物的几何图形数据导入；

（3）判断几何图形数据的点状、线状和面状类型；

（4）根据几何图形的类型，按照点状、线状和面状地物类型，计算出 A、B 地物的几何图形相似度 $\mathrm{SIM}_{\mathrm{shape}}(A,B)$；

（5）A、B 地物属性数据导入；

（6）获取 A、B 地物类型的地物编码；

（7）计算 A、B 地物分类语义相似度 $\mathrm{SIM}_{\mathrm{AC}}(A,B)$；

（8）获取 A、B 地物的多字段属性数据；

（9）计算 A、B 地物多字段属性语义相似度 $\mathrm{SIM}_{\mathrm{AM}}(A,B)$；

（10）将 A、B 地物分类语义相似度 $\mathrm{SIM}_{\mathrm{AC}}(A,B)$ 和多字段属性语义相似度 $\mathrm{SIM}_{\mathrm{AM}}(A,B)$ 进行综合，计算地物属性语义相似度 $\mathrm{SIM}_{\mathrm{Attribute}}(A,B)$；

（11）将 A、B 地物的几何图形相似度 $\mathrm{SIM}_{\mathrm{shape}}(A,B)$ 和属性语义相似度 $\mathrm{SIM}_{\mathrm{Attribute}}(A,B)$ 进行综合，计算 A、B 地物相似度 $\mathrm{SIM}_{\mathrm{Geo\text{-}Feature}}(A,B)$。

5.4.2 道路数据变化分类

空间数据的变化检测是在不同时间对同一物体或现象观察、识别其差异的过程，变化信息的发现与提取是空间数据更新的首要环节，其目的是通过调查、比较发现并确定变化（Singh, 1989）。变化发现是空间数据库更新的关键步骤，包括变化发现、变化信息空间范围划定、变化类型确定三个方面（邓小炼，2006）。

根据对空间地物的存储和管理的研究，可以将空间矢量数据的变化归结为三种类型："地物增加""地物删除""地物修改"。

假设集合 Old 是变化前空间数据集合，表示为 Old=$\{x|x$ 为变化前空间数据$\}$，集合 New 是变化后空间数据的集合，New=$\{y|y$ 为变化后空间数据$\}$。

1. 地物增加（geo-feature addition）

地物增加是指在变化前的空间数据 Old 中，增加新的地物，构成变化后的空间数据 New，增加内容的集合 Addition 可以表示为

$$\mathrm{Addition} = \{\alpha | \alpha \in \mathrm{New}, \alpha \notin \mathrm{Old}\}$$

2. 地物删除（geo-feature deletion）

地物删除是指在变化前的空间数据集合 Old 中，删除了原有的部分地物，构成变化后的空间数据 New，地物删除的集合 Deletion 可以表示为

$$\mathrm{Deletion} = \{d | d \in \mathrm{Old}, d \notin \mathrm{New}\}$$

3. 地物修改（geo-feature modification）

地物修改是指在变化前的空间数据 Old 中，修改了原有的部分地物，构成变化后的空间数据集合 New 中的部分地物，且 $M_o \neq M_n$，则地物修改的集合 Modification 可以表示为

$$Modification = \left\{ {}^{M_o}_{M_n} \middle| M_o \in Old, M_o \in New, M_n \in Old, M_n \in New, M_o \neq Mn \right\}$$

5.4.3 道路数据变化检测

空间数据的变化发现是通过变化检测算法对两个数据进行比较，将可能发生变化的位置和分布自动显现出来的过程。在遥感影像的空间数据变化发现中，人工解译是一种比较可靠的变化检测方法，但这种通过目视解译进行比较的工作量很大、效率低、主观性强且易出现遗漏和错误。随着计算机及数字图像处理技术的发展，已经形成了许多自动的变化检测算法用于提取变化的信息。按照在变化检测中对两期影像的处理过程，可以将各种变化检测算法分为分类后比较法（post-classification comparison）和直接比较法（simultaneous analysis of multi-temporal data）两大类（Singh，1989）。

1. 道路数据变化与地物相似度

基于地物相似度模型的空间数据变化发现主要包括了 4 个方面的内容：

（1）针对变化前后空间数据，进行地物相似性度量；

（2）空间数据变化的相似度阈值的确定，作为区域内地物是否发生了变化的依据和衡量标准；

（3）确定空间地物发生了什么类型的空间数据变化；

（4）将发生变化的空间地物进行变化提取。

【定义 5-12】假设变化前空间数据的集合 Old，表示为 Old=$\{x|x$ 为变化前空间数据$\}$，变化后空间数据的集合 New，表示为 New=$\{y|y$ 为变化后空间数据$\}$，Val 表示地物发生变化的地物相似度阈值，对变化前空间数据集合中的任意地物 Old(i)，与变化后的空间数据集合 New(j)是两个相关地物，其地物相似度为 Sim(i)，当 $0 \leq Sim(i) \leq Val$ 时，这两个地物的相似程度较小，表明该地物发生了变化；当地物相似度 $Val < Sim(i) \leq 1$ 时，这两个地物的相似程度较大，表明该地物没有发生变化。因此，对于变化前后的空间数据集合，发生变化的空间数据集合 Chg 可以表示为

$$Chg = \left\{ c \middle| {}^{0 \leq Sim(c) \leq Val, c \in Old}_{0 \leq Sim(c) \leq Val, c \in New} \right\} \tag{5.18}$$

对于变化前后的空间数据集合，没有发生变化的空间数据集合 NoC 可以表示为

$$NoC = \left\{ n \middle| {}^{Val \leq Sim(n) \leq 1, n \in Old}_{Val \leq Sim(n) \leq 1, n \in New} \right\} \tag{5.19}$$

2. 道路数据变化发现与提取

空间数据的变化发现与提取分为两个过程，首先是对空间数据进行变化发现，其次在空间数据变化发现的基础上对空间数据的变化进行分类提取。

1）空间数据变化的发现

（1）变化前数据集合 Old 中空间数据变化发现。针对变化前数据集合 Old 中的每个地物 Old(i)的相似度 Sim(i)不同的情况，分析空间数据是否有变化和变化类型。

①当 Sim(i)=0 时，由于 Sim(i)<Val，说明地物 Old(i)有地物变化，并且 Old(i)∈Old，Old(i)∉New，即该地物存在于变化前的空间数据集合 Old 中，但在变化后的空间数据集合 New 中没有，根据空间数据变化类型分析可知，变化前 Old 的地物 Old(i)属于地物删除的变化类型；

②当 0<Sim(i)≤Val 时，由于 Sim(i)≤Val，说明地物 Old(i)有地物变化，并且 Old(i)∈Old，Old(i)∈New，但是 Old(i)∉New(j)，即该地物存在于变化前的空间数据集合 Old 中，也存在于变化后的空间数据集合 New 中，但地物不完全相似，有地物变化，根据空间数据变化类型分析可知，该地物 Old(i)属于地物修改的变化类型；

③当 Val<Sim(i)≤1 时，由于 Sim(i)>Val，说明地物 Old(i)没有地物变化。

综上所述三种情况，对于变化前的空间数据集合 Old 中的任意地物 Old(i)的相似度 Sim(i)不同，空间数据是否有变化和变化的类型可以表示为

$$\text{Old} = \begin{cases} \text{Old}(i) \begin{vmatrix} \text{Old}(i)\text{有地物变化，类型为地物删除} & \text{Sim}(i)=0 \\ \text{Old}(i)\text{有地物变化，类型为地物修改} & 0<\text{Sim}(i)\leqslant\text{Val} \\ \text{Old}(i)\text{没有地物变化} & \text{Val}<\text{Sim}(i)=1 \end{vmatrix} \end{cases} \quad (5.20)$$

（2）变化后数据集合 New 中空间数据变化发现。针对变化后数据集合 New 中的任意地物 New(j)的相似度 Sim(j)不同的情况，可以分析出空间数据是否有变化和变化的类型。

①当 Sim(j)=0 时，由于 Sim(j)<Val，说明地物 New(j)有地物变化，并且 Old(j)∈New，New(j)∉Old，即该地物不存在于变化前的空间数据集合 Old 中，但存在于变化后的空间数据集合 New 中，根据空间数据变化类型分析可知，该变化后的地物 New(j)属于地物增加的变化类型。

②当 0<Sim(j)≤Val 时，由于 Sim(j)≤Val，说明地物 New(j)有地物变化，并且 New(j)∈Old，New(j)∈New，但是 O(i)≠N(j)，即该地物存在于变化前的空间数据集合 Old 中，也存在于变化后的空间数据集合 New 中，但地物不完全相似，有地物变化，根据空间数据变化类型分析可知，变化后的地物 New(j)属于地物修改的变化类型。

③当 Val<Sim(j)≤1 时，由于 Sim(j)>Val，说明地物 New(j)没有地物变化。

综上所述三种情况，对于变化后的空间数据集合 New 中的任意地物 New(j)的相似度 Sim(j)不同，空间数据是否有变化和变化的类型可以表示为

$$\text{New} = \begin{cases} \text{New}(j) \begin{vmatrix} \text{New}(j)\text{有地物变化，类型为地物增加} & \text{Sim}(j)=0 \\ \text{New}(j)\text{有地物变化，类型为地物修改} & 0<\text{Sim}(j)\leqslant\text{Val} \\ \text{New}(j)\text{没有地物变化} & \text{Val}<\text{Sim}(j)=1 \end{vmatrix} \end{cases} \quad (5.21)$$

2）空间数据变化的提取

综合上述分析和研究的结果，空间数据变化与变化前后的空间地物相似度之间的关系如图 5.23 所示。

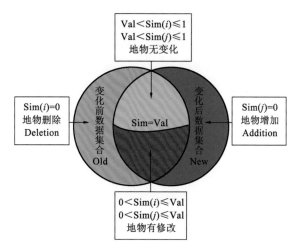

图 5.23 变化前后空间地物相似度与空间数据变化关系示意图

通过分析空间数据变化的情况可以看出，空间数据的变化有 4 大部分。

（1）当 $\mathrm{Sim}(i)=0$ 时，变化前的空间数据集合 Old 中的 Old(i)发生地物删除的空间数据变化；

（2）当 $0<\mathrm{Sim}(i)\leqslant\mathrm{Val}$ 时，变化前的空间数据集合 Old 中的 Old(i)发生地物修改的空间数据变化；

（3）当 $\mathrm{Sim}(j)=0$ 时，变化后的空间数据集合 New 中的 New(j)发生地物增加的空间数据变化；

（4）当 $0<\mathrm{Sim}(j)\leqslant\mathrm{Val}$ 时，变化后空间数据集合 New 中的 New(j)发生地物修改的空间数据变化。

上述的 4 部分空间数据的变化可以表示为

$$\mathrm{Chg}=\left\{\mathrm{Chg}(i)\left|\begin{array}{ll}\mathrm{Old}(i)\text{有地物变化，类型为地物删除} & \mathrm{Sim}(i)=0 \\ \mathrm{Old}(i)\text{有地物变化，类型为地物修改} & 0<\mathrm{Sim}(i)\leqslant\mathrm{Val} \\ \mathrm{New}(i)\text{有地物变化，类型为地物增加} & \mathrm{Sim}(i)=0 \\ \mathrm{New}(i)\text{有地物变化，类型为地物修改} & 0<\mathrm{Sim}(i)\leqslant\mathrm{Val}\end{array}\right.\right\}$$

根据空间数据变化的分类，可以将地物修改类型的空间数据变化转化为地物增加和地物删除两种类型，即地物修改的空间数据变化转换为

（1）在变化前的空间数据集合 Old 中，当 $0<\mathrm{Sim}(i)\leqslant\mathrm{Val}$ 时，Old(i)发生地物修改的可以表示为

$$\mathrm{Modi}=\left\{\mathrm{Modi}(i)\left|\begin{array}{ll}\mathrm{Old}(i)\text{有地物变化，类型为地物删除} & 0<\mathrm{Sim}(i)\leqslant\mathrm{Val} \\ \mathrm{New}(i)\text{有地物变化，类型为地物增加} & 0<\mathrm{Sim}(i)\leqslant\mathrm{Val}\end{array}\right.\right\}$$

（2）在变化后的空间数据集合 New 中，当 $0<\mathrm{Sim}(j)\leqslant\mathrm{Val}$ 时，New(j)发生地物修改的可以表示为

$$\mathrm{Modi}=\left\{\mathrm{Modi}(i)\left|\begin{array}{ll}\mathrm{Old}(i)\text{有地物变化，类型为地物删除} & 0<\mathrm{Sim}(i)\leqslant\mathrm{Val} \\ \mathrm{New}(j)\text{有地物变化，类型为地物增加} & 0<\mathrm{Sim}(j)\leqslant\mathrm{Val}\end{array}\right.\right\}$$

因此，当 $0<\text{Sim}(i)\leqslant\text{Val}$ 和 $0<\text{Sim}(j)\leqslant\text{Val}$ 时，在发生地物修改的空间数据变化中，有 $\text{Old}(i)\in\text{Old}$ ，$\text{Old}(i)\in\text{New}$ ，$\text{New}(j)\in\text{Old}$ ，$\text{New}(j)\in\text{New}$ ，但是 $\text{Old}(i)\neq\text{New}(j)$ ，说明变化前数据集合 Old 中地物修改的地物 Old(i)与变化后数据集合 New 中的地物修改地物 New(j)是重复的，所以空间数据变化中的地物修改只要提取一遍，所以空间数据变化可以提取为

$$\text{Chg}=\left\{\text{Chg}(i)\left|\begin{array}{lll}\text{Old}(i)\text{有地物变化，类型为地物删除} & \text{Sim}(i)=0\\ \text{Old}(i)\text{有地物变化，类型为地物修改} & 0<\text{Sim}(i)\leqslant\text{Val}\\ \text{New}(j)\text{有地物变化，类型为地物增加} & \text{Sim}(i)=0\end{array}\right.\right\}$$

将上述的地物修改转化为地物删除和地物增加后，空间数据变化可以提取为

$$\text{Chg}=\left\{\text{Chg}(i)\left|\begin{array}{lll}\text{Old}(i)\text{有地物变化，类型为地物删除} & \text{Sim}(i)=0\\ \text{Old}(i)\text{有地物变化，类型为地物删除} & 0<\text{Sim}(i)\leqslant\text{Val}\\ \text{New}(j)\text{有地物变化，类型为地物增加} & \text{Sim}(j)=0\\ \text{New}(j)\text{有地物变化，类型为地物增加} & 0<\text{Sim}(j)\leqslant\text{Val}\end{array}\right.\right\}$$

即

$$\text{Chg}=\left\{\text{Chg}(i)\left|\begin{array}{lll}\text{Old}(i)\text{有地物变化，类型为地物删除} & 0\leqslant\text{Sim}(i)\leqslant\text{Val}\\ \text{New}(j)\text{有地物变化，类型为地物增加} & 0\leqslant\text{Sim}(j)\leqslant\text{Val}\end{array}\right.\right\}$$

3. 变化发现与提取计算流程

空间数据变化发现与提取的算法流程如图 5.24 所示。

（1）变化前地物 A 和变化后地物 B 的数据准备；

（2）利用地物包络矩形来判断是否为相关地物，若"是"，继续往下执行，若"否"，返回判断下一个地物；

（3）A、B 地物的几何图形数据导入；

（4）判断几何图形数据的点状、线状和面状类型；

（5）根据几何图形的类型，按照点状、线状和面状地物类型，计算出 A、B 地物的几何图形相似度 $\text{SIM}_{\text{shape}}(A,B)$；

（6）A、B 地物属性数据导入；

（7）获取 A、B 地物类型的地物编码；

（8）计算 A、B 地物分类语义相似度 $\text{SIM}_{\text{AC}}(A,B)$；

（9）获取 A、B 地物的多字段属性数据；

（10）计算 A、B 地物多字段属性语义相似度 $\text{SIM}_{\text{AM}}(A,B)$；

（11）将 A、B 地物分类语义相似度 $\text{SIM}_{\text{AC}}(A,B)$和多字段属性语义相似度 $\text{SIM}_{\text{AM}}(A,B)$进行综合，计算地物属性语义相似度 $\text{SIM}_{\text{Attribute}}(A,B)$；

（12）将 A、B 地物的几何图形相似度 $\text{SIM}_{\text{shape}}(A,B)$和属性语义相似度 $\text{SIM}_{\text{Attribute}}(A,B)$进行综合，计算 A、B 地物相似度 $\text{SIM}_{\text{Geo-Feature}}(A,B)$；

（13）判断 $0\leqslant\text{SIM}_{\text{Geo-Feature}}(A,B)\leqslant\text{H}$（空间数据变化的地物相似度阀值），若"Y"，

则该地物有变化，对于变化前 A 数据中的地物，提取为地物删除 Deletion，对于变化后 B 数据中的地物，提取为地物增加 Addition；若"N"，返回到变化前后的空间数据，继续计算下一个地物。

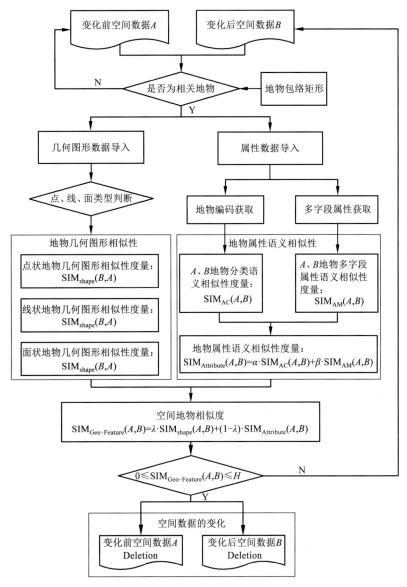

图 5.24　空间数据变化发现与提取算法流程

5.5　交通道路数据变化发现与提取

在空间数据变化发现与提取实验中，以武汉市的道路数据（比例尺 1:1 000）作为数据来源，如图 5.25 所示，采用 ArcGIS 9.1、ArcSDE、Oracle 10g 空间数据库与 VS.Net 为开发平台,进行地物相似度模型、空间数据变化发现算法、空间数据库增量批量更新的实验和分析。

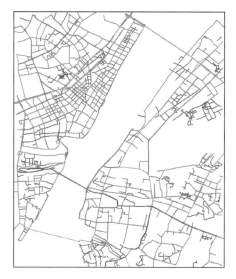

图 5.25　武汉市交通道路数据

5.5.1　变化前后的数据准备

实验的交通道路数据中,变化前的道路数据共有道路要素 2 467 个（图 5.26）。在 ArcMap 中采用 GIS 数据编辑功能,对左上角位置的道路进行了大量编辑,其中有道路删除 32 条、道路增加 186 条和道路修改 130 条,得到的变化后的道路数据,共有 2 621 个道路要素,修改后的交通道路数据如图 5.27 所示,其中对于变化前后的交通道路数据统计如表 5.2 所示。

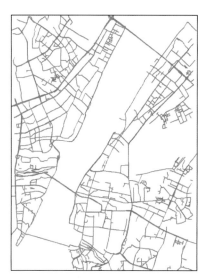

图 5.26　变化前的道路数据（Old）

图 5.27　变化后的道路数据（New）

表 5.2　武汉市交通道路数据变化前后的统计表

变化前的交通道路数据 Old		变化后的交通道路数据 New	
道路总数	2 467	道路总数	2 621
道路删除	32	道路增加	186
道路编辑和修改	130	道路编辑和修改	130

5.5.2　地物相似度计算

1. 对变化前的道路数据 Old 的相似性度量

对变化前的道路数据 Old 的相似性度量，首先建立 1～2 467 个地物的相似度循环计算，变化前道路数据 Old 的相似度值计算结果统计如表 5.3 所示，相似度计算公式为：$\mathrm{SIM}_{\text{Geo-Feature}}(A,B)=\lambda\cdot\mathrm{SIM}_{\text{shape}}(A,B)+(1-\lambda)\cdot\mathrm{SIM}_{\text{Attibute}}(A,B)$，$\lambda$ 为 0.5。

表 5.3　变化前道路数据 Old 的相似度值的统计结果

序号	相似度（SIM）值	道路数
1	SIM=0	32
2	0<SIM<1	130
3	SIM=1	2 305
道路数合计		2 467

2. 对变化后的道路数据 New 的相似性度量

对变化后的道路数据 New 的相似性度量，首先建立 1～2 621 个地物的相似度循环计算，变化后道路数据 New 的相似度值计算结果统计如表 5.4 所示，相似度的计算公式为：$\mathrm{SIM}_{\text{Geo-Feature}}(A,B)=\lambda\cdot\mathrm{SIM}_{\text{shape}}(A,B)+(1-\lambda)\cdot\mathrm{SIM}_{\text{Attibute}}(A,B)$，$\lambda$ 为 0.5。

表 5.4　变化后道路数据 New 的相似度值的统计结果

序号	相似度（SIM）值	道路数
1	SIM=0	186
2	0<SIM<1	130
3	SIM=1	2 305
道路数合计		2 621

5.5.3　道路数据变化发现与提取

1. 地物相似度变化阈值 Val 的确定

地物相似度变化阈值 Val 是作为地物相似度进行提取的标准和参考，在本实验中地物相似度变化阈值 Val=0.85。

2. 对变化前的道路数据 Old 中空间数据变化的发现

根据对变化前的道路数据 Old 的 2 467 个地物的相似度计算,将该地物相似度进行循环地与地物相似度阈值进行比较,对变化前的道路数据 Old 中空间数据发生变化的地物进行空间数据变化发现,空间数据变化发现共有 157 个地物发生了地物变化(表 5.5),其中道路删除类型的空间数据变化有 32 个,道路修改类型的空间数据变化有 125 个。根据地物修改类型可以转换为地物删除和地物增加两种变化类型,因此变化前的道路数据 Old 中空间数据发生变化的统计结果为道路删除 157 个,变化后中道路增加 125 个(表 5.6)。

表 5.5　变化前道路数据 Old 空间数据变化发现的统计结果

序号	相似度(SIM)	道路数	变化道路数	变化类型
1	SIM=0	32	32	道路删除
2	0<SIM≤Val	125	125	道路修改
3	Val<SIM<1	5	0	没有变化
4	SIM=1	2 305	0	没有变化
道路数合计		2 467	157	

表 5.6　变化前道路数据 Old 中发生变化的统计结果

序号	相似度(SIM)	变化道路数	变化类型	备注
1	0≤SIM≤Val	157	道路删除	
2	0≤SIM≤Val	125	道路增加	增加的是变化后 New 的道路数据

3. 对变化后的道路数据 New 中空间数据变化的发现

根据对变化后的道路数据 New 的 2 621 个地物的相似度计算,将该地物相似度进行循环与地物相似度阈值进行比较,对变化后的道路数据 New 中空间数据发生变化的地物进行空间数据变化发现。结果表明:空间数据变化发现共有 311 个地物发生了地物变化,如表 5.7 所示,其中道路增加类型的空间数据变化有 186 个,道路修改类型的空间数据变化有 125 个。根据道路修改类型可以转换为道路删除和地物增加两种变化类型,因此变化后的道路数据 New 中空间数据发生变化的统计结果为道路增加 311 个,变化前中道路删除 125 个,如表 5.8 所示。

表 5.7　变化后道路数据 New 空间数据变化发现的统计结果

序号	相似度(SIM)值	道路数	变化道路数	变化类型
1	SIM=0	186	186	道路增加
2	0<SIM≤Val	125	125	道路修改
3	Val<SIM<1	5	0	没有变化
4	SIM=1	2 305	0	没有变化
道路数合计		2 621	311	

表 5.8　变化后道路数据 New 中发生变化的统计结果

序号	相似度（SIM）值	变化道路数	变化类型	备注
1	0≤SIM≤Val	311	道路增加	
2	0≤SIM≤Val	125	道路删除	删除的是变化后 Old 中的道路数据

4. 变化前后的道路数据变化发现结果

变化前后的道路数据变化发现结果是将变化前的道路数据 Old 中空间数据变化发现结果与变化后的道路数据 New 中空间数据变化发现结果进行叠加，统计出变化前后的道路数据变化发现结果。在本实验中，变化前后的道路数据统计结果为：变化前的数据删除157 个，变化后的数据增加 311 个（表 5.9）。

表 5.9　变化前后道路数据发生变化的统计结果

序号	相似度（SIM）	变化道路数	变化类型	备注
1	0≤SIM≤Val	157	道路删除	删除的是变化前 Old 的道路数据
2	0≤SIM≤Val	311	道路增加	增加的是变化后 New 的道路数据

5. 地物增加和地物删除的空间变化数据组织

在进行变化前后的道路数据变化发现后，将空间数据变化进行提取的结果为两份地物数据，其中一个是从变化前 Old 中提取出来的需要删除的地物 157 个（图 5.28），另外一个是从变化后 New 中提取出来的需要增加的地物 311 个（图 5.29）。

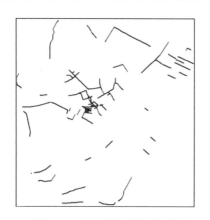

图 5.28　需要删除的道路数据　　　　　图 5.29　需要增加的道路数据

6. 将地物删除与地物增加融合

变化前后的道路数据变化经过数据组织后，得到删除地物和增加地物的数据，其中删除地物为 157 个，增加地物为 311 个，然后进行融合处理，更新数据库中变化前的数据，得到融合后的数据如图 5.30 所示。

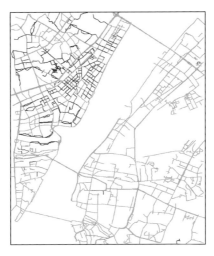

图 5.30　融合处理后的道路数据

5.6　地物相似度模型与空间数据变化发现算法的评价

在上述实验中，地物相似度模型和空间数据变化发现算法是空间数据变化发现与提取准确性的关键。如果地物相似度的计算不正确，将影响地物变化和提取。另外，如果空间数据变化发现算法不完善，也将影响空间数据变化发现与提取的结果。因此，本节将针对地物相似度模型和空间数据变化发现算法进行评价。

5.6.1　地物相似性度量的准确性分析

在实验数据中，对变化前的交通道路数据进行了编辑，其中删除了道路 32 条，修改地物 130 个，根据上述实验中对于地物相似性的度量统计结果（表 5.10）可知，相似度 SIM=0 的有 32 条道路，相似度 0＜SIM＜1 的有 130 条道路，SIM=1 的有 2 305 条道路，因此对于变化前的交通道路数据的相似性度量结果的准确率都为 100%。对于变化后的交通道路数据，道路增加 186 条，道路修改 130 条，根据上述实验中对于地物相似性的度量统计结果（表 5.11）可知，相似度 SIM=0 的有 186 条道路，相似度 0＜SIM＜1 的有 130 条道路，SIM=1 的有 2 305 条道路，因此对于变化后的交通道路数据的相似性度量结果的准确率都为 100%（表 5.10、表 5.11）。

表 5.10　变化前道路数据 Old 的相似度值的准确率统计

序号	相似度（SIM）值	道路数	真实道路数	相似度准确率/%
1	SIM＝0	32	32（删除）	100
2	0＜SIM＜1	130	130（修改）	100
3	SIM＝1	2 305	2 305（未编辑）	100
道路数合计			2 467	

表 5.11　变化后道路数据 New 的相似度值的准确率统计

序号	相似度（SIM）值	道路数	真实道路数	相似度准确率/%
1	SIM=0	186	186（增加）	100
2	0<SIM<1	130	130（修改）	100
3	SIM=1	2 305	2 305（未编辑）	100
道路数合计			2 621	

5.6.2　地物相似度变化阈值的确定与分析

空间数据变化发现算法的关键在于地物相似度变化阈值，因为该阈值是决定空间数据是否变化的依据，该值设置的大小，直接影响变化提取的结果。该阈值如果设置得过大，会导致一些变化很小的或者没有变化的地物也被当作空间数据的变化进行了提取，从而使得空间数据的变化增大；该阈值如果设置得过小，会导致一些变化很大的地物没有达到变化阈值，不能被当作空间数据的变化进行提取，从而使得空间数据的变化减小。

实验的交通道路数据中，变化前的道路数据共有道路要素 2 467 个（图 5.26）。在 ArcMap 中采用 GIS 数据编辑功能，对左上角位置的道路进行了大量编辑，其中有道路删除 32 条、道路增加 186 条和道路修改 130 条，得到的变化后的道路数据，共有 2 621 个道路要素，修改后的交通道路数据如图 5.27 所示，其中对于变化前后的交通道路数据道路的数据统计如表 5.12 所示，根据空间数据变化发现与提取算法，其真实的空间数据变化发现与提取的结果是：对于变化前的道路数据，真实的道路变化为 162 条道路删除变化；对于变化后的道路数据，真实的道路变化为 316 条道路增加变化（表 5.12，图 5.31、图 5.32）。

表 5.12　变化前后道路数据真实发生变化的统计

序号	数据	道路删除	道路增加	道路修改	变化道路数	备注
1	变化前的交通道路数据 Old	32	0	130	162	删除的是变化前 Old 中的道路数据
2	变化后的交通道路数据 New	0	186	130	316	增加的是变化后 New 的道路数据

1. 地物相似度变化阈值 Val=0.75

在本实验中，将地物相似度变化的阈值 Val 设为 0.75，这意味着当两个地物的相似度大于 0.75 时，认为该地物没有发生变化，如果这两个地物的相似度小于 0.75，则认为这个地物发生了变化。

根据基于地物相似度模型的空间数据变化发现与提取算法，对变化前后的武汉市交通道路数据进行道路数据变化发现与提取，其结果为：对于变化前的道路数据发生了 152 条道路删除的道路变化，其提取的准确率为 93.8%，对于变化后的道路数据发生了 307 条道路增加的道路变化，其提取的准确率为 97.2%，提取的道路变化数据的统计结果

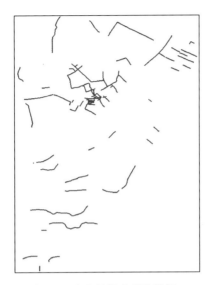

图 5.31　真实的道路删除数据

图 5.32　真实的道路增加数据

如表 5.13 所示,将提取的道路变化数据与真实的变化道路数据进行叠加,其结果如图 5.33、图 5.34 所示。

表 5.13　Val=0.75 提取的道路变化数据的统计结果

序号	数据	相似度（SIM）	变化道路数	真实变化道路数	道路变化数据提取的准确率/%
1	变化前的交通道路数据 Old	0≤SIM≤Val	152	162	93.8
2	变化后的交通道路数据 New	0≤SIM≤Val	307	316	97.2

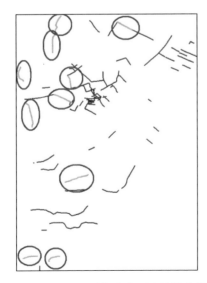

图 5.33　Val=0.75 时提取的删除的道路数据
与真实删除的叠加

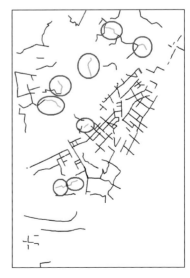

图 5.34　Val=0.75 时提取的增加道路数据
与真实增加的叠加

2. 地物相似度变化阈值 Val=0.85

在本实验中,将地物相似度变化的阈值 Val 设为 0.85,这意味着当两个地物的相似度大于 0.85 时,认为该地物没有发生变化,如果这两个地物的相似度小于 0.85,则认为这个地物发生了变化。

根据基于地物相似度模型的空间数据变化发现与提取算法,对变化前后的武汉市交通道路数据进行道路数据变化发现与提取,其结果为:对于变化前的道路数据发生了 157 条道路删除的变化,其提取的准确率为 97.0%,对于变化后的道路数据发生了 311 条道路增加的变化,其提取的准确率为 98.4%(表 5.14)。通过空间数据变化发现与提取算法提取的删除与增加的道路数据和真实删除与增加的道路数据的叠加如图 5.35、图 5.36所示。

表 5.14　Val=0.85 提取的道路变化数据的统计结果

序号	数据	相似度（SIM）	变化道路数	真实变化道路数	道路变化数据提取的准确率/%
1	变化前的交通道路数据 Old	0≤SIM≤Val	157	162	97.0
2	变化后的交通道路数据 New	0≤SIM≤Val	311	316	98.4

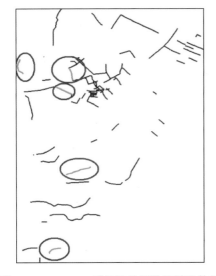

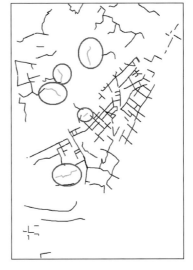

图 5.35　Val=0.85 时提取的删除的道路数据　　　图 5.36　Val=0.85 时提取的增加道路数据
　　　　　与真实删除的叠加　　　　　　　　　　　　　　与真实增加的叠加

3. 地物相似度变化阈值 Val=0.95

在本实验中,将地物相似度变化的阈值 Val 设为 0.95,这意味着当两个地物的相似度大于 0.95 时,认为该地物没有发生变化,如果这两个地物的相似度小于 0.95,则认为这个地物发生了变化。

　　根据基于地物相似度模型的空间数据变化发现与提取算法，对变化前后的武汉市交通道路数据进行道路数据变化发现与提取，其结果为：对于变化前的道路数据发生了 160 条道路删除的道路变化（图 5.37），其提取的准确率为 98.8%，对于变化后的道路数据发生了 315 条道路增加的道路变化（图 5.38），其提取的准确率为 99.7%（表 5.15、图 5.39）。

表 5.15　　Val=0.95 提取的道路变化数据的统计结果

序号	数据	相似度（SIM）	变化道路数	真实变化道路数	道路变化数据提取的准确率/%
1	变化前的交通道路数据 Old	0≤SIM≤Val	160	162	98.8
2	变化后的交通道路数据 New	0≤SIM≤Val	315	316	99.7

图 5.37　Val=0.95 时提取的删除的道路数据
　　　　与真实删除的叠加

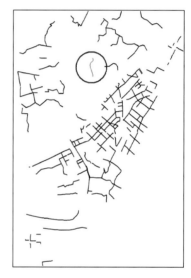

图 5.38　Val=0.95 时提取的增加道路数据
　　　　与真实增加的叠加

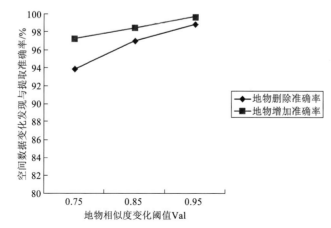

图 5.39　不同地物相似度变化阈值 Val 的空间数据变化发现准确率

参 考 文 献

陈军, 李志林, 蒋捷, 等, 2004. 基础地理数据库的持续更新问题. 地理信息世界, 2(5): 1-5.

陈玉敏, 龚健雅, 史文中, 2007. 多尺度道路网的距离匹配算法研究. 测绘学报, 36(1): 84-90.

崔铁军, 董延春, 2000. 地图数据的空间关系与数据模型. 测绘学院学报, 3: 194-196.

邓小炼, 2006. 基于变化矢量分析的土地利用变化检测方法研究. 北京: 中国科学院遥感应用研究所.

邓志鸿, 唐世渭, 张铭, 等, 2002. Ontology 研究综述. 北京大学学报(自然科学版), 38(5): 730-737.

丁虹, 2004. 空间相似性理论与计算模型的研究. 武汉: 武汉大学.

丁建丽, 熊黑钢, 海米提, 等, 2002. 塔里木盆地南缘绿洲荒漠化动态变化遥感研究:以策勒县为例. 遥感学报, 6(1): 56-62.

杜清运, 2001. 空间信息的语言学特征及其自动理解机制. 武汉: 武汉大学.

方针, 张剑清, 张祖勋,1997. 基于城区航空影像的变化检测. 武汉测绘科技大学学报, 22(3): 240-243.

郭黎, 崔铁军, 张斌, 2011. 道路网数据变化检测与融合处理技术. 地理信息世界, 9(5): 29-32.

郭宁宁, 2017. 矢量道路数据的自动匹配与变化检测研究. 南京: 南京师范大学.

黄华文, 常本义, 1997. 利用 GIS 遥感数据更新 GIS 的研究. 测绘学院学报, 14(3): 182-185.

蒋捷, 陈军, 2000. 基础地理信息数据库更新的若干思考. 测绘通报(5): 1-3.

景东升, 2005. 基于本体的地理空间信息语义表达和服务研究. 北京: 中国科学院院遥感应用研究所.

李德仁, 2003. 利用遥感影像进行变化检测. 武汉大学学报(信息科学版), 28: 7-12.

李德仁, 夏松, 江万寿, 等, 2006. 一种地形变化检测与 DEM 更新的方法研究. 武汉大学学报(信息科学版), 31(7): 565-568.

李红, 孙丹峰, 张凤荣, 等, 2002. 基于 GIS 和 DEM 的北京西部山区经济林果适宜性评价. 农业工程学报, 18(5): 250-255.

林宗坚, 2000. 地图扫描采样分辨率的研究. 测绘科学, 25(1):13-15.

刘茜, 徐希孺, 1994. 航空影像与 TM 影像的配准及用航空影像对 TM 进行作物估产方法的精度检验, (4): 272-279.

刘鹰, 张继贤, 1999. 土地利用动态遥感监测中变化信息提取方法的研究. 遥感信息(4): 21-24.

刘臻, 宫鹏, 史培军,等, 2005. 基于相似度验证的自动变化探测研究. 遥感学报, 9(5): 537-543.

刘直芳, 张继平, 2002. 变化检测方法及其在城市中的应用. 测绘通报(9): 25-27.

刘志勇, 2006. 城市地图数据库合并中的面实体匹配方法研究. 南京: 河海大学.

马建, 1999. 图形匹配的算法及其实现. 大连: 大连理工大学.

毛志华, 黄海清, 朱乾坤, 等, 2000. 利用海岸线的海洋遥感图像控制点(GCP)自动匹配法, 22(5): 41-50.

沙玉坤, 赵荣, 沈晶, 等, 2012. 基于矢量数据的道路网变化检测算法研究. 测绘通报(9): 29-31.

史培军, 宫鹏, 李晓兵, 等, 2000. 土地利用/覆盖变化研究的方法与实践. 北京: 科学出版社.

孙丹峰, 杨翼红, 刘顺喜, 2002. 高分辨率遥感卫星影像在土地利用分类及其变化监测的应用研究. 农业工程学报, 18(2): 160-164.

唐炉亮, 杨必胜, 徐开明, 2008. 基于线状图形相似性的道路数据变化检测. 武汉大学学报(信息科学版)(4): 367-370.

汪斌, 周晓光, 周新力, 2005. 空间数据共享与 GIS 互操作. 邵阳学院学报(自然科学版), 2(4): 70-72.

王文杰, 2013. 矢量时空数据几何变化检测方法研究. 兰州: 兰州交通大学.

杨必胜, 李清泉, 2005. World Wide Web(WWW)上矢量地图数据的多分辨率传输算法. 测绘学报, 34(4): 355-360.

杨春成, 张清浦, 田向春, 等, 2005. 应用于面状地理实体聚类分析的线段链形状相似性准则. 武汉大学学报(信息科学版), 30(1): 61-64.

于秀兰, 刘绍龙, 钱国蕙, 等, 2000. 一种多光谱和 SAR 遥感图象的配准方法. 中国图象图形学报, 5(2): 100-105.

张继贤, 2003. 论土地利用与覆盖变化遥感信息提取技术框架. 中国土地科学, 17(4): 31-36.

张继贤, 林宗坚, 张永红, 等, 2000. 无 DEM 支持的遥感正射影像制作. 遥感学报, 4(3): 202-207.

张晓东, 李德仁, 龚健雅, 等, 2006. 遥感影像与 GIS 分析相结合的变化检测方法. 武汉大学学报(信息科学版), 31(3): 266-269.

张祖勋, 张剑清, 廖明生, 等, 1998. 遥感影像的高精度自动配准. 武汉大学学报(信息科学版), 23(4): 320-323.

朱攀, 廖明生, 杨杰, 等, 2000. M 变化在 NOAA/AV HRR 数据变化检测中的应用. 武汉测绘科技大学学报, 25(2): 143-147.

ANDERS K H, BOBRICH J, 2004. MRDB approach for automatic incremental update//ICA Workshop on Generalisation and Multiple Representation, Leicester, United Kingdom.

BERTOLOTTO M, EGENHOFER M J, 2001. Progressive transmission of vector map data over wide web. Geoinformatica, 5(4): 345- 373.

BISHR Y, 1998. Overcoming the semantic and other barriers to GIS interoperabilit. International Journal of Geographical Information Science, 12(4): 299-314.

CLARAMUNT C, THERIAULT M,1996. Toward semantics for modelling spatio-temporal processes within GIS. Advances in GIS Research: 27-43.

COHEN F S, ZHUANG Z H, YANG Z W, 1995. Invariant matching and identification of curves using B-splines curve representation, IEEE Trans on Image processing, 4: 1-10.

COBB M A, CHUNG M J, FOLEY III H, et al.,1998. A rule-based approach for the conflation of attributed vector data. GeoInformatica, 2(1): 7-35.

DAI X L, KHORRAM S, 1998. The effect s of image misregist ration on the accuracy of remotely sensed change detection. IEEE Transactions on Geoscience and Remote Sensing, 36 (5): 1566-1577.

DOWMAN I, 1998. Automated procedures for integration of satellite images and map data for change detection: the archangel project. International Archives of Photogrammetry and Remote Sensing, 32: 162-169.

FERRARI L A, SILBERMANN M J, SANKAR P V, 1994. Efficient algorithms for the implementation of general b-splines. CVGIP, 56(1): 102-105.

FISCHLER M A, WOLF H C, 1994. Locating perceptually salient pointson planar curves. IEEE Trans. PAMI, 16(2): 113-129.

FLICKNER M, HAFNER J, RODRIGUEZ E J, et al., 1996. Perodic quasi-orthogonal spline bases and applications to least-squares curve fitting of digital images. IEEE Trans. Image Processing, 5(1): 71-88.

FREEMAN H, 1961. On the encoding of arbitrary geometric configurations. IRE Trans, 10: 260-268.

FREEMAN H, 1980. Comparative analysis of line drawing modeling schemes. Computer Graphices Image Process, 12: 203-223.

HARRIE L, HELLSTRÖM A K,1999. A prototype system for propagating updates between cartographic data sets. The Cartographic Journal, 36(2): 133-140.

HEIPKE, HEIPKE C, KOCH A, LOHMANN P, 2002. Analysis of SRTM DTM, methodology and practical results//Geospatial Theory, Processing and Applications ISPRS Commission IV, Symposium: 9-12.

HORNSBY K, EGENHOFER M J,1997. Qualitative representation of change//International conference on spatial information theory. Berlin: Springer: 15-33.

IKEBE Y, MIYAMOTO S,1982. Shape design, representaiton, and restoration with splines. Picture

Engineering//Fuand K S, Kunii T, Eds. Berlin: Springer: 75-95.

JIANG J J, CONRATH D W, 1997. Semantic similarity based on corpus statistics and lexical taxonomy. Rocling: 11512-11520.

JENSEN J R, COWEN D, NARUMALANI S, et al., 1997. Principles of change detection using digital remote sensor data. Cambridge: Cambridge University Press: 37-54.

KAVOURAS M, KOKLA M, 2002. A method for the formalization and integration of geographical categorizations. International Journal of Geographical Information Science, 16(5): 439-453.

KNORR E M, NG R T, SHILVOCK D L, 1997. Finding boundary shape matching relationships in spatial data. 5th International Symposium (SSD' 97), Berlin.

KUNT M, IKONOMOPOULOS A, KOCHER M, 1985. Second generation image coding techniques. In: Proc. IEEE, 73(4): 549-574.

LU D, MAUSEL P, BRONDIZIO E, et al., 2004. Change detection techniques. International Journal of Remote Sensing, 25 (12): 2365-2407.

MARK D M, FREKSA C, HIRTLE S C, et al., 1999. Cognitive models of geographical space. International journal of geographical information science, 13(8): 747-774.

MCKEE J W, AGGARWAL J K, 1977. Computer recognition of partial views of curved objects. IEEE Trans. Computer, 26: 790-800.

MICHAEL U, AKRAM A, MURRAY E, 1991. Fast B-spline transforms for continuous image represetation and interpolation. IEEE T-PAMIN, 13(3): 277-285.

OLKKONEN H, 1995. Discrete binomial splines. GMIP, 57(2): 101-106.

PARUI S K, MAJUMDER D D, 1983. Symmetry analysis by computer. Patern Recognition, 16(1): 63-37.

PELED A, HAJ-YEHIA B, 1998. Toward automatic updating of the israeli national gis-phase II. International Archives of Photogrammetry and Remote Sensing, 32: 467-472.

PETER A R, 2002. Change detection thresholds for remotely sensed images. Journal of Geographical Systems, (4): 85-97.

PUNDT H, BISHR Y, 2002. Domain ontologies for data sharing–an example from environmental monitoring using field GIS. Computers & Geosciences, 28(1): 95-102.

RADKE R J, ANDRA S, AL2KOFAHI O, et al., 2005. Image change detection algorithms: A systematic survey. IEEE Transactions on Image Processing, 14(3): 294-307.

RODRIGUEZ M A, EGENHOFER M J, 2000. Assessing Semantic Similarity Among Spatial Entity Classes. Portland: University of Maine.

ROSEN B, SAALFELD A, 1985. Match criteria for automatic alignment//Proceedings of 7th International Symposium on Computer-Assisted Cartography (Auto-Carto 7): 1-20.

ROSENFELD A, 1978. Algorithms for image vector conversion. Computer Graphics, 12(3): 135-139.

SAINT-MARC P, ROM H, MEDIONI G, 1993. B-spline contour rep resentation and symmetry dectection. IEEE Trans. PAMI, 15(11): 1191-1197.

SINGH A, 1989. Digital change detection techniques using remotely sensed data. International Journal of Remote Sensing, (10): 989-1003.

TSAI W H, 1985. Moment-preserving thresolding: A new approach. Compnter Vision, Graphics, and Image Processing, 29(3): 377-393.

UNSER M, ALDROUBI A, EDEN M, 1991. Fast B-spline transforms for continuous image representation and interpolation. IEEE Transactions on Pattern Analysis & Machine Intelligence(3): 277-285.

WAGNER R A, FISHER M J,1974. The string-tostring correction problem, JACM, 21: 79-88.

WALTER V, FRITSCH D,1999. Matching spatial data sets: A statistical approach. International Journal of

Geographical Information Science, 13(5): 445-473.

WU W Y, WANG M J J, 1999. Two-dimensional object recognition through two stage string matching. IEEE Transactions on Image Processing, 8(7): 978-981.

WOLFSON H J,1990. On curve matching. IEEE Transactions on Pattern Analysis and Machine Intelligence,12(5): 483-489.

YANG B S, PURVES R S, WEIBEL R, 2004. Implementation of progressive transmission alnorithms for vector map data in web-based visualization. Pro-ceedinns XXth ISPRS Connress Commission IV, Istanbul, 25-31.

YUAN M, 1996. Modeling semantical, temporal and spatial information in geographic information systems//Geographic information research: Bridging the Atlantic, Taylor & Francis, London, 334-347.

ZHANG X, AI T, STOTER J, et al., 2014. Data matching of building polygons at multiple map scales improved by contextual information and relaxation. ISPRS Journal of Photogrammetry and Remote Sensing, 92: 147-163.

第6章 道路信息变化检测

随着国内经济的不断增长，城市道路建设日新月异，大量道路因为道路重建、道路扩宽、道路废弃等原因不断变化。这些变化使得已有的电子道路地图无法满足当前应用需求，从而产生了道路网数据更新问题。如何利用时空轨迹大数据实现道路信息自动更新是目前工业界和学术界共同关注的焦点。本章将根据城市道路建设规律和使用情况，总结道路网数据因真实道路环境变化所造成的几种变化类型；从道路信息细节程度着手，依次探讨利用时空轨迹数据的道路中心线级、行车道级与车道级路网数据变化检测。在实验部分，利用真实轨迹数据验证本章方法的有效性。

6.1 城市路网变化检测综述

本章根据已有的方法将道路数据更新分为两种：一种利用实时的空间数据生产新的道路网数据取代旧的道路网数据；另一种通过实时的空间数据完成道路变化检测，在旧有的道路网数据基础上对发生变化的道路进行修改完成更新。从技术流程、空间数据需求、操作复杂度等方面，路网变化检测是道路网更新方式中相对较为快捷的一种途径（Wei et al.，2016；郭黎 等，2011；唐炉亮 等，2008；Sohn et al.，2005；Velichkovsky et al.，2002）。根据目前城市交通路网建设所产生的几种道路变化类型（道路重建、道路扩宽、道路废弃）和道路网数字地图构建结构（几何结构附加拓扑信息），路网变化主要包括几何变化和拓扑变化。路网几何变化指由道路新增、道路废弃、道路扩宽等因素引起的道路路段增加、舍弃等变化；路网拓扑变化指由道路几何发生变化，导致道路路段之间相邻、相交、相离等拓扑关系发生变化。现有的路网变化检测方法按照技术流程可以分为几种模式：新旧图像叠加检测道路变化，新图像结合历史路网数据检测道路变化，新旧路网数据叠加检测道路变化，实时轨迹数据与原始路网数据叠加检测道路变化等。本章从这几种路网变化检测方法入手，对目前国内外有关道路网变化检测方法进行总结、归纳和讨论。

6.1.1 新图像数据叠加历史图像数据检测道路变化

采用时序图像数据检测地理空间信息变化是目前较为常用的一种方法，被检测的地理目标主要包括：土地利用类型、植被、建筑物、道路等。近年来，道路变化检测的自动化程度越来越高，采用算法也由单一算法向多算法组合发展；变化检测区域从较为单一的郊区转向更加复杂的城市区域，数据源尺度、空间分辨率及时间分辨率均有所提高。例如：刘朋飞（2010）根据目前基于图像数据变化检测相关研究将现有的变化检测方法总结为：多时相图像叠加检测（Mancini et al.，2010；Zhang et al.，2002）；图像数据差值或比值法

（Sui et al., 2011；张晓东 等, 2006）；影像回归法，也即构建新旧图像之间的线性回归函数，通过计算回归后的影像与原始影像之间的差值检测变化信息（Sghaier et al., 2015）；目标分类后对比方法，也即先对新旧图像数据进行分类，然后通过特征匹配方法判断各个类别之间的差异检测变化（Zhang et al., 2005；Zhang et al., 2004）等。除此之外，很多基于时序图像数据检测路网变化的方法也相继被提出，包括：采用面向对象的影像分割变化检测（卢昭羿 等, 2012）、基于线特征的变化检测（钟家强 等, 2007）、基于主题模型的变化检测（程晶 等, 2012）、基于概率统计理论（万幼川 等, 2005）和采用缓冲区约束的基于知识判断的多尺度末模板匹配方法（董明 等, 2009）等。

根据相关研究分析，采用半自动化方法从低分辨率图像数据中检测道路变化是一种较为稳定、成熟的方法，而全自动方法还需要进一步研究。本章分别从方法、变化检测内容及数据源三个方面对现有基于新旧图像数据比对检测道路变化的研究进行讨论。

（1）变化检测方法：尽管一些方法已经较为成熟，但是大多方法对图像的配准、目标提取及时间要求很高。例如：采用图像分类方法实现变化检测的主要原理是首先需要从图像中对目标进行检测，然后比对不同时期图像中被检测目标之间的相似性，最后完成变化检测。因此，目标检测的准确性对后续变化检测的结果有非常大的影响。

（2）变化检测内容：目前大量有关道路变化检测的研究均聚焦于道路中心线级路网变化识别，也即检测道路新增、废弃等变化，而对于更细节的道路变化检测（如车道线级别道路网络信息）依然处于待研究状态（Li et al., 2016）。

（3）变化检测自动化程度：实现变化检测的自动化程度大部分停留在半自动化检测，最终结果需要人工后期判断。

（4）数据自身缺陷：采用图像数据实现道路变化检测的数据源受外部环境影响较大，例如：阴影、遮挡物、过度曝光等原因造成目标识别错误等。

6.1.2　图像数据融合 GIS 信息检测道路变化

鉴于单纯采用图像数据叠加完成道路变化检测中所存在的诸多问题，大量学者提出通过融合 GIS 数据和图像数据改善路网变化检测结果。一方面，GIS 数据可以被用于提高图像数据目标识别准确率，可以辅助图像数据之间配准，改善配准效果（左经纬 等, 2010；Fortier et al., 2000）；另一方面，GIS 数据也可以用于与新图像数据中获取的道路结果对比检测道路变化（吴晓燕 等, 2010）。例如：Dan（1998）利用 snakes 方法从图像数据中提取道路网络数据，并与原始道路网络数据进行比对，完成道路网变化检测和更新；Fortier 等（2000）在 Dan（1998）研究基础上提出增加道路交叉口要素辅助完成图像数据道路路段与原始路网数据匹配，从而改善匹配精度及提高变化检测方法准确性；Agouris 等（2002）提出了一种基于 differential snakes 算法的道路目标提取与变化检测方法，实现了对原有基于 snakes 方法应用存在问题的改进。Zhang 等（2014）对 snakes 方法识别道路要素存在的问题进行了总结，认为该方法存在 2 个问题：①每一次执行 snake 时都需要给初始位置，从而使得一些新的道路无法被检测；②snakes 算法对初始位置参数及噪声非常敏感，因此很容易出现错误的识别结果。针对 snakes 算法存在的这些缺陷，他们构建了一种基于图像数据的道路变化与地图更新框架。该框架主要包含三个功能：道路提取、变化检测及变化表达（Zhang et al.，2014）。本章将采用 GIS 数据（道路矢量数据）辅助识别图像数据道路目标的方法流程总结为：①根据道路路段位置设置缓冲区，缩小图像数据中道路识别的检索范围；②通过已有道路数据训练样本分类器，采用监督分类方法识别图像道路路段。这两种方式对于道路矢量数据的时相要求过高，对于很多新增的道路或者废弃的道路，会使得道路目标识别结果错误，也无法更好地用来检测道路变化。对于图像数据与矢量路网数据叠加，完成道路变化检测而言，往往都需要从图像数据中先识别道路目标，因此也具备基于图像数据实现变化检测方法所存在的一些缺陷。

6.1.3 矢量路网数据前后对比检测道路变化

通过对比不同时刻的矢量路网数据，检测路网是否发生变化及如何变化是第三种道路变化检测模式。该类方法的基本原理是利用新旧矢量数据的比较，提取出变化量，进一步分析变化量所代表的道路变化情况。具体方法主要包括：基于地图匹配、基于三元组模型和基于线性图形相似性度量等变化检测方法。例如：Lillestrand（1972）提出一种基于空间拓扑和方向关系的空间场景相似性度量方法；Cueto（2004）提出了一种基于不同源GIS 数据进行同名实体匹配的方法；张云菲等（2012）提出了一种基于概率松弛算法的城市路网自动匹配；范大昭等（2005）归纳了 GIS 数据自动更新方法，探讨了栅格数据矢量化后与 GIS 数据进行变化检测的方法流程；沙玉坤等（2012）提出一种基于三元组的变化检测模型，实现线状矢量数据新增、消失、延长、缩短、形变等自动检测；吴建华等（2008）对矢量空间数据库中要素更新的变化类型进行分析，提出一种基于空间分析自动检测同名实体的变化检测方法等。采用新旧矢量路网数据对比检测路网变化方法的一个明显缺陷就是对数据现势性及完整度要求过高，而目前获取现势性较高的路网数据并不容易。

6.1.4 结合当前轨迹数据与历史路网数据探测道路变化

利用轨迹数据进行路网变化检测是目前国内外研究热点。根据现有文献，基于轨迹数据的路网变化检测方法主要包括：①基于地图匹配的道路变化检测；②基于线性相似性度量的道路变化检测；③基于图像配准对比方法的道路变化检测等。基于地图匹配的道路变化检测一般主要包括两步：地图匹配（Jagadeesh et al.，2017；Koller et al.，2015；Hashemi et al.，2014；Ren et al.，2012；李清泉 等，2010；Quddus et al.，2007）和根据匹配结果检测变化路段（官刚宇，2012；Tang et al.，2012；汪剑云 等，2010；沈蓓蓓 等，2010；吴建华，2008）。基于线性相似性度量方法检测道路变化（唐炉亮 等，2008），一般主要从几何和拓扑角度出发，构建相似度评价模型（Li et al.，2006），通过设定合理的相似度阈值，寻找与历史路网相似度较低的轨迹数据，并将这些轨迹数据作为疑似变化，进一步利用轨迹融合和道路建设标准自动或半自动完成道路变化确认（唐炉亮 等，2015）。采用图像配准方法则是依据图像处理方法,先将轨迹数据和历史路网数据转为栅格图像,然后通过图像配准寻找无法配准的像素,并利用图像处理方法(膨胀运算)寻找疑似新增道路(蒋新华 等,2013)。

综上所述,当前有关基于 GPS 轨迹数据与历史路网数据结合探测道路变化方法均可实现道路新增、废弃变化检测,但是在方法层面和道路变化检测内容方面都存在一定程度的问题。①自动化程度低:对于基于地图匹配方法实现道路变化检测方法而言,轨迹数据完成匹配后,需要人工检测无法被匹配的轨迹数据是否代表为新增道路,因此自动化程度低;②参数设置困难:采用线性相似性度量方法,评价轨迹数据与路网数据在线性特征方面的相似度,在确定相似度阈值方面存在困难,而相似度阈值的设定与具体区域路网特征、轨迹数据质量等相关度高;③算法复杂:利用图像配准完成道路变化检测则从图像角度出发,利用图像处理方法进行变化道路检测,算法流程比以上两种方法都更加复杂,且后期确定是否为道路变化也需人为干涉。道路变化检测内容分析:①现有道路变化检测均聚焦于道路中心线级和行车道级路网变化检测与更新,道路变化检测内容大都包括:道路新增、废弃,缺乏对道路拓扑信息方面的关注;②随着车道级路网数据的不断增多,如何快速更新车道级路网数据需求迫切,而目前有关车道级路网变化检测的研究较少。针对现有道路变化检测方法存在的问题,本章从道路信息细节层次出发,依次探讨基于时空轨迹数据的城市道路中心线级、行车道级、车道级路网变化检测方法。

6.2　城市多级路网变化检测

6.2.1　城市多级路网变化类型

尽管道路变化检测类别可以粗略分为几何和拓扑变化检测,但是具体检测内容则因路网数据细节程度不一而存在差异。例如:对于道路中心线级路网数据,其变化检测内容一般主要包括因道路废弃、道路改建、道路新增造成的整体路段删除或增加;而拓扑变化检测旨在更新变化路段与其他路段的空间拓扑关系。相比于道路中心线级路网数据,行车道级路网数据对同一条道路按不同行车方向分为两条行车道,也即每一条行车道只存在一种行车方向。这种道路信息的细化导致道路变化检测内容不仅包括了道路中心线级路网变化检测内容,而且包括因为道路扩宽或道路等级提高造成道路行车道数量变化检测,以及交叉口区域由于转向管制导致相关行车道拓扑关系的变化。对于车道级路网数据而言,道路变化检测单元细化到城市道路各车道,而路网变化检测内容与以往的道路中心线级和行车道级路网变化检测相比更加细节。具体分析,车道级道路网几何变化主要包括车道增设和车道关闭,如图 6.1 所示。其中,车道增设区域的出现导致途经车辆的活动范围变大,相应路段的车道数量增加 [图 6.1(a)];而车道关闭对车辆行驶最直接的影响就是相应车道上检测不到行驶车辆 [图 6.1(b)]。

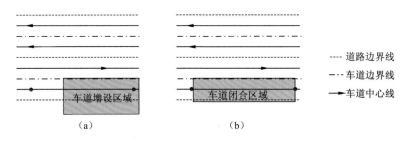

图 6.1　车道级路网数据几何变化

车道级道路网拓扑变化主要包括：车道变道规则变化及交叉口转向规则变化，如图 6.2 所示。与车道几何变化相比，一般车道拓扑变化主要体现在当前车辆行驶规律与旧路网数据记录交通规律之间的反差。例如：城市区域通常为了减缓局部道路交通压力会对一些交叉口实行转向管制，因此导致位于这些交叉口区域的各车道间拓扑关系发生变化，如图 6.2（a）所示。对于车道变道规则变化而言，旧车道级路网数据中位于同一条行车道路面的两条相邻车道之间允许变道，但是新规划的真实路网环境中这两条车道不允许变道，从而使得原有车道与相邻车道的拓扑关系发生变化，如图 6.2（b）所示。

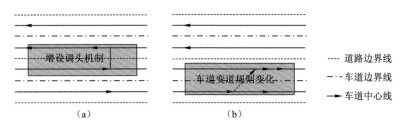

图 6.2　车道级路网数据拓扑变化

6.2.2　基于地图匹配算法的路网变化检测方法

安装 GPS 定位装置的大众车辆每天穿梭于城市大街小巷，海量轨迹可以覆盖城市所有道路所有车道，是一种获取城市交通动静态信息的重要数据源。利用车载轨迹数据检测城市道路变化是目前道路更新研究的热点，大量有关如何利用轨迹数据检测城市道路中心线级或行车道级路网变化的方法被提出。这些方法可以总结为：利用轨迹数据与现有道路匹配结果检测变化的路段，以及利用轨迹数据生成道路地图与现有道路地图进行对比检测道路变化等。其中，基于轨迹数据与现有道路网数据匹配结果检测道路变化是目前道路网变化检测方法中较为直观和普遍的一种方法，且道路变化检测准确性程度与轨迹数据与道路地图之间匹配结果息息相关。根据现有研究，轨迹数据与路网数据匹配方法可以分类为：半确定性算法、基于判断域搜索的匹配算法、基于计算几何的匹配算法、几何匹配算法（点到点、点到弧、弧到弧匹配算法）、基于相关性匹配算法、基于 D-S 证据理论匹配算法、基于概率统计匹配算法、基于模糊逻辑匹配算法等。这些地图匹配算法从轨迹数据与地图数据之间的相对空间信息出发，利用距离、相似度、相关性、概率值、隶属度等评价指标评判轨迹数据与地图数据的可匹配程度。针对不同密度的路网数据、不同精度质量的轨迹数据,不同的地图匹配算法在匹配结果方面均存在差异。以下内容分别从地图匹配算法的原理及算法优缺点出发,对现有地图匹配算法进行了剖析。

基于半确定性地图匹配算法是最早的一种地图匹配方法,其原理是根据车辆初始位置和运动方向,利用比较推算、定位推算获得车辆拐弯和路段矢量包含的转弯信息,进行周期性的条件测试确定车辆是否在已知道路网上行驶。该方法实施的前提是假设车辆沿着预定道路行驶,因此如果车辆离开预定行驶道路,那么该方法就会失效。基于判断域搜索的匹配算法也是一种早期的匹配算法,其原理为确定一个判断域,然后搜索判断域内的道路,如果只有一条道路在判断域内,那么确定该道路为匹配路段,否则增大或缩小判断域,继续搜索可匹配的路段。该方法较为简单,没有采用任何数据方法,效率低且无法应用于密集路网。基于计算几何的匹配算法主要通过判断轨迹段内轨迹点连线或单独轨迹点凸壳与道路是否相交来确定车辆匹配的路段,算法缺点主要包括:没有考虑轨迹数据与路网数据的测量误差,对于密集城市路网而言算法失效。

几何匹配算法主要包括点对点匹配算法、点到弧匹配算法、弧到弧匹配算法。点对点匹配算法的基本原理是通过计算轨迹点与道路网节点之间的几何距离,通过比较距离进行匹配。该算法简单、计算负载低,但是匹配结果易受数据异常值影响,尤其在交叉口附近,匹配错误率较高。点到弧匹配算法原理是通过空间距离计算将轨迹点匹配到最近的路段。因为该算法没有考虑其他空间因素,所以在并行路段或交叉口路口容易产生错误匹配,如图 6.3 所示。为了提高点到弧匹配算法的准确度,一些相应的改进方法也被提出。例如:将轨迹点投影到可能的路段上,然后根据投影点的特征进行匹配;利用条件检测改进点到弧的匹配方法,也即条件检测中通过对轨迹点航向、道路之间的距离、轨迹点与道路之间的距离、路网的连通性设置阈值,选择满足阈值的路段进行匹配,缺陷就是阈值设定困难。弧到弧匹配算法原理即将多个 GPS 点组成一条轨迹弧,然后与路段进行比较,通过设置合理的相似度特征进行匹配。该算法的缺陷就是弧与弧之间距离计算复杂,甚至很难确定,因此当采用不同方法计算距离时会产生不同的匹配结果,所以算法稳定性差。现有的弧到弧匹配算法改进措施包括:分段匹配算法、曲线拟合算法、基于旋转变量矩阵的分段地图匹配算法。其中,分段匹配算法通过将轨迹段与路段进行分段,然后计算每一段的距离值进行匹配;曲线拟合算法则采用连续的一次曲线近似描述轨迹曲线,然后通过与路段进行相似度计算完成匹配;基于旋转变量矩阵的分段地图匹配算法则是通过计算轨迹弧与路段切线矢量之间的夹角,计算这些夹角的方差(旋转变量系数),量化两弧段之间的相似程度进行匹配。

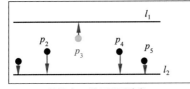 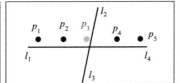 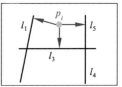

（a）轨迹点 p_3 跳匹配至路段 l_1　　（b）轨迹点 p_3 在交叉口区域误匹配至　（c）轨迹点 p_i 与若干条路段空间
　　　　　　　　　　　　　　　路段 l_2　　　　　　　　　　距离相同,出现误匹配

图 6.3　点到弧匹配算法的几种误匹配

基于相关性匹配算法的基本原理就是通过计算轨迹数据与路网之间的相关性，根据设置相关性阈值进行地图匹配。其方法类别主要包括：基于距离的相关性检测和基于形状相似度的相关性检测。基于距离相关性检测是通过计算车辆轨迹与识别路段的方位均方差，然后基于均方差计算相关系数；如果相关系数超过阈值则检测成功，已识别路段为车辆真实行驶路段。基于形状相似度的相关性检测利用卡尔曼滤波后的误差自相关系数来判定车辆行驶轨迹和地图上的某些路段形状相似程度实现地图匹配，其难点在于如何度量轨迹路段与地图路段之间的相似度，应该考虑轨迹数据与地图数据的哪些空间特征。总结来讲，相关性地图匹配算法通过计算轨迹序列与路段之间的空间相关性，利用相关性系数判断两者之间的相似性。从几何特征分析，该算法也属于弧到弧匹配算法。基于 D-S 证据理论的匹配算法是由传统的贝叶斯理论推广而来的一种不确定性推理理论，可以通过多准则决策融合方法，根据不完备、不精确的证据得到唯一明确的选择。其算法缺点在于当前一些 D-S 证据方法只考虑了车辆位置和方向两种信息，三种以上信息的融合模型还有待研究，另外对于车辆位置和方向两种证据量化时方法设计以及权重值选取都比较困难，因此算法实现复杂。

相比于以上几种地图匹配算法，基于概率统计模型的地图匹配算法是目前地图匹配领域的热点。采用概率统计模型的地图匹配算法原理为：根据已知位置估计的误差特性根据一定置信度确定地图匹配的候选路段集，并根据已有匹配结果的概率统计确定轨迹数据在置信区域内的最佳匹配路段。现有概率统计匹配算法主要包括：基于卡尔曼滤波方法的匹配算法、基于多假设滤波方法的匹配算法，以及基于马尔科夫模型（隐马尔科夫模型）的地图匹配算法等。从算法原理和实际匹配效果来看，这类方法主要根据定位误差特性，采用概率统计方法融合轨迹数据和路网数据来解决地图匹配中的不确定性，从而获得最优位置估计。相比于几何匹配方法，条件概率方法鲁棒性更高、匹配结果好，但是也存在算法复杂及概率模型难以构建的问题。基于模糊逻辑的匹配算法通过引入模糊逻辑评判规则定义模糊隶属度函数，并以隶属度函数为基础对候选路段是当前车辆所在路段的可能性做出评判。例如：模糊评判规则可以根据候选路段车行方向与车辆当前行驶方向、候选路段与当前车辆之间的距离以及候选路段形状与车行轨迹的相似度来进行设定。从算法复杂度和匹配效果分析，模糊逻辑匹配算法鲁棒性比基于几何特征匹配算法更强；相比于概率统计算法，模糊逻辑匹配算法不需要定位数据的误差特性及匹配的先验知识，而是根据隶属度函数描述不确定性，算法复杂度低，比较适合于高密度网络数据。

6.3　道路中心线级路网变化检测

6.3.1　道路中心线级路网几何连通性变化类型

1. 道路新增

城市区域的不断扩张和发展，使得原有低等级道路会被扩改、升级为高等级道路，而低等级道路所在区域也会存在道路新建现象。从导航电子地图数据存储、应用角度分析，大部分地图数据主要将资源投入到车流量较为活跃的区域。这些区域内道路等级较高、道路重要性强，因此被记录的信息完整度也相对比偏远地区要高。低等级道路由于道路级别较低、道路通行量低、所处范围偏远等原因，在原有的导航电子地图数据中存在缺失现象。随着城市改扩建的快速完成，原有的导航电子地图数据因为数据完整性、准确性与当前真实道路环境相差较大，无法满足人们的导航需求。因此，需要从现有传感器数据中检测出发生道路新增的位置，并提取出新增道路的几何、连通性信息。

根据上文分析，道路新增的主要原因来自城市改扩建，而新增后的道路在原有导航电子地图数据中并不存在。因此从导航电子地图数据构建方面，在原有导航地图中添加一条新的道路，可以造成新路段与原有节点相交；新路段与原有路段相交。为了避免以上新增道路出现的问题，可以采用节点拟合判断和路段相交处理解决。针对第一种处理方法，首先判断新加路段的两个端点是否与已存在的某个节点拟合（即两点之间的距离小于规定的阈值），若拟合，则连接新路段与该节点直至端点与节点重合，并在该节点路段表中添加该路段的标志，然后再将新弧的首节点或末节点置成该节点；若没有节点与新弧的端点拟合，则在新弧的端点位置建立新节点，并把新弧的标志加到该节点的弧表中，新弧的首节点或末节点置成该节点。针对路段相交处理，判断新加路段与原有路段，以及新加路段本身是否相交，若相交则需要计算交点，在交点处分裂相交的路段，建立新的路段，并删除旧路段。

2. 道路废弃

道路废弃主要指现有道路因为道路改建失去原有交通功能，成为废弃道路或者被移除由道路用地变为其他类型用地。道路废弃现象如果不能及时被检测，会在实际导航应用过程中带来诸多不便。废弃道路被检测后，需要对现有导航电子地图进行更新处理，也即需要将已经废弃的道路所对应的路段进行删除。在进行数据删除过程中，需要从地图数据和一体化时空数据表中删除对应该路段的相关数据。同时，完成由于删除路段后可能存在的路段合并操作，也即如果某个节点只与两条路段相连，可将两条路段连成一条，删去中间的节点。合并路段的前提条件是：两条被连接的路段有公共节点，且此节点只与这两条路段相连。若不满足条件则不能进行连接。

6.3.2 基于点对线匹配方法的道路变化检测

道路中心线级路网变化类型主要包括道路新增和道路废弃两种，其中道路新增在地图数据更新中属于添加路段操作，而道路废弃在地图数据更新中属于删除已有路段。相比于行车道级路网及车道级路网变化，道路中心线级路网因道路新增与废弃而引起的路网几何连通性变化相对更简单。从路网密度与拓扑复杂性分析，道路中心线级路网数据的道路密度最低且连通性复杂程度也最低。通过上文对基于地图匹配算法的路网变化检测方法分析，针对道路中心线级路网所具有的低密度路段与简单拓扑关系，本章提出一种优化的点对线匹配方法,实现基于轨迹大数据的道路中心线级变化检测。具体来讲,用于道路变化检测的数据主要有两种:新的轨迹大数据与旧的矢量路网数据。首先,采用点对线的地图匹配方法,将最新的轨迹数据与原始矢量路网进行匹配;其次,通过分析匹配后轨迹数据与矢量地图匹配结果,当轨迹数据无法正确匹配,那么可能存在新增路段,如果矢量路网中某条路段没有可以匹配的路段,那么该路段可能属于废弃路段;最后,利用真实轨迹数据对所提方法进行实验验证。

1. 基于点到线的轨迹匹配方法

根据道路中心线级路网变化类型,本章提出优化的点到线匹配方法。该方法通过给

道路网中每条路段建立一个缓冲区,找到包含在缓冲区内的轨迹点数据,如果某个轨迹点在某条路段的缓冲区内,则将该点投影到对应路段上。轨迹点数据与路段的位置关系如图 6.4 所示。

其中,缓冲区范围的确定与道路宽度和轨迹数据定位精度有关。根据道路宽度信息与当前轨迹数据定位精度范围,可以根据式(6.1)来确定每一条路段所产生的缓冲区范围。式(6.1)中:r 表示道路缓冲区的半宽度;w 表示道路宽度,可由道路网数据估算得到;E_{GPS} 表示轨迹数据的空间定位精度。

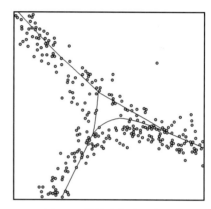

图 6.4　轨迹点与路段位置

$$r = \frac{w}{2} + E_{\mathrm{GPS}} \tag{6.1}$$

根据点对线匹配算法原理,通过计算轨迹点数据到路段之间的空间距离,设置相应阈值完成匹配。本章提出优化的点对线匹配方法,也即在进行点对线匹配过程中,采用缓冲区方法对轨迹点进行匹配。当轨迹点落入当前路段产生缓冲区内时,可认为该轨迹点可以匹配至当前路段。采用设置缓冲区方法可以极大地提高匹配运行效率。轨迹数据匹配方法具体步骤如下所述。

步骤 1:输入道路网中一条路段 L,计算其缓冲区的最大外接矩阵 A,如图 6.5 所示。

其中最大外接矩阵 A 的计算公式为

$$\begin{cases} x_{\min} = \min(x_1, x_2) - r \\ y_{\min} = \min(y_1, y_2) - r \\ x_{\max} = \max(x_1, x_2) + r \\ y_{\max} = \max(y_1, y_2) + r \end{cases} \tag{6.2}$$

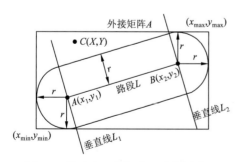

图 6.5　道路中心线级路网路段缓冲区

步骤 2:遍历所有轨迹点集 P 中的每一点,判断该点是否包含在路段 L 的外接矩阵 A 内,如果在,则执行步骤 3;否则不执行任何操作。

步骤 3：继续判断该点是否在路段 L 的缓冲区内，如果在，则将该点匹配在路段 L 上并从当前轨迹数据点集 P 中删除该点；否则不执行任何操作。

步骤 4：继续输入道路网中的下一条路段，重复步骤 1~3，直到计算完道路网中的所有路段。

为了判断轨迹点是否落入路段缓冲区内，本章通过计算轨迹点与路段 L 缓冲区之间的空间关系。

步骤 1：确定路段 L 的直线方程 $Ax+By+C=0$ 和经过两个端点 A 和 B 且垂直于路段 L 的直线方程 L_1：$A_1x+B_1y+C_1=0$ 和直线方程 L_2：$A_2x+B_2y+C_2=0$ 的各系数，系数确定方法如下。

（1）当 $x_1<x_2$，$y_1<y_2$ 或者 $x_1<x_2$，$y_1>y_2$ 时

$$\begin{pmatrix} A \\ B \\ C \end{pmatrix} = \begin{pmatrix} y_1-y_2 \\ x_2-x_1 \\ y_2 \cdot x_1 - y_1 \cdot x_2 \end{pmatrix}$$

$$\begin{pmatrix} A_1 \\ B_1 \\ C_1 \end{pmatrix} = \begin{pmatrix} 2(x_1-x_2) \\ 2(y_1-y_2) \\ \sqrt{(x_2^2+y_2^2)-\left[(2 \cdot x_1-x_2)^2+(2 \cdot y_1-y_2)^2\right]} \end{pmatrix} \tag{6.3}$$

$$\begin{pmatrix} A_2 \\ B_2 \\ C_2 \end{pmatrix} = \begin{pmatrix} 2(x_1-x_2) \\ 2(y_1-y_2) \\ \sqrt{\left[(2 \cdot x_2-x_1)^2+(2 \cdot y_2-y_1)^2\right]-(x_1^2+y_1^2)} \end{pmatrix}$$

（2）当 $x_1>x_2$，$y_1>y_2$ 或者 $x_1>x_2$，$y_1<y_2$ 时，将端点 $A(x_1,y_1)$ 与端点 $B(x_2,y_2)$ 互换，即 x_1 与 x_2 互换，y_1 与 y_2 互换。各方程系数的计算方法仍如式（6.3）所示。

步骤 2：判断 GPS 点 $C(X,Y)$ 与垂直线 L_1 和垂直线 L_2 的位置关系，计算 $S_1=A_1X+B_1Y+C_1$；$S_2=A_2X+B_2Y+C_2$；如果 $S_1>0$，则该点在 L_1 的逆时针半平面；如果 $S_1<0$ 且 $S_2>0$，则该点在 L_1 的顺时针半平面和 L_2 的逆时针半平面；如果 $S_2<0$，则该点在 L_2 的顺时针半平面。

步骤 3：当 C 点在 L_1 的逆时针半平面时，计算 C 点到端点 $A(x_1,y_1)$ 的距离 d_1。如果 $d_1 \leq r$，则该点在路段 L 的缓冲区内，否则不在；当 C 点在 L_1 的顺时针半平面和 L_2 的逆时针半平面时，计算 C 点到路段 L 的垂直距离 d_2。如果 $d_2 \leq r$，则该点在路段 L 的缓冲区内，否则不在；当 C 点在 L_2 的顺时针半平面时，计算 C 点到端点 $B(x_2,y_2)$ 的直线距离 d_3，如果 $d_3 \leq r$，则该点在路段 L 的缓冲区内，否则不在。

$$\begin{cases} d_1 = \sqrt{(X-x_1)^2+(Y-y_1)^2} \\ d_2 = \left| \dfrac{AX+BY+C}{\sqrt{A^2+B^2}} \right| \\ d_3 = \sqrt{(X-x_2)^2+(Y-y_2)^2} \end{cases} \tag{6.4}$$

2. 道路中心线级路网变化检测

根据上文所提,道路中心线级路网变化类型主要包括:道路新增和道路废弃。两种类型变化反映到轨迹数据与已有矢量路网匹配结果,可以定义为当大量轨迹点无法匹配至当前路段时,且这些轨迹点所构成的类簇长度超过道路建设长度的最小值,则这些匹配失败的轨迹点被认为处于新增道路上;当原始矢量路网中某条路段没有轨迹点匹配,那么当前路段可被认为是废弃道路。实际匹配过程中,会因为轨迹数据漂移现象导致一些漂移点无法匹配至现有路段,或匹配至已经废弃道路。因此,为了减少新增路段与废弃道路检测结果的准确性,本章在进行匹配结果分析过程中,对于少数不能正确匹配的轨迹点将被作为异常值去除;而对于某些路段存在少数可匹配的轨迹点,则通过判断该路段周围范围内其他路段匹配轨迹点数量,对该路段匹配结果进行分析确定该路段是否处于废弃路段。

1) 道路新增变化检测

根据上文所述,道路新增变化主要通过对无法正确匹配的轨迹点进行分析。首先,从轨迹数据点集 P 中提取所有未能正确匹配至矢量路网路段的轨迹点;其次,计算匹配失败轨迹点集类簇的类簇中心线长度,当其长度超过新增路段最短长度阈值时,认为这些匹配失败的轨迹点位于新增道路。总结来讲,道路新增变化探测的主要原理是:分析、统计所有未能正确匹配上的轨迹点数据表→提取、选择连续的轨迹点数据→区分、判断轨迹点数据所在的某条新增道路上。这一过程可由点的缓冲区算法实现,即将某一些距离很近的点归为某一条新增道路,将另一些距离很近的点归为另一条新增的道路。但是由于数据间隔时密时疏很难确定合适的缓冲区大小,本章采用手动提取、区分连续轨迹点数据是否处于新增路段上,也即给所有的增量轨迹点添加一个新的属性字段 roadID,如图 6.6 所示。

FID	Shape *	ID	TaxiID	UTC	X	Y	Speed	Direction	roadID
0	Point	23	11202	1230461243	114.314723	30.503745	10.149	173.95	43
1	Point	170	11220	1230452004	114.376438	30.413313	7.837	114.74	65
2	Point	172	11220	1230461511	114.373841	30.418411	12.95	154.13	65
3	Point	190	11220	1230422349	114.405566	30.513736	10.823	272.98	106
4	Point	251	11228	1230473906	114.356431	30.47603	9.214	271.82	57

图 6.6　增量轨迹点属性表

将疑似一条新增道路的连续多个GPS点赋予一个相同的 roadID 值,疑似另一条新增道路的连续多个 GPS 点赋予另一个相同的 roadID 值,依次给所有的增量 GPS 点赋值完。这样所有的增量 GPS 点均按照 roadID 号管理起来。经手动处理后增量的数据组织结构见图 6.7。

每条新增道路由一系列连续的点组成,不同的新增道路通过 roadID 索引,这样所有可能的道路网增量有序地管理起来。检验具有同一 roadID

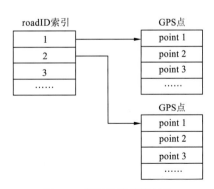

图 6.7　增量数据组织结构

值的连续的 GPS 点数据,如果最近的 GPS 点与最远的 GPS 点之间的距离小于实验设定的阈值,则认为没有新增道路,将这些点自动删除。保留那些距离大于等于阈值的连续点,即完成所有增量的检验。

2) 道路废弃变化检测

道路废弃在轨迹数据维度的主要体现为:没有车辆经过废弃路段,使得没有车行轨迹数据留下。从数据匹配结果分析来看,废弃路段的最直观体现即为:没有可以匹配的轨迹点。因此,为了探测原始路网数据中的一些路段是否为废弃路段,主要通过检索匹配后轨迹点的路段 ID,然后将匹配后的路段 ID 与原始路网数据中记录的所有路段 ID 进行比对,如图 6.8 所示。如果存在一些路段 ID 没有出现在匹配后轨迹点属性表中,则认为这些路段为废弃道路。

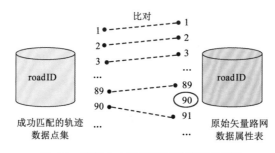

图 6.8　道路中心线级路网道路废弃探测

6.3.3　道路中心线级路网更新

路网更新主要包括动态更新与静态更新两类。本章所提道路中心线级路网变化检测更新主要属于一种静态更新方式。通过轨迹数据与路网匹配结果分析,确定位于新增道路路段轨迹数据与道路废弃路段 ID。针对道路新增所引起的原始路网变化,主要通过提取位于新增路段轨迹数据类簇中心线,将该中心线段作为新增路段,添加至已有路网数据。因为轨迹点是无序而且时密时疏,为了方便连成折线,要先对每条新增道路上的轨迹点进行排序并间隔取值,然后从这些排序后的轨迹点中进行中心线提取,如图 6.9 所示。

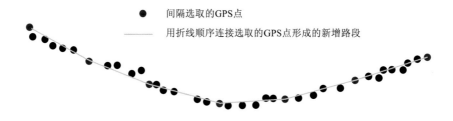

图 6.9　轨迹点连接方法示意图

具体的道路中心线级路网道路新增更新步骤主要包括以下 4 步。

步骤 1:将所有增量轨迹数据点按照 roadID 值从小到大进行排序。

步骤 2:对具有同一 roadID 值的无序轨迹点进行排序。排序的主要思想为:使用"for

循环"找出其最大 x 值（x_{max}）、最大 y 值（y_{max}）、最小 x 值（x_{min}）、最小 y 值（y_{min}），然后比较 $x_{interval}$（$x_{max}-x_{min}$）和 $y_{interval}$（$y_{max}-y_{min}$）的大小，如果 $x_{interval}$ 大，则将这些轨迹点按 x 值从小到大排序；如果 $y_{interval}$ 大，则将这些轨迹点按 y 值从小到大排序。

步骤 3：对具有同一 roadID 值的密集轨迹点间隔取值。间隔取值的主要思想为：输入有序数列中的第一个轨迹点，以该点为中心建立一个合适的缓冲区，将后续包含在这个缓冲区内的所有轨迹点从该序列中去除；然后取该序列中的下一个轨迹点为中心，建立缓冲区，去除包含在这个缓冲区内的后续轨迹点；依次下去，直到循环到序列中的最后一个轨迹点并保留该点。

步骤 4：用折线将具有同一 roadID 值的选取的有序轨迹点依次连接起来，连成的折线即是新增或改建的路段。

完成道路新增更新后，因为轨迹点数据的误差，不可避免会出现图 6.10 中的几种情况。如图 6.10（a）所示，新增路段与相连接道路存在间隙，没有完成最终连接；图 6.10（b）所示，新增路段与相连接路段相交点超出范围；图 6.10（c）中，新增路段与相连接路段相交，但是缺乏交点。解决这类问题，需要对路网节点进行编辑，进行道路的求交计算，插入高精度的点，确定交点坐标，重绘道路，把应相交的道路使其相交，不应相交的道路进行截断，多余的道路进行打断、删除等。因为这一步不是本实验的重点，且已经有很多相关的研究和算法，所以这里不再详细阐述。

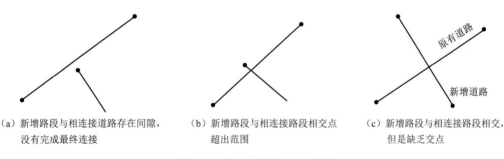

（a）新增路段与相连接道路存在间隙，　　　（b）新增路段与相连接路段相交点　　　（c）新增路段与相连接路段相交，
　　没有完成最终连接　　　　　　　　　　　　超出范围　　　　　　　　　　　　　　但是缺乏交点

图 6.10　新旧道路交叉示意图

针对道路废弃所引起的原始路网变化，则通过寻找废弃路段 ID 编号，将对应该 ID 编号的路段进行打断、删除操作。在进行删除过程中，不仅需要将已有矢量路网数据中的路段 ID 进行删除，同时还需要对添加及删除后的路段 ID 进行重新检索、排序，剔除冗余路段记录，增加新路段 ID 记录。由于目前 GIS 系列软件功能可以解决以上更新过程中存在的操作问题，本章将不做重点介绍。

6.3.4　实验验证

以武汉市区为研究区域，以武汉市内上万辆出租车采集的时空轨迹数据为数据源，结合已有的武汉市道路中心线级矢量路网数据，对道路中心线级路网变化检测方法进行验证和分析。实验过程中所采用的轨迹数据采集于 2013 年，采集周期为一个星期，采样间隔为 30～60 s 不等。将原始 GPS 数据导入 Microsoft Access 数据库，按 GPS 的数据格式给每一列赋予合适的属性字段名，本实验数据的属性字段名有：数据 ID、车辆的 ID（TaxiID）、UTC 时间、经度坐标（X）、纬度坐标（Y）、车辆瞬时速度（Speed）、车辆瞬时方向（Direction），如图 6.11 所示。需要更新的地图是湖北省武汉市的道路中心线级矢量路网数据，如图 6.12 所示。实验中的数据处理均在 MatLab 中实现，其成果在 ArcMap 中显示。

ID	TaxiID	UTC	X	Y	Speed	Direction
1	14315	1230408037	114.363678	30.521921	11.624	296.74
2	14296	1230408036	114.196658	30.611498	0	0
3	14762	1230408033	114.263501	30.548306	0	0
4	12962	1230408033	114.249278	30.57473	1.793	270.86
5	12243	1230408032	114.280931	30.598323	9.44	180.69
6	14652	1230408032	114.307743	30.61303	14.214	303.86
7	13057	1230408032	114.364601	30.521308	13.752	105.56
8	14252	1230408031	114.191096	30.61223	13.495	96.65
9	14362	1230408031	114.288963	30.587998	9.296	211.13
10	12735	1230408029	114.317645	30.546318	13.788	85.09
11	13064	1230408029	114.185566	30.569586	20.211	262.21
12	13017	1230408028	114.27283	30.586101	9.24	252
13	11381	1230408027	114.288723	30.617801	14.892	43.14
14	12614	1230408027	114.255848	30.552193	14.029	99.42
15	13196	1230408027	114.313323	30.542271	1.644	272.24

图 6.11　出租车采集轨迹数据存储模式

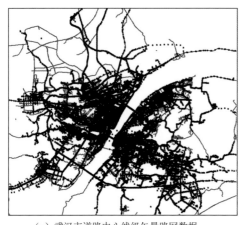
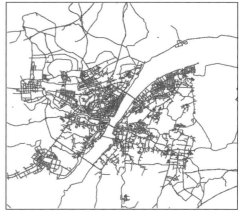

（a）武汉市道路中心线级矢量路网数据　　　　　　　（b）出租车采集轨迹数据

图 6.12　武汉市道路中心线级矢量路网数据与出租车采集轨迹数据

　　根据上文所述方法，本实验流程为：数据预处理、轨迹数据匹配、道路中心线级路网变化检测与路网更新。数据预处理部分主要完成不同坐标系数据源的转换及原始轨迹数据清洗；轨迹数据匹配过程根据点到线匹配方法完成轨迹数据与矢量路网数据的匹配；根据匹配结果完成道路中心线级路网变化检测；最后从矢量路网数据组成模型：弧段–节点，完成对新增道路与废弃道路的更新。

1. 数据预处理

　　本章采用实验数据来自出租车系统采集的轨迹数据，其记录格式如图 6.13 所示，主要包括：①FID、ID：数据标识符；②TaxiID：浮动车标识符；③UTC（coordinate universal time）：世界协调时；④X：经度，单位为°；⑤Y：纬度，单位为°；⑥Speed：相对位移速度，单位为 km/h；⑦Direction：相对位移方向，单位为°。

FID	Shape *	ID	TaxiID	UTC	X	Y	Speed	Direction
0	Point	1	14315	1230408037	114.363678	30.521921	11.624	296.74
1	Point	2	14296	1230408036	114.196658	30.611498	-2	0
2	Point	3	14762	1230408033	114.263501	30.548306	0	0
3	Point	4	12962	1230408033	114.249278	30.57473	1.793	270.86
4	Point	5	12243	1230408032	114.280931	30.598323	68.514	180.69
5	Point	6	14652	1230408032	114.307743	30.61303	14.214	303.86

图 6.13　出租车采集轨迹数据存储格式

　　采集于出租车系统的轨迹数据是以经纬度描述车辆运动过程中的空间位置，使用的是地理坐标，而 GPS 接收机输出的测量成果均属于 WGS-84 坐标系。我国目前很多导航电子地图采用北京 54 和西安 80 平面坐标系，因此需要对原始轨迹数据进行坐标转换，使得轨迹数据与矢量路网数据处于相同坐标系标准。本章在实验过程中将轨迹数据与矢量路网数据均统一为 WGS-84 坐标系。

　　一般情况下，武汉市出租车系统采集的轨迹数据的定位精度约为 15 m（唐炉亮 等，2016）。由于采集终端质量差异性、数据采集环境复杂、车辆驾驶行为多变等原因，原始出租车轨迹数据中存在大量异常值。为了降低道路变化检测结果错误率，提高路网更新效率，需要对采集的 GPS 原始数据进行预处理。首先，GPS 采样数据各记录必须完整，而且记录的信息必须有效，将不完整的或含有无效信息的数据删除。其次，因为采集轨迹数据的车辆主要在城市道路网上行驶，其数据空间位置及行驶速度必然受交通通行规律约束，可以根据城市路网的限速来删除一部分异常数据。最后，部分 GPS 数据会严重地偏离道路网形成异常值，可以根据第 2 章数据清洗方法对漂移点进行识别和去除。本次实验原始轨迹数据共有 586 754 条轨迹记录，基于上述方法对原始轨迹数据进行清晰处理，如图 6.14 所示。

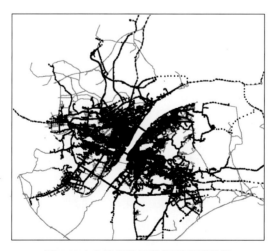

图 6.14　出租车轨迹数据预处理结果

2. 轨迹数据匹配

通过轨迹数据预处理,完成清洗后的轨迹数据将被作为有效数据,采用本章所提点到线地图匹配方法,完成轨迹数据与矢量路网数据的匹配。在进行匹配过程中,需要对道路缓冲区半径 r 的值进行设定。由于本实验采用轨迹数据采集于出租车系统,而目前车租车系统提供的轨迹数据定位精度约为 15 m;另外,根据中国道路建设标准,城市道路宽度一般在 10~30 m,取最大路面宽作为匹配过程中路段宽度值。因此,在本实验过程中道路缓冲区半径 r 设定为 25 m,经比例尺变换和单位变换后的 r 值为 0.001 5°。本实验增量提取过程在 MatLab 中进行,全部 GPS 数据(预处理后的数据)运行完后提取增量点 7 914,占预处理后 GPS 点总容量(585 273)的 1.352 2%。将提取后的增量 GPS 点导入 ArcMap,如图 6.15 所示,其中绿色线条表示矢量路网,黑色点表示匹配失败的轨迹数据。

图 6.15　匹配失败的轨迹数据

由图 6.15 可以看出,即使经过数据预处理,但是由于原始 GPS 点覆盖不均匀和预处理过程中目视剔除存在误差等原因,上面提取出的增量 GPS 点并不能全部用于路网更新。在进行路网更新之前,还要对在实际中不可能形成路段的 GPS 点进行再一次的目视检验。检验剔除规则:①某一区域新增 GPS 点很多,可是完全散乱无法判断新增路段的轨迹,删去,如图 6.16(a)所示;②可以断定这块区域有新增路段,但是 GPS 点太少,无法确定路段轨迹,删去,如图 6.16(b)所示;③新增 GPS 点连续且可以形成路段轨迹,但是该轨迹不与原有道路网中任何路段轨迹相连。因为道路网都是连通,将这些连续的 GPS 点删去,如图 6.16(c)所示。根据上述剔除规则对不能正确形成路段的新增 GPS 点目视删除后,得到剩余匹配失败的 GPS 点 5 803。此次目视删除点 2111,删除率为 26.674 2%,删除后的未匹配成功的轨迹数据如图 6.17 所示。

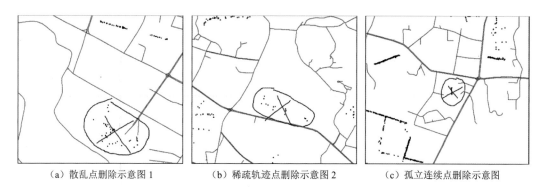

（a）散乱点删除示意图 1　　　（b）稀疏轨迹点删除示意图 2　　　（c）孤立连续点删除示意图

图 6.16　匹配失败轨迹数据判断预处理

图 6.17　检验后的新增轨迹点

3. 道路中心线级路网变化检测与路网更新

本实验路网更新采用的方法是将经过检验的新增 GPS 点按坐标顺序连接成曲线。它包括 4 个步骤——将所有增量 GPS 点按照 roadID 值从小到大进行排序、对具有同一 roadID 值的无序 GPS 点进行排序、对具有同一 roadID 值的密集 GPS 点间隔取值、用折线将具有同一 roadID 值的选取的有序 GPS 点依次连接起来。前三步均在 MatLab 中实现，间隔取值时点的缓冲区半径设定为 0.005。并计算新增路段的长度，实验将新增路段的长度阈值也设定为 0.005，即将所有长度小于 0.005 的新增路段自动删除。经过前三步数据处理后，剩余新增 GPS 点 359，此过程删除点数 5 444，删除率达 93.813 5%。排序并间隔取值后长度超过阈值的新增 GPS 点全图如图 6.18 所示。

第四步用折线将上面的新增 GPS 点依次连接起来，使用的方法是 ArcMap 中自带的 Toolbox 工具箱中的工具。具体实现步骤如下。

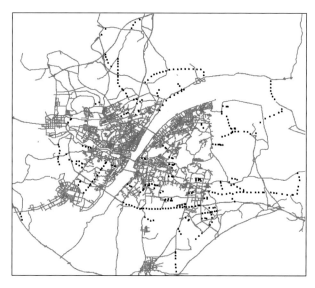

图 6.18　排序并间隔取值后长度超过阈值的新增轨迹点全图

```
Point
0 1
0 114.290386 30.845575 1.#QNAN 1.#QNAN
1 114.297918 30.84421 1.#QNAN 1.#QNAN
2 114.304643 30.840668 1.#QNAN 1.#QNAN
3 114.304763 30.841101 1.#QNAN 1.#QNAN
0 2
0 114.280645 30.799406 1.#QNAN 1.#QNAN
1 114.284013 30.804928 1.#QNAN 1.#QNAN
2 114.28754 30.810751 1.#QNAN 1.#QNAN
3 114.296156 30.815648 1.#QNAN 1.#QNAN
0 3
0 114.222713 30.78637 1.#QNAN 1.#QNAN
1 114.230303 30.797608 1.#QNAN 1.#QNAN
0 4
0 114.241813 30.727461 1.#QNAN 1.#QNAN
1 114.235626 30.734043 1.#QNAN 1.#QNAN
2 114.233411 30.739571 1.#QNAN 1.#QNAN
3 114.231395 30.74501 1.#QNAN 1.#QNAN
4 114.230598 30.749326 1.#QNAN 1.#QNAN
```

图 6.19　生成的 txt 格式图

步骤 1：利用"Write Features to Text File"工具将上面*.shp 格式的新增 GPS 点文件转换为*.txt 文件，这个文件主要用于描述各个点的坐标，如图 6.19 所示。然后，将图 6.19 中的 Point 改成 Polyline，即可满足连接生成线的要求，为下一步做准备。

步骤 2：利用"Create Features From Text File"工具导入生成、修改后的 txt 文件中。

步骤 3：点击确定生成新增的道路轨迹图，如图 6.20 所示，其中黑色点表示轨迹点，红色线条表示新增后的道路路段。

4. 实验结果分析

本次实验采用武汉市上万辆出租车发回的 GPS 数据进行道路中心线级路网变化检测与更新。采用本章所提基于点、线匹配方法，实现了道路新增与道路废弃变化检测，借助 ArcMap 软件平台，根据检测结果对原有矢量地图完成了更新。然而，由于所采用的轨迹点受道路覆盖率影响，在实验过程中对废弃道路无法进行准确判断。另外，城市边缘地带由于途径车辆稀少，轨迹数据覆盖率极低。对于此种情况，为保证研究结果的准确性，在实验过程中均采用了删除轨迹点处理。对于覆盖比较密集区域，如果 GPS 点形成的轨迹直接避开某条道路而行，即可判断此路段为废弃或者临时更改路段，然而具体为何种情况还需要采用实地考察以进一步地确认。通过对此次实验过程中的新增道路与废弃道路进行探测，共有 83 条道路被检测为新增道路，1 条道路被检测为改建道路，如图 6.21 所示。这些更新的道路主要为城市主干道和居民区道路。

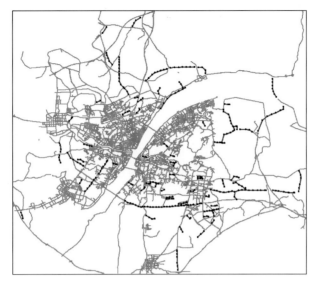

图 6.20　更新后的道路网络示意图

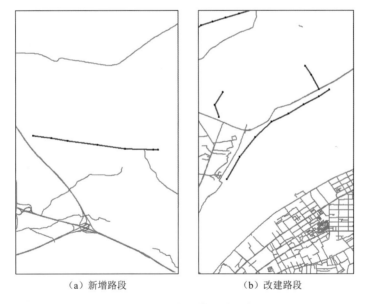

（a）新增路段　　　　　　　　　　（b）改建路段

图 6.21　路网变化检测结果类型

6.4　行车道级路网变化检测

6.4.1　行车道路网变化类型

行车道路网数据的细节程度处于道路中心线级和车道级路网之间。相比于道路中心线级路网,行车道级路网将高等级、严格区分行车方向的一条道路细化描述为两条拥有相反行车方向的行车道,而每一条行车道的中心线则用于表达行车道的空间位置,也即对应于行车道路网中的每一条路段。因此，行车道路网的路段密度要高于道路中心线级路网，并且每一条路段采用有向线段表述。根据行车道路网对道路描述细节特点，其道路变化检测类型主要包括：道路新增、道路废弃及道路管控造成的每一条行车道行车方向变化。

1. 道路新增

针对行车道级别路网，道路新增可以细化探测至每一条行车道。这种细节程度描述下的道路新增变化反映到真实环境中表现为：一条低等级、不区分明显行车方向及空间位置的道路，经过道路改扩建后成为一条高等级、区分不同行车方向及空间位置的道路。这种道路新增变化，体现在行车道路网数据中则表现为：一条路段，同时记录两个行车方向，经过改扩建后变为两条路段，每一条路段只记录一个行车方向，如图 6.22 所示。

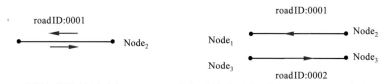

（a）原始行车道路网中路段 0001　　（b）变化后的行车道路网路段 0001 更新为两条路段：0001 和 0002

图 6.22　行车道路网道路新增变化

2. 道路废弃

道路废弃指由于施工或者道路改建，行车道路段暂时或长期被废弃。相比于道路中心线级道路废弃变化，行车道级道路废弃具体到了每一条行车道。这种差异体现的最直接表现就是当同一条道路上的一条行车道由于施工、维修造成道路短期废弃，这种道路变化在道路中心线级路网变化检测中无法被检测出来，而对于行车道级路网变化检测，这种短期的道路废弃变化可以被检测出。这种道路类型变化检测差异主要由于道路中心线级路网对道路的描述较为粗略，即使当某一条行车道存在道路废弃，而与之同处于一条道路的另一条行车道依然可以通行，从而使得描述该条道路的路段依然存在可以匹配的轨迹数据，导致变化无法被检测，如图 6.23 所示。

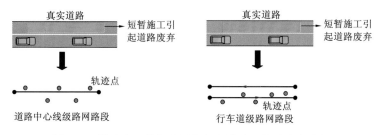

图 6.23　道路中心线级路网与行车道路网道路废弃分析

3. 道路交通管制引起的行车方向变化

行车道路网数据中每一条路段均为有向线段。需要强调的是，当道路等级较低时，一条道路没有明确区分两条行车道,此时路网数据描述中依然采用一条路段进行描述,而这条路段包含了两个行车方向;当道路等级较高时,一条道路明确区分行车道时,路网数据中一条路段就仅包含一个行车方向。与道路中心线级路网的一个最大区别在于,行车道路网明确划分了每条道路的行车方向,属于有向图模式。这种方向的明确划分,使得路网由于交通管制所引起的行车道行车方向变化可以被检测出来。一般情况下,行车道路网数据行车方向发生变化主要体现在道路路段与交叉口区域。对于道路路段,行车方向变化体现为路段单通行变为双通行或路段双通行变为单通行;对于交叉口区域,行车方向变化体现为完成某转向时所经过的两条行车道通行方向变化。

根据行车道路网数据存在的几种道路变化,在进行道路变化检测过程中不仅需要考虑轨迹数据与路网数据之间的空间位置差异,同时还需要考虑轨迹数据所携带的方向信息与路网路段通行方向之间的角度差异。从路网有向图模式描述类型,可以将行车道路网变化检测定位一种考虑拓扑关系的轨迹变化检测方式。

6.4.2　基于轨迹数据的行车道路网拓扑变化检测

根据上文对行车道路网变化类型分析,本节提出一种基于轨迹数据的路网拓扑自动变化检测方法。该方法首先利用向量相似性度量模型,度量轨迹向量与路网局部拓扑向量之间的相似性,检测疑似道路拓扑变化点,通过比较疑似道路拓扑变化点与路网拓扑关系,完成新增、废弃、改建等道路变化,实现基于车载轨迹的路网拓扑自动变化检测,如图 6.24 所示。

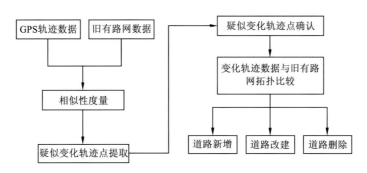

图 6.24　路网变化检测方法流程图

总体来讲,本节所提基于时空轨迹的路网拓扑变化检测方法主要分为两步:疑似变化轨迹点提取和道路变化检测(图 6.24)。

第一步:从当前轨迹点分布出发,构建时空轨迹向量和出租车当前所在位置的局部道路拓扑向量,时空轨迹向量体现一段时间内车辆通行趋势,局部道路拓扑向量体现道路通行方向,计算两向量间的相似性,根据设定的相似性阈值得到疑似拓扑变化轨迹点数据。

第二步:从时空轨迹所体现出的车辆运动趋势出发,通过轨迹拓扑边界点提取及拓扑连通性分析,去除所检测出的错误变化轨迹点,构建路段交叉处新的路网拓扑关系,实现路网拓扑的自动变化检测。

1. GPS 轨迹向量与局部道路拓扑向量相似性度量

根据上文所述,本节所提行车道级路网变化检测方法的第一步是:疑似变化轨迹点检测。疑似变化轨迹点是指与旧有路网局部拓扑无法匹配的轨迹点,为了检测这些疑似轨迹点,本节提出采用向量相似性度量算法实现疑似轨迹变化点的检测。向量相似性度量算法主要用于度量轨迹向量与路网局部拓扑向量之间的相似度,其中轨迹向量与路网局部拓扑向量之间存在的空间关系主要包括:空间距离与角度。空间距离度量了轨迹向量与行车道路网数据之间的位置差异;角度度量了有向轨迹向量与有向路段之间的方向差异。轨迹向量与路网局部拓扑向量相似度度量主要包括三个步骤:轨迹向量构建,局部道路拓扑向量构建,向量相似度模型构建,具体内容如下所述。

1) 轨迹向量构建

建立时空轨迹向量时,以轨迹点作为向量起点,方向取当前点所记录的车辆运行方向。这种方法构建的轨迹向量在保证较高计算效率的同时,构建的轨迹向量方向更符合实际的车辆运行方向。

2) 局部道路拓扑向量构建

构建局部道路拓扑向量时,先构建当前轨迹点与前后轨迹点三点最小包围矩形的面状缓冲,再根据落入缓冲区内的道路动态构建局部道路拓扑向量。构建过程如图 6.25 所示,图中的向量 **R** 即为构建的局部道路拓扑向量。当缓冲区内有多条拓扑路段时,则需要构建多条局部道路拓扑向量作为候选向量。为保证构建的矩形缓冲区内有图形路段落入,将城市内一个街区的宽度作为矩形缓冲的大小。

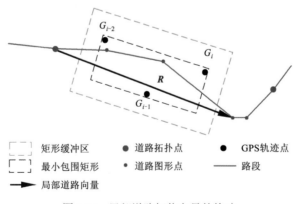

图 6.25　局部道路拓扑向量的构建

3) 向量相似度模型构建

借鉴浮动车地图匹配中基于权重定位点匹配算法（王美玲 等, 2012）与基于拓扑的全局地图匹配（李清泉 等, 2013）思想,本章度量 GPS 轨迹与道路之间的相似性,实质为度量 GPS 轨迹向量与道路局部拓扑向量之间的相似性。度量向量相似性过程中分别计算轨迹向量与局部道路拓扑向量之间的距离相似性 S_{Dis}、方向相似性 S_{Ang},并将两相似性赋权相加得到空间位置和运动方向双重约束下的向量相似性（图 6.26），综合相似度 S 计算方法如式（6.5）所示。

$$S = \lambda \cdot S_{\text{Dis}} + (1-\lambda) \cdot S_{\text{Ang}} \qquad (6.5)$$

式中：S 为双重约束下的综合相似度；S_{Dis} 和 S_{Ang} 分别为距离相似度和运动方向相似度；λ 和 $(1-\lambda)$ 分别为距离相似度与方向相似度在计算中所占的权值。向量间距离相似度 S_{Dis} 计算方法如式（6.6）所示，轨迹向量与局部路网拓扑向量之间的方向相似度 S_{Ang} 计算方法如式（6.7）所示。

$$S_{\text{Dis}} = \frac{D_{\text{TH}} - D_i}{D_{\text{TH}}} \qquad (6.6)$$

$$S_{\text{Ang}} = \cos(\theta_{i,j}) \qquad (6.7)$$

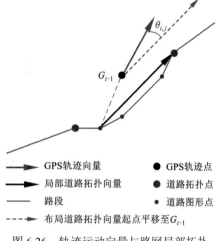

图 6.26　轨迹运动向量与路网局部拓扑向量的方向相似性度量

距离相似度 S_{Dis} 用来描述轨迹向量与局部道路拓扑向量距离接近程度，式（6.6）中：D_i 表示轨迹向量的起点到图形路段的距离，D_{TH} 为距离阈值，本章阈值大小为轨迹点到矩形缓冲区的边界位置的最远距离，当轨迹向量起点到候选图形路段的垂足不在候选路段上时，分别计算轨迹向量起点到图形路段起始点和终点的距离，并选择较小值。距离相似度 S_{Dis} 的取值在[0,1]，且当轨迹点到图形路段的距离为 0 时 S_{Dis} 取值为 1；当轨迹点到图形路段的距离为阈值 D_{TH} 时 S_{Dis} 取值为 0；随着轨迹点到路段的距离不断增大，相似度 S_{Dis} 逐渐变小。方向相似度 S_{Ang} 用来描述轨迹向量与局部道路拓扑向量方向相似程度，式（6.7）中：$\theta_{i,j}$ 为轨迹向量与局部道路拓扑向量之间的夹角，当 $\theta_{i,j}$ 大于 π 时取 $\theta_{i,j}$ 的补角，方向相似性 S_{Ang} 的取值范围为[0,1]，当轨迹向量与局部道路拓扑向量之间的夹角为 0 时，S_{Ang} 值为 1；夹角为 π 时，S_{Ang} 值为 0；随着轨迹向量与局部道路拓扑向量之间的夹角不断增大，S_{Ang} 值逐渐减小。

2. 行车道级路网拓扑变化检测

轨迹向量与局部道路拓扑向量的相似度 S 值越大，说明轨迹向量与道路拓扑向量越相似，路网变化的可能性越小；向量相似度 S 值越小，说明轨迹向量与道路拓扑向量越不相似，路网变化的可能性越大。因此，小于相似性阈值 T 的轨迹点即可能为路网变化，称作疑似变化轨迹点，通过对疑似变化轨迹点进一步跟踪，在道路交叉口处对道路拓扑边界点进行提取，进行拓扑连通性分析，基于变化轨迹点构建一定范围内新的路网拓扑关系，比较路网新旧路网拓扑确定道路变化类型。

1）疑似变化轨迹点检测

疑似变化轨迹点的提取结果依赖于距离相似性权值 λ 和相似性阈值 T 两个参数。为得到最佳权值与阈值，通过调整不同权值和阈值，对其相应的变化轨迹点提取结果正确率进行分析，其中变化轨迹点提取结果正确率的计算方法如式（6.8）所示。$\{A_n\}$ 为实验区内提取的变化轨迹点集合，$\{R_n\}$为$\{A_n\}$中被正确检测出的变化轨迹点的集合。

$$P_i = \frac{\{A_n\} \cap \{R_n\}}{\{A_n\}} \tag{6.8}$$

2）轨迹变化点确认

轨迹变化点所具有的拓扑变化性主要体现在几个方面：①相邻的两个轨迹点匹配到不同路段，并且两路段直接连通，如图 6.27（a）所示；②相邻两个轨迹点分别匹配到不同拓扑路段，但两路段不直接连通，如图 6.27（b）所示；③相邻两个轨迹点一个匹配到拓扑路段，而另一个不能成功匹配，如图 6.27（c）所示。

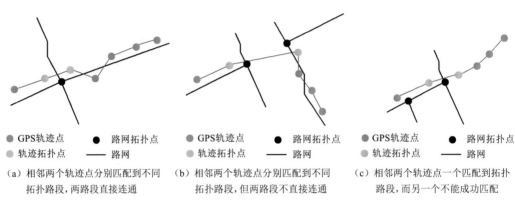

● GPS轨迹点	● 路网拓扑点
● 轨迹拓扑点	—— 路网

（a）相邻两个轨迹点分别匹配到不同拓扑路段，两路段直接连通

● GPS轨迹点	● 路网拓扑点
● 轨迹拓扑点	—— 路网

（b）相邻两个轨迹点分别匹配到不同拓扑路段，但两路段不直接连通

● GPS轨迹点	● 路网拓扑点
● 轨迹拓扑点	—— 路网

（c）相邻两个轨迹点一个匹配到拓扑路段，而另一个不能成功匹配

图 6.27　轨迹拓扑点存在情况

一般情况下，轨迹在经过路口时如果提取出变化轨迹点，如图 6.28（a）所示，则该轨迹在交叉路口附近一定范围内有且仅有一对拓扑点。当在交叉路口一定范围内，同一条轨迹上出现一对以上的拓扑点时［图 6.28（b）］，表明车辆转向一条道路短暂行驶后又迅速撤回，是一种非常态行为。因此，将交叉路口一定范围内同一条轨迹上出现一对以上拓扑点的情况认定为变化轨迹点的提取错误。

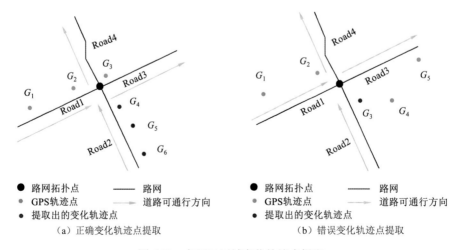

● 路网拓扑点	—— 路网
● GPS轨迹点	——→ 道路可通行方向
● 提取出的变化轨迹点	

（a）正确变化轨迹点提取

● 路网拓扑点	—— 路网
● GPS轨迹点	——→ 道路可通行方向
● 提取出的变化轨迹点	

（b）错误变化轨迹点提取

图 6.28　交叉口区域变化轨迹点提取

综上所述,以获取的变化轨迹拓扑点为中心,相邻拓扑路段的平均长度为线缓冲区半径,沿着轨迹线在缓冲区内搜索。如果找到一对及以上的轨迹拓扑点,则说明缓冲区范围内的变化轨迹点提取结果存在错误,需要对缓冲区内所有提取出的变化点进行修正。具体修正方法如下所述。

统计缓冲区内的变化轨迹点与非变化轨迹点数量;若两类轨迹点数量相差较大,则将数目较少类别的轨迹点修正为另一类别;若出现两类轨迹点数量相当,缓冲区范围内的变化轨迹点无法修正,需要借助在相同缓冲区内搜索同一时间段内的其他车辆轨迹来判断所提取变化轨迹是否正确。

6.4.3　基于变化检测结果的行车道路网更新

行车道路网道路变化类型主要包括:道路新增、道路废弃及道路交通管制引起的道路通行方向变化,这三类变化在进行路网更新过程中需要对原始矢量路网进行路段几何拓扑增加、删除、修改。针对每一类道路变化进行的路网更新具体步骤如下所述。

道路新增:主要表现为拓扑点的增加与拓扑路段的新增,在此情形下,通过变化轨迹点中的非变化轨迹边界点分布寻找新增的路网拓扑点,根据轨迹点分布拟合新增路段图形,并在路网拓扑表中新增拓扑路段记录。

道路废弃:道路属性中设置一个“Tag”字段,每当有轨迹点经过时给该字段+1,当一周后“Tag”字段仍为 0,认为在一周内没有车辆经过该路段,则该路段为道路删除。

道路交通管控:包括路段单双通行变化和转向连通性变化两种,此情形下道路图形没有变化,只有道路拓扑连通关系的增加和删除,在此情形下,通过变化轨迹点非变化轨迹边界点分布寻找变化的路网拓扑点,在路网拓扑表中增加删除相对应的拓扑路段记录。

变化轨迹点可以体现出路网拓扑的新增。路网拓扑的新增包括道路新增引起的拓扑新增和道路通行性改变引起的拓扑新增,判断变化轨迹点所体现出的路网拓扑新增类型的步骤如下:

变化轨迹类型判定算法(输入:变化 GPS 轨迹数据集 T;输出:路网变化类型数据集 Type)

1	for T 中的每个条轨迹 t do
2	(边界点 E_1, 边界点 E_2)=查找变化轨迹两端拓扑边界点();
3	拓扑点 Tp_1=匹配至拓扑点（边界点 E_1）;
4	拓扑点 Tp_2=匹配至拓扑点（边界点 E_2）;
5	if Tp_1 与 Tp_2 为同一点 then
6	Type(第 i 条变化轨迹)=路段新增;
7	else if 拓扑表中存在拓扑点 Tp_1 与拓扑点 Tp_2 then
8	Type(第 i 条变化轨迹)=拓扑新增;
9	else
10	Type(第 i 条变化轨迹)=路段新增;

```
11              end if
12           end if
13        end for
```

6.4.4　实验验证

采用 2015 年武汉市 GPS 轨迹数据，以及 2013 年的武汉市路网数据，图 6.29 为实验中所使用的路网数据和原始轨迹数据。总共使用 2015 年 7 月一周武汉市内 200 辆出租车轨迹数据进行实验，总共有 20 万个 GPS 轨迹点，轨迹点的采样间隔在 5～40 s 不等，为了提高运算效率，通过建立路网数据网格索引进行变化检测。

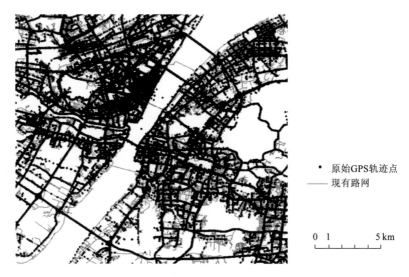

图 6.29　原始轨迹数据与路网数据叠置

在实验过程中，为得到最佳权值与阈值，采用实验片区抽样的方法，针对不同阈值下疑似变化轨迹点提取正确率进行统计，图 6.30 为距离相似性权值 λ 从 0 以 0.1 间隔变化

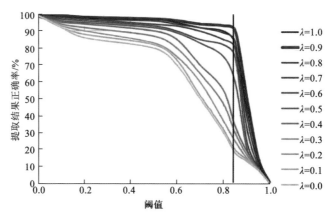

图 6.30　不同距离相似性权值不同阈值下的变化轨迹点提取结果正确率

到 1 过程中取不同相似性阈值 T 时的正确率变化曲线。图 6.30 表明，当距离相似性权值 λ 为 0.87 与最佳相似性阈值 T 为 0.85 时可以得到最佳的变化检测结果，因此后续实验中均将距离相似性权值 λ 设为 0.87，将相似性阈值 T 设为 0.85。

　　图 6.31 为使用本章提出的基于拓扑检测的路网变化检测方法得到的局部范围内道路新增结果。通过 Google Earth 影像图验证实验结果的正确性。图 6.32 为使用本章方法得到的道路废弃的结果。图 6.33 为使用本章方法得到的道路修改的结果。通过 Google Earth 影像图验证实验结果的正确性。

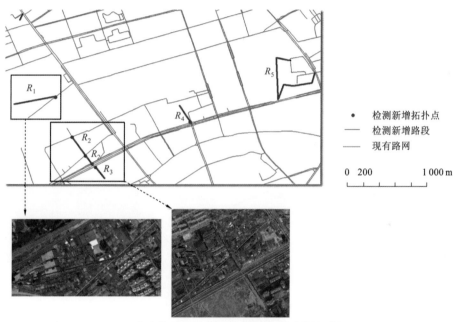

（a）基于路网拓扑的路网变化检测新增道路结果示例 1

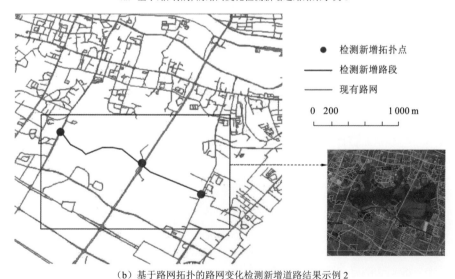

（b）基于路网拓扑的路网变化检测新增道路结果示例 2

图 6.31　基于路网拓扑的路网变化检测新增道路结果

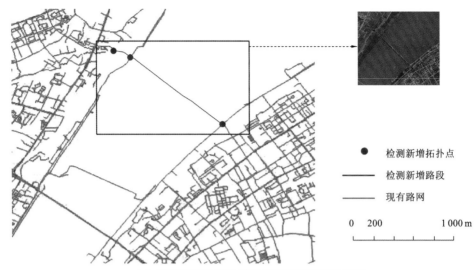

检测新增拓扑点

检测新增路段

现有路网

0　　200　　　　　　　　1 000 m

（c）基于路网拓扑的路网变化检测新增道路结果示例 3

图 6.31　基于路网拓扑的路网变化检测新增道路结果（续）

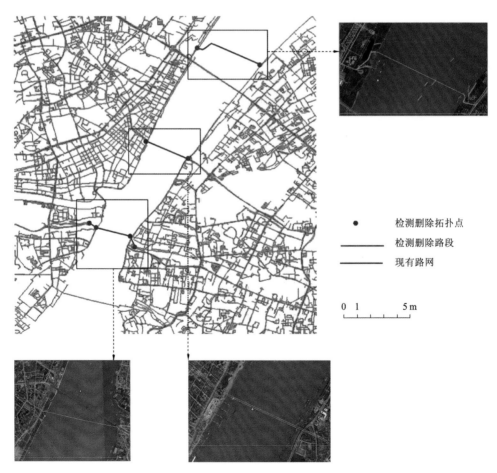

检测删除拓扑点

检测删除路段

现有路网

0　1　　　　5 m

图 6.32　基于路网拓扑的路网变化检测的道路废弃结果

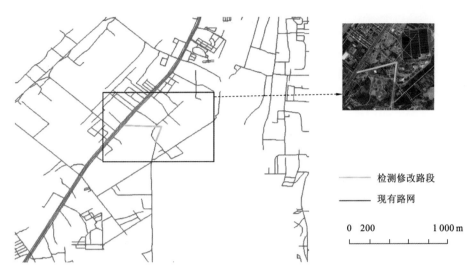

图 6.33　检测出的道路修改结果

本章方法检测出新增路段 20 条，废弃路段 3 条，修改路段 2 条。经过影像比较与实地考察对比，新增路段中存在一些新增路段的检测错误，如图 6.31（a）中的 R_3，由于本章实验过程中采用出租车 GPS 轨迹，出租车可能驶入小区内或者广场等开放空间中进行载客，在这种情形下不可避免会存在新增道路的检测错误。同样的数据，采用基于地图匹配的变化检测和与网格结合的道路自动检测方法进行实验，实验的检测结果与本章方法检测结果对比如表 6.1 所示。

表 6.1　不同路网变化检测方法对比表

方法	检测新增路段	检测错误的道路	检测废弃路段	检测修改路段	是否能检测道路拓扑变化	算法处理效率
基于道路拓扑变化检测（本章）	20 条	3 条	3 条	2 条	是	20 ms/点
基于地图匹配的变化检测	15 条	2 条	3 条	未检测	否	30 ms/点
浮动车与空间网格结合的新增道路自动检测	20 条	3 条	未能检测	未检测	否	70 ms/点

表 6.1 表明，基于地图匹配的变化检测的方法虽然能检测出新增与废弃路段，但该方法在变化检测时检测结果受缓冲区大小的影响较大，当缓冲区较大时，几乎没有变化轨迹点，当缓冲区较小时，会检测出大量错误的变化轨迹点。经过反复实验选取最佳的缓冲区大小进行实验，在路网环境较为复杂的区域内，由于 GPS 轨迹点无法正确匹配影像变化检测结果，最终只检测出新增路段 15 条。结合空间网格的新增道路自动检测只能检测出道路的新增，而无法检测道路废弃与道路修改等情形。同时这两种方法都只是路网的图形检测，本章方法可以检测出路网的拓扑的变化。在算法效率方面，本章方法可以达到 20 ms/点，可以满足实时检测的条件。相对于基于地图匹配方法的 30 ms/点、网格结合的

路网新增方法的 70 ms/点,本章方法在时间效率上具有一定的优势。因此,本章提出的基于 GPS 轨迹拓扑的路网变化检测方法优于现有基于浮动车数据路网变化检测方法。

总体来讲,本章在现有变化检测研究的基础上,提出了一种基于道路拓扑变化检测的路网更新方法。该方法从道路拓扑变化检测出发,通过度量车辆运动轨迹向量与路网局部拓扑向量之间的相似性,构建一定范围内新的道路拓扑关系,实现了道路的自动更新。实验结果表明,该方法可以有效地检测道路新增及道路废弃,并实现了路网的拓扑信息更新。同时,通过对比现有路网检测方法,本章方法在路网变化检测的计算效率和检测结果正确率方面效果较好。

6.5 车道级道路网变化检测

利用当前车载轨迹数据与历史路网数据匹配完成路网变化检测方法,从数据资料类型分析主要包括两类:历史路网数据和当前车载轨迹数据。其中,历史路网数据按照道路信息细节程度不同,分为:道路中心线级、行车道级和车道级路网。不同细节程度的路网数据其路网密度均存在差异,例如:相同城市区域内道路中心线级路网密度要低于行车道级路网,而行车道级路网密度要低于车道级路网。因此,面对高密度的车道级路网数据,其待匹配轨迹数据的定位精度、匹配算法考虑的参数因子及匹配算法效率需求均与现有的道路中心线级和行车道级路网变化检测方法存在差异。

从当前车载轨迹数据定位精度需求分析,正确探测车道级路网变化内容的前提是待匹配轨迹数据定位精度要高。按照当前国内城市道路建设标准,城市道路车道宽度一般在 3.5 m 左右,而车道级路网变化类型主要包括几何和拓扑变化。其中,几何变化主要包括车道增设和车道关闭;拓扑变化则主要包括车道变道规则、交叉口转向以及相邻车道拓扑关系变化等。为了识别以上这些变化,尤其对于路网拓扑变化检测(如车道变道规则检测),所采用的车载轨迹数据定位精度需要达到分米级。另外,由于车道级路网变化检测内容涉及道路面上每一个车道,车载轨迹数据的覆盖率必须是全覆盖,也即用于检测车道级路网变化的车载轨迹数据需要覆盖所有道路、所有车道。

路网细节程度和待匹配轨迹数据定位精度共同影响地图匹配算法及参数因子的选择。根据目前地图匹配算法原理,所采用的参数因子一般包括:位置因子、角度因子、车辆行驶规律与路网连通性因子等。位置因子主要包括:轨迹点到待匹配路段节点的距离;轨迹点到待匹配路段的距离及轨迹段与待匹配路段的距离。角度因子包括:轨迹数据航向值与待匹配路段节点行车方向夹角及轨迹段连线方向与待匹配路段行车方向夹角。车辆行驶规律与路网连通性因子一般主要用于基于概率统计模型的地图匹配算法,例如:基于隐马尔科夫模型的地图匹配方法(Jagadeesh et al.,2017;Koller et al.,2015;Szwed et al.,2014;Oran et al.,2013;Newson et al.,2009)。对于应用于道路中心线及行车道级路网变化检测的低精度轨迹数据而言,为了提高轨迹数据匹配准确率,所采用的地图匹配算法会尽可能选择比较多的参数因子。对于用于检测车道级路网变化的高精度轨迹数据而言，轨迹数据定位精度较高使得地图匹配算法在选择参数因子时不需要过度关心匹配准确性问题，而是需要根据路网高密度特征选择合适的参数因子，并选择算法复杂性低、匹配效率高且鲁棒性强的地图匹配算法加快整体匹配运行速度和稳定性。通过分析现有地图匹配算法的优缺点及其特征，本章选择采用基于模糊逻辑理论的地图匹配算法作为车道级路网变化检测算法的第一步。相比于其他地图匹配算法，模糊逻辑理论方法的算法复杂度低、鲁棒性强，因此更适合于高密度的车道级路网地图匹配。对于地图匹配算法参数因子选择，也即模糊因子选择，本章利用轨迹点与待匹配路段距离以及轨迹点航向角与待匹配路段车行方向夹角作为模糊因子。另外，将轨迹点与车道级路段之间的距离作为地图匹配的另一个几何参数和模糊因子，一方面使得轨迹数据不局限于采样率，另一方面也方便几何特征计算。

根据以上针对地图匹配算法和参数因子分析，本章提出基于模糊逻辑理论的城市车道级路网变化检测方法。该方法主要包括两步：①利用模糊逻辑理论完成当前车载轨迹数据与旧车道级路网数据匹配，并通过匹配将当前车载轨迹数据分为两类：成功匹配和匹配失败。②通过分析车载轨迹数据的匹配结果与旧车道级路网数据之间的关系，检测车道级道路网在几何和拓扑方面的变化。

6.5.1　基于误差椭圆理论的候选匹配路段确认

为了提高海量车载 GPS 轨迹数据与高密度车道级路网的匹配效率，本章提出利用误差椭圆方法确定待匹配轨迹点 g_i 的候选匹配路段（Brakatsoulas et al.，2005；Washington et al.，2004）。以当前轨迹点 g_i 为其误差椭圆的中心点，分别按照误差椭圆长短半轴计算方法获取轨迹点 g_i 误差椭圆的长短半轴 a 和 b，如式（6.9）和式（6.10）所示，式中：σ_0 称为扩张因子。通过改变 σ_0 的值来调整误差椭圆的大小从而获得不同的可信度，也即当 $\sigma_0=2.15$ 时，其可信度为 95%；当 $\sigma_0=3.03$ 时，其可信度为 99%；σ_x^2 和 σ_y^2 分别为 GPS 定位仪在东北方向的均方差，而 σ_{xy}^2 是协方差；θ 为误差椭圆长半轴与正北方向的夹角。实验过程中为了简化误差椭圆构建，增大误差椭圆可信度，扩展因子 σ_0 取为 3.03，而误差椭圆长半轴的方向与轨迹点 g_i 的航向角度一致。

$$a=\hat{\sigma}_0\sqrt{\frac{1}{2}\left(\sigma_x^2+\sigma_y^2+\sqrt{(\sigma_x^2-\sigma_y^2)^2+4\sigma_{xy}^2}\right)} \qquad (6.9)$$

$$b=\hat{\sigma}_0\sqrt{\frac{1}{2}\left(\sigma_x^2+\sigma_y^2-\sqrt{(\sigma_x^2-\sigma_y^2)^2+4\sigma_{xy}^2}\right)} \qquad (6.10)$$

采用误差椭圆理论判定当前轨迹点候选匹配方法的基本原理：根据 GPS 轨迹数据的平面定位精度，构建当前轨迹点的误差椭圆。如图 6.34 所示，其中误差椭圆的中心点和长轴方向分别为当前轨迹点的空间位置及其航向值。因此，任何落入或与误差椭圆相交的车道路段被作为当前轨迹点的候选匹配路段。例如：对于图 6.34 内轨迹点 g_1，按照误差椭圆方法确定的候选匹配车道路段分别为 l_2、l_3 和 l_4。通过误差椭圆理论，可以极大地简化轨迹匹配计算，将轨迹点的待匹配路段由整体路网数据路段缩减为可匹配概率最高的若干条路段，从而可以有效地提高地图匹配算法效率。

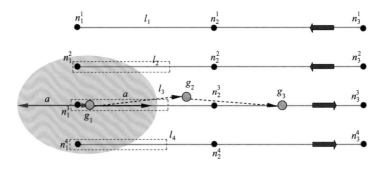

图 6.34　基于误差椭圆理论的候选匹配路段确认

6.5.2　基于模糊逻辑理论的轨迹匹配方法

利用模糊逻辑匹配算法完成轨迹数据地图匹配工作主要包括三步：①模糊因子确认；②构建隶属度函数；③定义去模糊化方法从而获取稳定输出（Quddus et al.，2006）。

1. 模糊因子确认

影响轨迹数据与历史路网数据匹配可靠性的因素有很多，一般包括当前轨迹数据与待匹配路段之间的空间距离、角度差异及连通性一致度等。对于高密度车道级路网数据，其相邻车道路段会存在相同的拓扑特性。为了便于检测出车道变道规则，本章主要将轨迹数据与待匹配路段之间的空间距离和角度差异作为模糊输入因子。其中，对于当前轨迹点 g_i 到其候选匹配车道路段 l_j 的垂直距离作为模糊输入因子之一，记为 ρ_i^j，如图 6.35（a）所示，$j=1,2,3,4$；而当前轨迹点 g_i 与其候选车道路段 l_j 的角度差异作为另外一个模糊输入因子，记为：θ_i^j，$j=1,2,3,4$，如图 6.35（b）所示。总体来讲，垂直距离 ρ 和角度差异 θ（0°～180°）共同组成了模糊输入因子。

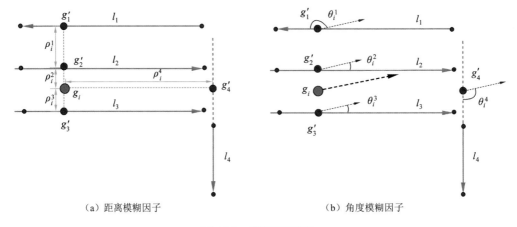

（a）距离模糊因子　　　　　　　　　　　（b）角度模糊因子

图 6.35　模糊因子确认

2. 构建隶属度函数

隶属度函数构建主要建立在两个基础之上，第一为模糊输入因子确认；第二为有关模糊输入因子的现实条件约束。对于车道级路网数据匹配，模糊输入因子的现实条件约束主要来源于当前道路建设标准及交通规则约束下的车辆驾驶规律。对于距离模糊输入因子，理想情况下，当记录车辆轨迹数据定位精度非常高（达到厘米级或毫米级）时，如果轨迹数据处于某车道边界线内，那么可以确定轨迹数据的匹配结果。然而，真实环境下由于受 GPS 定位精度及不规范驾驶行为影响，轨迹数据与待匹配路段的垂直距离可能处于模糊区域内，从而无法明确确定该轨迹是否位于该车道。根据以上分析，本章构建如下距离因子隶属度函数［式（6.11）］，其中 $\mu_\rho(\rho_i^j)$ 是当前轨迹点 g_i 与候选匹配车道路段 l_j 之间的距离隶属度；σ_j 表示车道路段 l_j 的车道宽度；$\lambda\sigma_j$ 和 $\lambda\sigma_j+\varepsilon$ 分别表示比例因子的最低和最高约束；ε 为 GPS 轨迹数据的位置误差。根据距离隶属度函数可以推断：当车辆的空间位置处于车道内，也即记录该车辆位置的轨迹数据 g_i 与待匹配车道路段 l_j 的垂直距离 ρ_i^j 小于一定阈值 $\lambda\sigma_j$，那么该轨迹数据 g_i 与待匹配车道路段 l_j 可匹配性最高；当轨迹数据 g_i 与待匹配车道路段 l_j 的垂直距离 ρ_i^j 大于 $\lambda\sigma_j$ 并小于 $\lambda\sigma_j+\varepsilon$ 时，无法明确确定 g_i 与待匹配车道路段 l_j 匹配结果；当轨迹数据 g_i 与待匹配车道路段 l_j 的垂直距离 ρ_i^j 超出阈值 $\lambda\sigma_j+\varepsilon$ 时，可以明确确定 g_i 与待匹配车道路段 l_j 可匹配性最低，如图 6.36（a）所示。

$$\mu_\rho(\rho_i^j)=\begin{cases}1, & \rho_i^j<\lambda\sigma_j \\ \dfrac{\rho_i^j-(\lambda\sigma_j+\varepsilon)}{\lambda\sigma_j-(\lambda\sigma_j+\varepsilon)}, & \lambda\sigma_j\leqslant\rho_i^j\leqslant\lambda\sigma_j+\varepsilon \\ 0, & \rho_i^j>\lambda\sigma_j+\varepsilon\end{cases} \tag{6.11}$$

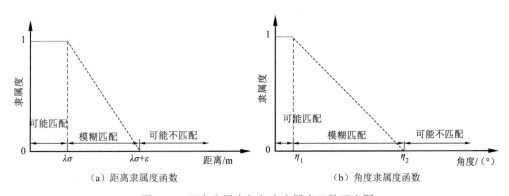

（a）距离隶属度函数　　　　　　（b）角度隶属度函数

图 6.36　距离隶属度与角度隶属度函数示意图

按照交通行驶规律，位于车道上的车辆行驶方向与其对应车道级路段行车方向一致。记录车辆行驶运动状态的车载轨迹数据不仅包括车辆 t 时刻的空间位置，同样记录了车辆的航向角及行驶速度等运动状态信息。理想状态下，如果轨迹数据航向角与待匹配路段行车方向一致，那么可以认为车辆可能沿着该路段行驶。由于现实环境下需要考虑航向角精度和驾驶员变道行为干扰，往往需要对航向角与待匹配路段方向是否一致划定角度差异范围。本章根据车辆航向角与车道路段行车方向之间的角度差异，参考真实环境下车辆驾驶行为与交通规则约束,构建如式(6.12)所示的角度隶属度函数。式中:$\mu_\theta(\theta_i^j)$是当前轨迹点 g_i 与候选匹配车道路段 l_j 之间的角度隶属度;η_1 和 η_2 分别表示角度差异的最低和最高约束。阈值 η_1 和 η_2 分别描述轨迹点与车道路段之间的角度差异,其中 η_1 反映了车载轨迹数据航向角度误差,而 η_2 反映了车辆离开行驶路段时角度变化值。当轨迹数据与待匹配路段的方向夹角小于轨迹数据的航向角误差 η_1 时,可以认为轨迹数据与待匹配路段行车方向一致。当轨迹数据与待匹配路段的方向夹角超过 η_2 时,可以认为轨迹数据与待匹配路段行车方向不一致。参数 η_2 的大小主要取决于车辆从当前路段转向其他路段时转弯角度大小。根据目前国内道路建设标准,不同类型的交叉口,其设计的车辆转弯角度均存在差异。因此,参数 η_2 的取值可以利用式(6.13)计算获取,式中:a_i 表示待匹配路段 l_j 距离最近交叉口不同转向所对应的转向角度值;m 表示这些转向角度值的总数。当轨迹数据与待匹配路段的方向夹角在 η_1 和 η_2 之间时,车辆行车方向与车道路段行车方向是否一致出现模糊区域,如图6.36(b)所示。

$$\mu_\theta(\theta_i^j)=\begin{cases}1, & \theta_i^j\leqslant\eta_1\\[2mm]\dfrac{\theta_i^j-\eta_2}{\eta_1-\eta_2}, & \eta_1<\theta_i^j<\eta_2\\[2mm]0, & \theta_i^j\geqslant\eta_2\end{cases} \qquad (6.12)$$

$$\eta_2=\frac{\sum\limits_1^m a_i}{m} \qquad (6.13)$$

综合隶属度是用来评价轨迹数据与待匹配路段匹配可靠性的一个综合指标。本章根据上述对距离隶属度和角度隶属度函数定义,利用线性函数构建综合隶属度计算公式,如式(6.14)所示。式中:mg_i^j 表示当前轨迹点 g_i 与待匹配路段 l_j 的综合隶属度;ω_1 和 ω_2 表示距离和方向隶属度函数在综合隶属度评价方法中所占权重值。由于车辆行驶方向与待匹配路段行车方向之间的角度差异及车辆空间位置与待匹配路段之间的垂直距离对判断轨迹数据最终匹配结果的影响力相同,在后续计算综合隶属度中权重值 ω_1 和 ω_2 的值分别取为 0.5。例如:如果 ω_1 大于 ω_2 时,那么两个空间相近但是行车方向不一致的轨迹点就会误匹配至相同的车道路段;而当 ω_2 大于 ω_1 时,两个空间距离较远但是具有相似行车方向的轨迹点就会被误匹配至相同的车道路段。

$$mg_i^j=\omega_1\times\mu_\theta(\theta_i^j)+\omega_2\times\mu_\theta(\rho_i^j) \qquad (6.14)$$

3. 基于 OTSU 算法的去模糊化

去模糊化过程主要被用来明确每一个轨迹数据与待匹配路网的匹配结果。对于轨迹点 g_i 及其待匹配路段 l_j,其对应的综合隶属度值可以描述为:$mg_i=(mg_j^1, mg_j^2, \cdots mg_i^j, \cdots, mg_j^n)$,式中:$n$ 表示待匹配路段 l_j 的个数。根据轨迹数据与其待匹配路段计算获取的综合隶属度值,从中选取综合隶属度值最高时所对应的待匹配路段作为轨迹点 g_i 的潜在匹配路段,记作 (l_t, mg_i^t)。根据轨迹点隶属度函数计算结果,每一个轨迹点的匹配结果都可能存在三种状态:匹配成功,也即 mg_i^t 的值为 1;匹配失败,也即 mg_i^t 的值为 0;模糊匹配区域，也即 mg_i^t 的值介于 0 和 1 之间。对于模糊匹配区域的轨迹点，则需要进一步去模糊化。

　　总体来讲，根据轨迹点 g_i 的综合隶属度值 mg_i^t，可以将其大致分为三类：如果 mg_i^t 的值等于 0，那么轨迹点 g_i 将被标记为匹配失败轨迹点，存储在集合 U 内；如果 mg_i^t 的值等于 1，那么轨迹点 g_i 可以被匹配至车道路段 l_t，而轨迹点 g_i 则被存储在集合 S 内；如果 mg_i^t 的值在 0 到 1 之间，那么轨迹点 g_i 则被标记为模糊匹配轨迹点，被存储在集合 F 内。对于位于集合 F 内的所有轨迹点，需要利用去模糊化方法对其匹配结果进行确认，从而将其再重新分类为匹配成功和匹配失败。针对集合 F 内轨迹点的匹配结果确认需要通过以下几步完成。

　　第一步：根据集合 F 内所有 GPS 轨迹点的综合隶属度值构建概率直方图（图 6.37）；

　　第二步：根据 OTSU 算法（Otsu, 1975）确定最佳分类阈值 T_{mg}；

　　第三步：确定集合 F 内 GPS 轨迹点匹配类型。如果 mg_i^t 小于 T_{mg}，那么轨迹点 g_i 则被标记为匹配失败轨迹点，被存储至集合 U 内；否则，轨迹点 g_i 被标记为匹配成功轨迹点，其可匹配车道路段为 l_t，被存储至集合 S 内。

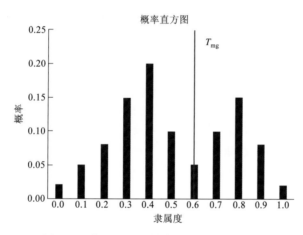

图 6.37　基于 OTSU 算法的去模糊阈值确定

6.5.3　基于匹配结果的车道级道路网络变化探测

　　车道级道路网络变化主要包括几何和拓扑变化。几何变化一般包括车道关闭和车道增设；而拓扑变化则主要包括车道变道规则变化、交叉口转向规则变化及由于车道几何变化所引起的相邻或相连车道路段拓扑关系变化。本小节主要探索如何根据当前轨迹数据与历史路网匹配的结果检测车道级路网变化。

1. 城市车道级路网几何变化探测

　　轨迹数据与历史路网的匹配结果往往可以反映路网已经发生的一些变化。对于车道级路网几何变化来讲，主要可以通过对匹配失败的轨迹数据及车道路段进行探测。例如：一些车载轨迹点无法找到可以匹配的车道路段，意味着这些车辆可能处于新增车道上，并且历史路网数据中并没有该车道信息的记录；而一些车道路段没有可以匹配的 GPS 轨迹点，表明这些车道路段没有车辆通过（除去地下隧道）。因此，车道级路网几何变化主要根据两种匹配失败的结果进行探测：第一种是没有成功匹配到车道级路段的 GPS 轨迹点；第二种是没有找到可以匹配的 GPS 轨迹点的车道路段。

利用匹配失败的轨迹点探测新增车道变化，其主要方法是采用聚类算法对所有存储在匹配失败集合 U 中的轨迹点进行聚类处理，然后通过计算每一个类簇中心线的长度、方向及与其相邻车道路段的垂直距离确定该类簇轨迹点是否均为处于新增车道路段上。由于处于同一条车道的轨迹数据在行车方向及空间距离上都存在一致性，本章利用现有的基于先验知识的生长聚类算法（唐炉亮 等，2016）根据轨迹数据在距离和方向的相似度对处于集合 U 内的所有 GPS 轨迹点进行聚类处理。如果位于类簇内的轨迹点符合以下条件（条件 1～条件 3），则该类簇被识别为新增车道；否则，该类簇则被识别为异常值，如图 6.38 所示。

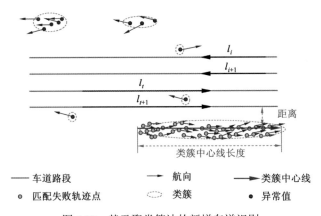

图 6.38　基于聚类算法的新增车道识别

条件 1：类簇中心线到其邻近车道路段的垂直距离大于车道最小宽度 MWL，其中 MWL 的值可以根据式（6.15）获取，式中：Num 表示车道级路段的数量。

$$MWL = \min(\sigma_j), \qquad j = 1, 2, \cdots, Num \qquad (6.15)$$

条件 2：类簇中心线的方向与其相邻最近车道路段的行车方向相似。具体来讲，类簇中心线与其最邻近车道路段的夹角定义为 θ_L。如果 θ_L 小于参数 γ，那么可以认为类簇中心线与其最邻近车道路段行车方向相似，其中 γ 的值取决于新增路段倾斜容差。

条件 3：类簇中心线的长度要大于新增车道长度最小值 MLL，而 MLL 则取决于道路建设标准。例如：目前国内规定新增车道的长度最短为 50 m。

关闭车道探测主要通过遍历所有车道级路段，如果任意一条车道路段没有可匹配的轨迹数据，那么就表明该路段有可能为关闭车道。因此，对于历史车道级路网数据，如果车道路段没有可匹配的 GPS 轨迹点那么就被归类为关闭的车道，如图 6.39 所示。图中，车道路段 l_i、l_{i+1}、l_t 均存在可匹配的 GPS 轨迹点，但是对于车道路段 l_{t+1} 则没有可以匹配的轨迹数据，因此车道路段 l_{t+1} 被作为关闭车道。

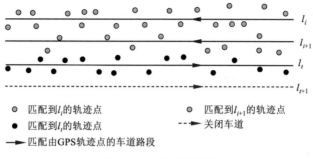

图 6.39　关闭车道探测

2. 城市车道级路网拓扑变化探测

城市车道级路网拓扑变化主要包括车道变道规则变化、转向规则变化及车道几何变化引起的相邻或相连车道路段之间拓扑关系变化。与车道级路网几何变化检测不同，车道级路网拓扑变化主要通过对比匹配后轨迹点跟踪情况与其对应匹配的车道路段之间拓扑关系进行探测。对于相邻车道路段，其拓扑变化往往包括调头机制及变道规则变化；对于相连车道路段，其拓扑变化则包括转向机制变化；而对于车道级路网几何变化引起的拓扑变化，主要通过几何变化检测后对历史路网数据进行拓扑构建与更新。因此，利用车载轨迹数据匹配结果进行车道级路网拓扑变化检测主要聚焦于对相邻车道路段与交叉口相连车道路段拓扑关系变化检测。

对于相邻车道路段而言，一般存在两种拓扑关系变化：调头机制变化和车道变道规则变化，如图 6.40 所示。对于车道路段 l_i 和 l_{i+1}，两条车道路段具有相反的行车方向，也即两条车道路段分别处于两条相邻的行车道路面上。通过跟踪匹配至车道路段的轨迹数据，可以对比检测这两条车道路段是否可以调头或者不存在调头功能。如果跟踪的轨迹数据先出现在车道路段 l_i 上，然后又出现在车道路段 l_{i+1}，那么即表明路段 l_i 与 l_{i+1} 存在调头机制。对比历史车道级路网数据，如果 l_i 与 l_{i+1} 不存在调头机制，那么说明该路段交通规则发生变化，如图 6.40（a）所示。相邻车道变道规则变化检测与调头机制变化检测相似，主要通过跟踪位于路段 l_i 与 l_{i+1} 上轨迹点的连接关系。如果跟踪轨迹数据表明车辆先行驶在路段 l_i 上，然后又在路段 l_{i+1} 上行驶，而历史路网数据中路段 l_i 与 l_{i+1} 不存在可变道规则，那么说明这两条路段的车道变道规则发生变化，如图 6.40（b）所示。

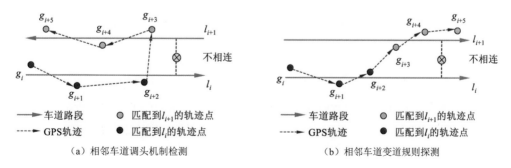

（a）相邻车道调头机制检测　　　　　　　　　（b）相邻车道变道规则探测

图 6.40　相邻车道拓扑关系探测

交叉口转向规则变化检测与相邻车道变道规则及调头机制检测方法相似,主要利用匹配的轨迹跟踪结果与相对应的匹配路段拓扑关系的对比,完成车道路段转向规则变化探测。如图 6.41 所示,历史路网数据中车辆可以从路段 l_j 右转至路段 l_{j+1},然而根据匹配至路段 l_j 与 l_{j+1} 的轨迹数据跟踪结果发现,没有车辆从路段 l_j 右转至 l_{j+1},因此车道路段 l_j 与 l_{j+1} 处于转向限制。

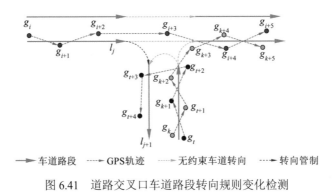

图 6.41　道路交叉口车道路段转向规则变化检测

6.5.4　实验验证

1. 实验数据

为了验证本章所提方法的有效性,以武汉市市区为研究对象,将生产于 2010 年的车道级细节地图作为历史车道级路网数据。高精度 GPS 轨迹由两辆装载有 GPS 定位仪和惯性测量装备的测量车,于 2012 年在指定实验区域内采集了约 2 周。历史车道级路网采用结点–弧段模型存储,其中节点用来连接车道路段并且记录相应的拓扑信息;路段被用来表达车道中心线,每一条路段都记录有车道中心线的长度、车道宽度及与其相邻的其他车道。图 6.42（a）中左侧图片展示了武汉市区一部分实验区域,而右侧图片则详细地展

（a）实验区域内历史车道级路网数据

图 6.42　实验数据

（b）覆盖所有车道的当前车载高精度轨迹数据

图 6.42　实验数据（续）

示了历史路网数据的存储结构，其中采用黑色线条、红色点及黑色箭头分别表示车道路段、节点及交通流方向。测量车在图 6.42（a）中所示实验区内沿着道路穿梭，获取了可以完全覆盖试验区路段的 GPS 轨迹数据，如图 6.42（b）所示。

　　GPS 实验数据误差主要包括 GPS 数据分别在东北方向的误差，记为 σ_x 和 σ_y，其东北方向协方差记为 σ_{xy}。根据 GPS 数据采集环境差异，将其分为遮挡路段、半遮挡路段及开阔空间，依次评价 GPS 轨迹数据在这些环境下的平面误差。根据表 6.2 统计结果显示，由测量车采集的差分 GPS 数据在开敞空间下平面误差约为 0.6 m，而采集于遮挡路段的轨迹数据平面误差降为 1.5 m。根据表 6.2 统计结果，实验区域内获取的 GPS 轨迹数据其东北向误差 σ_x、σ_y 及协方差 σ_{xy} 分别为 1.2、0.8、0.4，其平面误差为 1.4 m，采样率为 5 s。本章根据第 2 章数据清洗方法，对原始轨迹数据进行清洗。同时，为了减少 GPS 轨迹数据航向误差的影响，将速度为零或航向角为零的轨迹点从数据集中去除。

表 6.2　GPS 轨迹数据在不同场景下的平面误差评价

GPS 数据采集场景	GPS 轨迹点个数	σ_x/m		σ_y/m		σ_{xy}/m	
		平均值	标准差	平均值	标准差	平均值	标准差
开阔空间	10 021	0.787	0.242	0.648	0.021	0.184	0.045
半遮挡路段	25 239	1.021	0.142	0.698	0.014	0.358	0.278
遮挡路段	8 342	1.675	0.532	0.993	0.125	0.687	0.542

2. 基于模糊逻辑理论的地图匹配

　　确定轨迹数据的候选匹配路段是利用模糊逻辑理论地图匹配算法的第一步。根据误差椭圆构建原理，将扩张因子 σ_0 取为 3.03，从而使得可信度达到 99%。另外按照表 6.2 统计结果，误差椭圆长半短轴的长度分别为：4 m 和 2 m。图 6.43 所示，当前轨迹点 g_i 的误差椭圆由红色线条表示，误差椭圆长轴方向与轨迹点 g_i 的航向角相同。落入 g_i 误差椭圆内的车道路段由青色线条表示，这些路段被作为 g_i 的候选匹配路段，然后利用模糊逻辑地图匹配算法，完成轨迹点 g_i 的最终匹配。根据本章提出的模糊逻辑地图匹配算法，有关角度隶属度函数包含的参数 η_1 和 η_2 分别用来描述 GPS 轨迹数据和候选匹配车道路段之间角度差异范围。其中，参数 η_1 取决于 GPS 轨迹数据航向角误差。根据测量车获取的GPS 轨迹数据，其航向误差大约为 10°，因此参数 η_1 的值在实验过程中被设定为 10°。参数 η_2 的大小与相应交叉口车辆转弯角度设计相关，例如：城市区域内四岔路口一般包括十字形交叉口和 X 型交叉口。根据道路建设标准，位于十字交叉口车辆转弯角度一般要略大于 X 型交叉口转弯角度，因此参数 η_2 的大小可以根据式（6.13）计算获取。有关距离隶属度函数包含的参数 $\lambda\sigma_j$ 和 $\lambda\sigma_j+\varepsilon$ 分别用来描述轨迹数据与其候选匹配车道路段之间垂直距离范围。根据历史车道路网数据库，车道路段 l_j 的车道宽度 σ_j 为已知量。一般情况下，车辆沿着车道中心线行驶。如果 GPS 轨迹点与车道 l_j 之间的垂直距离小于一半车道宽度，那么表明该车辆行驶在车道 l_j 上，因此将参数 λ 设为 0.5。另外，由于采集的 GPS轨迹数据的平面定位精度约为 1 m，参数 ε 可以设置为 1 m。

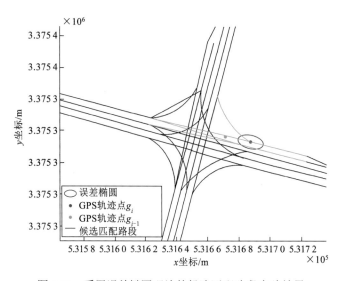

图 6.43　采用误差椭圆理论的候选匹配路段实验结果

　　根据 6.5.2 小节设定的匹配分类规则，每一个 GPS 轨迹点在去模糊化之前按照其综合隶属度值将其分类为成功匹配、模糊匹配或匹配失败，并存储至相应的数据集合中，如图 6.44（a）所示。然后，所有存储于模糊匹配集合中的轨迹数据再按照 OTSU 算法进行去模糊化，从而将其再一次明确分类为成功匹配或匹配失败，如图 6.44（b）所示。图 6.45进一步展示了 GPS 轨迹数据采用模糊逻辑地图匹配算法后的匹配结果，其中红色和蓝色点分别表示成功匹配和匹配失败的 GPS 轨迹点。这些被分类后的轨迹数据分别存储于相应的数据集合中用于后期路网变化检测。

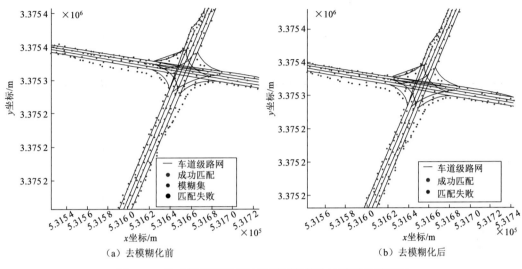

（a）去模糊化前　　　　　　　　　　　（b）去模糊化后

图 6.44　基于模糊逻辑理论地图匹配算法的匹配结果展示

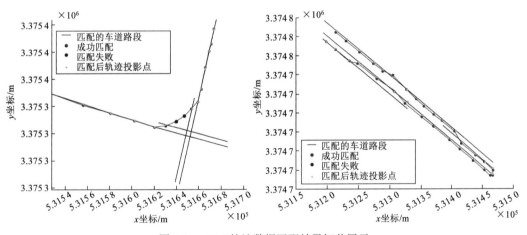

图 6.45　GPS 轨迹数据匹配结果细节展示

3. 车道级路网几何、拓扑变化检测结果

车道级路网几何变化通过对匹配失败的轨迹点及车道路段进行探测获取，其中匹配失败的轨迹点有可能反映了新增车道变化，而没有与之匹配的车道路段则有可能反映了车道关闭变化。根据以上地图匹配算法，对于两个道路交叉口区域，大约有 22 320 个 GPS 轨迹点被采集，而约 1 563 个轨迹点没有被成功匹配。另外，通过遍历这两个交叉口的车道路段，发现大约有 9 条车道路段没有可匹配的 GPS 轨迹数据。根据新增车道变化检测方法，通过对匹配失败轨迹点进行聚类处理，然后利用判定条件 1～条件 3 识别其是否为新增车道，如图 6.46（a）所示。在判别过程中，根据国内道路建设标准，参数 γ 和 MLL 分别设置为 5° 和 30 m。参数 MWL 的值则根据实验区内车道宽度最小值，设定为 3.5 m。探测车道关闭变化主要通过遍历匹配后历史路网的所有车道路段，如果某条车道路段没有匹配的 GPS 轨迹数据则被认为关闭路段，如图 6.46（b）所示。

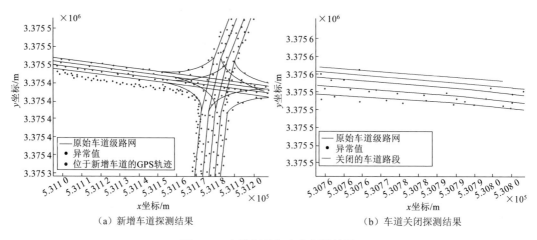

（a）新增车道探测结果　　　　　　　　（b）车道关闭探测结果

图 6.46　车道级几何变化探测结果

车道级路网拓扑变化主要通过比对匹配成功轨迹数据连接关系与其相匹配车道路段拓扑关系完成。每一条轨迹数据都会被匹配到车道路段，如图 6.46（b）所示。为了确定相邻两条车道路段的拓扑关系是否发生变化，需要对匹配至这两条路段的轨迹数据进行跟踪分析，然后对比轨迹数据的连接关系与数据库中记录的两条相邻车道之间的拓扑关系完成路网拓扑变化检测。对于道路交叉口转向规则变化检测，与上述关于相邻车道拓扑关系变化检测方法一致。需要强调的是，对于一些道路交叉口，转向规则变化通常发生于短时交通管制，而这些转向规则变化的时长及所需轨迹数据时效性把握，未来研究还需要进一步完善。

4. 实验结果分析

1）实验结果及参数设置评估

考虑真实环境中发生车道几何变化类型数量较少，而发生拓扑变化的真值信息无从获取。因此，在进行变化类型评估过程中，本章根据车道变化类型对历史路网数据进行人工模拟。然后，利用轨迹数据完成对这些模拟的车道级路网变化进行检测。根据实验结果，总共约有 220 320 个 GPS 轨迹点被用于准确性评估，其中完成成功匹配的轨迹数据约为 201 653，其余的轨迹数据则被分类为匹配失败。对于总数为 1 920 条车道路段而言，共有 89 条路段被分类为没有可匹配的 GPS 轨迹数据。对于车道级路网变化检测的准确性（Precision）计算可通过式（6.16）获取，式中：True_positive 表示利用本章提出方法可以准确识别车道级路网变化的数量；False_positive 表示利用本章提出方法无法正确识别车道级路网变化的数量。

$$\text{precision} = \frac{\text{True\_positive}}{\text{True\_positive} + \text{False\_positive}} \times 100\% \qquad (6.16)$$

表 6.3 为根据以上方法对实验区内车道级路网变化检测评估结果。根据表 6.3 内统计值可以发现，大约有 30 条车道路段被识别为新增路段，其平均长度约为 46 m，而 89 条车道路段被识别为关闭车道。另外，约有 18 条路段被检测出存在车道变道规则变化，

而 38 条路段因为交叉口转向规则变化导致其拓扑关系发生变化。根据精度指标计算公式，获得新增路段识别的准确性大于 81%，同时存在 19%的类簇中心线被错误识别。导致新增路段错误识别的主要原因来自 GPS 轨迹数据在复杂交叉口往往会得到错误匹配，从而增加了新增路段识别错误的比率。另外，对于车道关闭、相邻车道拓扑关系及交叉口车道拓扑关系变化的错误识别，主要由于驾驶员存在的一些违规驾驶及 GPS 信号丢失造成。图 6.47 展示了城市地区复杂交叉口区域错误识别新增车道路段和关闭车道路段案例。根据图 6.47 所示，一些没有匹配成功的 GPS 轨迹点通过聚类算法，获取其类簇中心线且满足新增车道路段的若干个条件。但是这些没有成功匹配的 GPS 轨迹点主要由测量车经过该路口地上停车场时采集获取，使得新增车道路段识别错误。对于车道关闭变化检测，一些地下隧道由于 GPS 信号丢失，会使得这些车道路段没有可以匹配的 GPS 轨迹数据，从而被误认为关闭车道。完成实验区内所有轨迹数据匹配时间成本主要取决于轨迹数据的覆盖率、实验区域内路网密度以及地图匹配算法的复杂度。根据地图匹配统计结果，利用 Matlab 平台编程语言完成轨迹数据匹配过程，每一个轨迹点匹配计算平均时间约为 0.000 19 s。

图 6.47　新增车道路段与关闭车道路段错误识别案例分析

表 6.3　车道级路网变化检测结果评估

车道级路网变化	GPS 轨迹点个数	True_positive	False_positive	Precision /%
新增车道	14 321	31	7	81.6
关闭车道	0	89	15	85.6
车道变道规则	8 956	18	4	81.8
转弯规则变化	9 880	38	8	82.6

为了验证本章所提方法的鲁棒性，对车道级路网变化检测算法中需要设定的一些参数进行多次实验评估，并根据匹配后结果分析方法的鲁棒性。图 6.48 表示了当对综合隶属度函数的距离和角度权重取不同值的时候，所匹配轨迹数据的比例。根据统计结果可以发现，当距离和角度的权重分别设置为 0.5 时，可检测出的匹配失败的轨迹数据比例

最高。表 6.4 阐述了当参数 η_1 从 10° 到 15° 范围分别取不同值时，成功匹配轨迹数据与匹配失败轨迹数据的比例均维持在一个稳定的区间内，也即匹配结果对参数 η_1 的设置敏感度低。

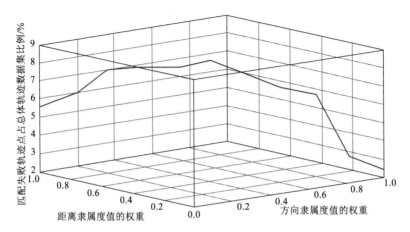

图 6.48　匹配失败轨迹数据比例与综合隶属度函数中距离和角度权重设置关系

表 6.4　参数取不同值时所对应的 GPS 轨迹数据匹配比率

η_1 / (°)	模糊化/%			去模糊化/%	
	成功匹配轨迹数据比例	匹配失败轨迹数据比例	模糊匹配轨迹数据比例	成功匹配轨迹数据比例	匹配失败轨迹数据比例
10	81.7	2.4	15.9	89.5	10.5
11	82.1	2.3	15.6	89.5	10.5
12	82.4	2.3	15.2	89.6	10.4
13	83.0	2.4	14.6	89.6	10.4
14	83.5	2.3	14.2	89.7	10.3
15	83.8	2.8	13.4	89.7	10.3

2）基于模糊逻辑地图匹配算法的车道级路网变化检测方法分析

与传统聚焦道路中心线级或行车道路网级道路变化检测方法相比，本章从车道级路网数据入手，提出了一种基于轨迹数据的车道级路网变化检测方法。除此之外，本章对目前车道级路网在几何和拓扑方面存在的几种道路变化进行了归纳和总结。利用真实环境下采集的轨迹数据与历史路网数据进行实验评估，实验结果表明本章所提方法的有效性。城市环境中车道级路网变化非常复杂且动态性极强。影响城市车道级路网变化检测准确性的因素主要包括：高精度的历史路网数据及可获取的实时性强、覆盖率高、定位精度高、航向角度精度高的轨迹数据。本章在实验部分利用现有历史高精度路网数据和测量车获取的差分 GPS 轨迹数据对车道级路网若干变化进行了探测和识别。通过分析检测失败的案例发现：尽管历史路网数据定位精度较高，但是依然存在一些路段与真实情况相差较大,尤其是对于复杂交叉口区域的路段,从而使得最终变化检测结果错误。另外,对于高精度 GPS 轨迹数据而言,虽然测量车采集行为较普通车辆更加专业,但是由于城市峡谷的影响,一些 GPS 数据依然存在位置漂移。与此同时,当车辆遭遇堵车或者交叉口时,航向角误差也会随之变大。虽然所有 GPS 轨迹数据在进行车道级路网变化检测之前被清洗过,但是后续改进方法依然需要。

车道级路网变化检测时效性分析是另外一个开放性研究课题。对于很多城市而言,大部分车道关闭及转向规则变化都具有临时性,且其变化状态维持周期的长短取决于一系列复杂因素。一方面,车道级路网变化检测的频率主要取决于大众对这种实时度的需求。另一方面,GPS 轨迹数据的实时度也是影响车道级路网数据变化检测时效性的一个重要因素。一般情况下,GPS 轨迹数据的时效性主要取决于参与 GPS 轨迹数据采集的车辆数量、分布路网区域大小、GPS 轨迹数据采样率及 GPS 轨迹数据可获取的时间节点等。本章通过对车道级路网常见的几种变化类型分析,初步探讨了基于轨迹数据的车道级路网变化检测,未来研究依然还需要继续展开。

参 考 文 献

程晶, 霍宏, 方涛, 2012. 基于主题模型的高分辨率遥感影像变化检测. 计算机工程, 38(15): 204-207.

董明, 张海涛, 祝晓坤, 等, 2009. 基于遥感影像的地图道路网数据变化检测研究. 武汉大学学报(信息科学版), 34(2): 178-182.

范大昭, 张永生, 雷蓉, 等, 2005. GIS 数据自动更新技术的研究. 测绘科学, 30(3): 15-17.

官刚宇, 2012. 基于浮动车和图像比对技术的新增道路自动检测方法. 长沙: 中南大学.

郭黎, 崔铁军, 张斌, 2011. 道路网数据变化检测与融合处理技术. 地理信息世界, 5: 29-31, 41.

蒋新华, 廖律超, 邹复民, 2013. 基于浮动车移动轨迹的新增道路自动发现算法. 计算机应用, 33(2): 579-582.

李清泉, 黄练, 2010. 基于 GPS 轨迹数据的地图匹配算法. 测绘学报, 39(2): 207-212.

李清泉, 胡波, 乐阳, 2013. 一种基于约束的最短路径低频浮动车数据地图匹配算法. 武汉大学学报(信息科学版), 38(7): 805-808.

刘朋飞, 2010. 基于矢量数据的中低分辨率影像道路提取和变化检测研究. 武汉: 武汉大学.

卢昭羿, 左小清, 黄亮, 等, 2012. 面向对象的投影互分割道路变化检测. 国土资源遥感, 24(3): 60-64.

沙玉坤, 赵荣, 沈晶, 等, 2012. 基于矢量数据的道路网变化检测算法研究. 测绘通报(9): 29-31.

沈蓓蓓, 楼和乐, 石善斌, 2010. 基于差分 GPS 的电子地图道路更新关键技术研究. 浙江测绘(1): 15-16.

唐炉亮, 杨必胜, 徐开明, 2008. 基于线状图形相似性的道路数据变化检测. 武汉大学学报(信息科学版), 33(4): 367-370.

唐炉亮, 刘章, 杨雪, 等, 2015. 符合认知规律的时空轨迹融合与路网生成方法. 测绘学报, 44(11): 1271-1276.

唐炉亮, 杨雪, 阚子涵, 等, 2016. 一种基于朴素贝叶斯分类的车道数量探测. 中国公路学报, 29(3): 116-123.

万幼川, 宋杨, 2005. 基于高分辨率遥感影像分类的地图更新方法. 武汉大学学报(信息科学版), 30(2): 105-109.

汪剑云, 刘岩, 李兵, 等, 2012. 基于车载 GPS 技术的道路更新系统设计. 地理空间信息, 10(3): 97-99.

王美玲, 程林, 2012. 浮动车地图匹匹配算法研究.测绘学报, 41(1): 133-138.

吴建华, 2008. 矢量空间数据实体匹配方法与应用研究. 武汉: 武汉大学.

吴建华, 傅仲良, 2008. 数据更新中要素变化检测与匹配方法.计算机应用, 6: 1612-1665.

吴晓燕, 车登科, 戴芬, 2010. 影像与矢量结合的道路自动提取及变化检测. 矿山测量(1): 62-64.

张晓东, 李德仁, 龚健雅, 等, 2006. 遥感影像与 GIS 分析相结合的变化检测方法. 武汉大学学报(信息科学版), 31(3): 266-269.

张云菲, 杨必胜, 栾学晨, 2012. 利用概率松弛法的城市路网自动匹配. 测绘学报, 41(6): 933-939.

钟家强, 王润生, 2007. 一种基于线特征的道路网变化检测算法. 遥感学报, 11(1): 27-32.

左经纬, 李传广, 宋瑞丽,等, 2010. 一种直线特征遥感影像与 GIS 矢量数据匹配方法. 测绘科学技术学报, 27(5): 352-356.

AGOURIS P, STEFANIDIS A, GYFTAKIS S, 2002. Differential snakes for change detection in road segments. Photogrammetric Engineering & Remote Sensing, 67(12): 1391-1399.

BRAKATSOULAS S, PFOSER D, SALAS R, et al., 2005. On map-matching vehicle tracking data. Proceedings of the 31st International Conference on Very Large Data Bases. VLDB Endowment: 853-864.

CUETO K, 2004. A feature-based approach to conflation of geospatial sources. International Journal of Geographical Information Science, 18(5): 459-489.

DAN K, 1998. Automatic detection of changes in road databases using satellite imagery. International Archives of Photogrammetry and Remote Sensing XXXII: 293-298.

FORTIER M F A, ZIOU D, ARMENAKIS C, 2000. Automated updating of road information fromaerial images. American Society Photogrammetry & Remote Sensing Conference, May 22-26, Washington, USA, 16-23.

HASHEMI M, KARIMI H A, 2014. A critical review of real-time map-matching algorithms: Current issues and future directions. Computers Environment & Urban Systems, 48(8):153-165.

JAGADEESH G R, SRIKANTHAN T, 2017. Online map-matching of noisy and sparse location data with hidden Markov and route choice models. IEEE Transactions on Intelligent Transportation Systems, 18(9): 2423-2434.

KOLLER H, WIDHALM P, DRAGASCHNIG M, et al., 2015. Fast hidden Markov model map-matching for sparse and noisy trajectories. Proceedings of the International Conference on Intelligent Transportation Systems, Sept. 15-18, Las Palmas, Spain: 2557-2561.

LI H, SHEN IF, 2006. Similarity measure for vector field learning. International Symposium on Neural Networks. Berlin: Springer: 436-441.

LI T, YANG M, XU X, et al., 2016. A lane change detection and filtering approach for precise longitudinal position of on-road vehicles. International Conference on Intelligent Autonomous Systems. Springer, Cham: 897-907.

LILLESTRAND R, 1972. Techniques for change detection. IEEE Transactions on Computers, 21(7): 654-659.

MANCINI A, FRONTONI E, ZINGARETTI P, 2010. Road change detection from multi-spectral aerial data. Pattern Recognition (ICPR), the 20th International Conference on. IEEE: 448-451.

NEWSON P, KRUMM J, 2009. Hidden Markov map matching through noise and sparseness. Proceedings of the 17th ACM SIGSPATIAL international conference on advances in geographic information systems, 04-06 November, Seattle, Washington, USA: 336-343.

ORAN A, JAILLET P, 2013. An HMM-based map matching method with cumulative proximity-weight formulation. In: IEEE International Conference on Connected Vehicles and Expo (ICCVE), 2-6 December, Las Vegas, USA: 480-485.

OTSU N, 1975. A threshold selection method from gray-level histograms. Automatica, 11(285-296): 23-27.

QUDDUS M A, NOLAND R B, OCHIENG W Y, 2006. A high accuracy fuzzy logic based map matching algorithm for road transport. Journal of Intelligent Transportation Systems, 10(3): 103-115.

QUDDUS M A, OCHIENG W Y, NOLAND, R B,2007. Current map-matching algorithms for transport applications: State-of-the art and future research directions. Transportation Research Part C: Emerging Technologies, 15(5): 312-328.

REN M, KARIMI H A, 2012. A fuzzy logic map matching for wheelchair navigation. GPS solutions, 16(3): 273-282.

SGHAIER M O, LEPAGE R, 2015. Change detection using multiscale segmentation and Kullback-Leibler divergence: Application on road damage extraction. Analysis of Multitemporal Remote Sensing Images, IEEE: 1-4.

SOHN H G, KIM G H, HEO J, 2005. Road change detection algorithms in remote sensing environment. Lecture Notes in Computer Science, 3645: 821-830.

SUI H, LI D, GONG J, 2011. Automatic feature-level change detection (Flcd) for road networks. Int. Soc. Photogramm. Remote Sens. Geo-Imag. Bridg. Cont: 459-464.

SZWED P, PEKALA K, 2014. An incremental map-matching algorithm based on hidden markov model// Rutkowski L, Korytkowski M, et al. Eds. Artificial Intelligence and Soft Computing. New York: Springer, 8468: 580-590.

TANG L L, HUANG F Z, 2012. Road network change detection based on floating car data. Journal of Networks, 7(7): 1063-1070.

VELICHKOVSKY B M, DORNHOEFER S M, KOPF M, et al., 2002. Change detection and occlusion modes in road-traffic scenarios. Transportation Research Part F Traffic Psychology & Behaviour, 5(2): 99-109.

WASHINGTON Y, 2004. Integrated positioning algorithms for transport telematics applications. Proceedings of the 17th International Technical Meeting of the Satellite Division of The Institute of Navigation, 21-24 September, Long Beach, CA: 692-705.

WEI Y, AI T, 2016. A method for road network updating based on vehicle trajectory big data. Journal of Computer Research & Development, 53(12): 2681-2693.

ZHANG Q, WANG J, PENG X, et al., 2002. Urban built-up change detection with road density and spectral information from multi-temporal Landsat TM data. International Journal of Remote Sensing, 23(15): 3057-3078.

ZHANG Q, COULOIGNER I, 2004. A framework for road change detection and map updating. International Archives of the Photogrammetry, Remote Sensing and Spatial Information Sciences, 35. Part B2: 720-734.

ZHANG Q, COULOIGNER I, 2005. Spatio-temporal modeling in road network change detection and updating. Proceedings of the International Symposium on Spatial-Temporal Modeling, Spatial Reasoning, Analysis, Data Mining and Data Fusion, Peking University, China, 1-6.